钛系列丛书

主编 莫畏

钛铸锭和锻造

马济民 贺金宇 庞克昌 等编著

北京
冶金工业出版社
2012

内容简介

本书是《钛系列丛书》中的一本。本书分上下两篇介绍钛铸锭和锻造。上篇主要包括真空自耗熔炼钛锭和钛合金冷床炉熔炼，下篇包括钛及钛合金锻造、钛及钛合金半成品的组织与性能、锻压设备、钛合金的精密模锻与等温模锻。

本书可作为钛业培训时的教材，也可供钛业科技人员、管理人员和大专院校师生参考。

图书在版编目(CIP)数据

钛铸锭和锻造／马济民等编著．—北京：冶金工业出版社，2012.1

(钛系列丛书)

ISBN 978-7-5024-5796-9

Ⅰ.①钛…　Ⅱ.①马…　Ⅲ.①钛—铸造　②钛—锻造　Ⅳ.①TG146.2

中国版本图书馆 CIP 数据核字(2011)第263031号

出版人　曹胜利

地　址　北京北河沿大街嵩祝院北巷39号，邮编100009

电　话　(010)64027926　电子信箱　yjcbs@cnmip.com.cn

责任编辑　尚海霞　美术编辑　李　新　版式设计　孙跃红

责任校对　王贺兰　责任印制　牛晓波

ISBN 978-7-5024-5796-9

北京兴华印刷厂印刷；冶金工业出版社出版发行；各地新华书店经销

2012年1月第1版，2012年1月第1次印刷

850mm×1168mm　1/32；12.25印张；327千字；374页

40.00元

冶金工业出版社投稿电话：(010)64027932　投稿信箱：tougao@cnmip.com.cn

冶金工业出版社发行部　电话：(010)64044283　传真：(010)64027893

冶金书店　地址：北京东四西大街46号(100010)　电话：(010)65289081(兼传真)

(本书如有印装质量问题，本社发行部负责退换)

《钛系列丛书》编委会名单

《钛系列丛书》前言

钛是一种新金属，钛及钛合金也是一种性能优异的新材料，它被誉为现代金属。

钛及钛合金具有密度小、比强度高、耐蚀性能好、耐热性能优良、无磁等一系列特性，获得了广泛的应用。钛的工业化仅有六十余年历史，但已获得了迅速发展。2008年，全世界钛材年产量已达近13万吨。

随着国民经济持续、高速发展，我国对钛的需求量迅速增长。2006年我国海绵钛和钛材的年产量均超过万吨，已进入世界产钛大国的行列，且已形成持续发展的态势。2008年我国海绵钛和钛材年产量分别达到4.96万吨和2.77万吨，名列世界前茅，成为产钛大国。这是件喜忧参半的事，喜的是我国钛工业已经崛起；忧的是钛业的产能已过剩，会影响产品经济效益。它表明钛业市场风险很大，投资应该谨慎。

与美、日、俄等世界产钛强国相比，我国钛业的技术水平仍有差距。我国要成为世界产钛强国还有相当长的路要走。其中，一件重要的基础性的工作是必须提高我国钛业的科研和生产技术水平。

为此，根据钛业技术的发展要求，我们编撰了《钛系列丛书》。这套丛书共9册，是许多专家智慧的结晶，也是为了总结钛业技术发展情况和提高我国钛业国际竞争力，我们做出的力所能及的贡献。

在编写过程中力求理论与实践相结合，做到既有理论论述，也有工艺实践；以工艺实践为重点，保持适当的理论深度和广度，同时在论述中力求做到避虚务实。

该丛书在编写过程中得到了许多同行专家的大力支持，特别是北京有色金属研究总院及其领导给予了大力支持和赞助，在此一并表示谢意。

该丛书涉及的技术领域很宽，而我们的写作水平有限，丛书中难免有不足之处，恳请读者批评指正。

编者　莫畏

2009年7月

前　言

1951年,TIMET(美国)和IMI(英国)分别成功生产出了海绵钛,我国于1955年研制成功海绵钛,因此,从钛开始走上工业化生产算起,今年恰逢是60周年。60年来,钛科学与技术取得了长足的发展,钛在其工艺方法、性能和成本方面具有高性价比的领域得到了广泛应用,如航空、航天、船舶和化工行业等。钛合金的使用成为高性能装备的重要标志之一,如第四代战斗机F22的用钛量占41%;F119航空发动机用钛量达40%;波音777飞机的钛部件质量占10%,并且β型钛合金的用量第一次超过了(α+β)型钛合金Ti-6Al-4V。钛合金铸锭大型化、高纯化,钛锻件的大型化、整体化、高可靠性和长寿命成为重要的发展方向。

当前,第四代机F22四个大的整体框(眼镜框)都是Ti-6Al-4V ELI锻件,投影面积为4.06~5.68m^2,锻件质量为1895~2972kg;波音747起落架梁采用Ti-6Al-4V锻件,长6.2m,投影面积为4m^2,质量达1293kg;波音777的主起落架梁采用Ti-1023钛合金锻件,质量为1440kg,投影面积为1.23m^2,这些都是正在服役的最大钛合金锻件。同时,民机用钛量增加,钛合金锻件的使用寿命要求已不是几千小时,而是6万~9万小时,所以对材料提出了更高的要求。因此,在本书中,对优质钛合金铸锭、钛合金冷炉床熔炼、钛合金精密锻造和等温锻造,以及半成品的组织与性能方面做了必要的介绍。

从1968年伦敦第一届国际钛会议起，国际钛会议已经召开过12届，中国的钛会议也已召开了14届，有关钛合金的科学和技术得到了广泛的总结和交流，这些宝贵的创见和经验是本书出版的主要依据，同时也参照了一些国家先进的工艺技术。本着百花齐放的态度，对一些有价值的观点和经验做了归纳和介绍。希望能在钛铸锭质量优质化、锻件显微组织的定量化和性能的可控化方面做一点工作，以期为我国钛同行们提供一点启发和参考，并在此对本书出版作出贡献的单位和同仁表示衷心的感谢。

本书由数位专家、教授编写。全书分为两篇，共9章。参加编写的有：第1章（除第1.5.2节），莫畏①；第2章、第4章（除第4.7节）及第1.5.2节，马济民②和蔡建明②；第3章和第4.7节、第6章、第7章，贺金宇①；第5章，闫晓东①；第8章，唐至今②；第9章，庞克昌③。其中，作者单位①为北京有色金属研究总院，②为北京航空材料研究院，③为上海宝钢公司特钢中心。

本书在编写过程中参考了一些文献资料，在此对文献的作者及提供参考资料的专家表示衷心的感谢。另外，北京有色金属研究总院的朱露对本书的编写提供了帮助，在此表示感谢。

由于编者水平所限，书中难免有不足之处，敬请广大读者批评指正。

编者　马济民

2011年11月于北京

目　录

上篇　钛　铸　锭

上篇　钛　铸　锭

1　真空自耗熔炼钛锭

1.1　概述

1.1.1　真空熔炼的意义

从钛化合物制取金属钛的过程都在低于钛熔点(1668℃)的温度下进行,只能得到多孔的金属——海绵钛。海绵钛除了少量直接应用外,大多数都必须首先熔炼成致密钛锭,方可进一步加工成钛材。此外,为了制取钛合金材料,在钛的熔铸时要添加合金组元,调整成分,制取含有一定成分范围的钛合金锭,然后再加工成材。

对作为加工钛材的锭坯有以下要求:

(1)化学成分和杂质含量在规定的范围内,且均匀分布;

(2)无夹杂、裂纹和缩孔疏松等冶金缺陷;

(3)无折皱和大凹凸等表面缺陷;

(4)合理的形状。

钛是一种高活性金属,在熔炼温度下能和许多元素,包括耐火材料(各种氧化物)起化学反应。因此,钛熔炼必须在真空中或惰性气氛保护下进行。在低于常压下进行的此种特殊冶金工艺称为真空熔炼。在真空熔炼的过程中,可同时除去一些杂质,提高钛的纯度。

在真空熔炼时,还需要解决的另一个难题是需寻找一种合适的冷凝器(或结晶器)。从钛的化学性质可知,在高温熔炼时,各种材料都与钛发生反应,包括各种氧化物耐火材料。实践中,采用水冷铜坩埚作为熔炼时的冷凝器,顺利地解决了这一难题。真空熔炼时,用真空或氩气氛可防止大气污染,用水冷铜坩埚控制坩埚的温度,使熔炼时钛不与铜(低温时)发生反应,保持惰性,使熔融钛安全地冷凝在水冷铜坩埚中。

真空熔炼尽管在工艺上存在设备复杂、工艺复杂和生产成本高的特点,但要制取优质的钛锭,这是唯一可行的途径,别无他法。这也导致钛工业生产投资大,钛材价格高。

1.1.2 真空熔炼方法比较

真空熔炼的温度要超过基体金属熔点150～300℃,所以纯钛的熔炼温度一般在1800～2000℃,而钛合金熔炼温度需要略高一些。钛真空熔炼的方法有多种,具体介绍如下:

(1)真空自耗电弧熔炼法(简称VAR)。它是在真空自耗电弧炉(见图1-1)中熔炼的,是将压制的钛材作为电极,钛电极边熔化边自身消耗熔铸成锭的一种炉型。它的特点是可以制取结构上符合要求的锭,具有良好的结构组织和均匀的化学成分;而且功率消耗低,熔化速度快,具有良好的质量重现性,经济上竞争力很强。它的缺点是必须预制电极,工艺长,因而给生产带来麻烦。

(2)真空非自耗电弧熔炼法(简称NC)。它是在真空非自耗电弧炉(见图1-2)中熔炼的。炉内有电极(早期用钨、钨钍合金或石墨做成),利用电弧的热量使坩埚内的金属熔化,随之熔炼。目前,水冷铜电极(见图1-3)已经取代了原有的电极,解决了产品被污染的问题。

水冷铜电极有两种,一种是自旋转的;另一种是旋转磁场的。其目的是防止电弧对电极的烧损。真空非自耗电弧炉也有两种,一种是在水冷铜坩埚内熔炼,随后在水冷铜模中浇铸成锭;另一种是在水冷铜坩埚内连续加料熔炼,随后凝固成锭。

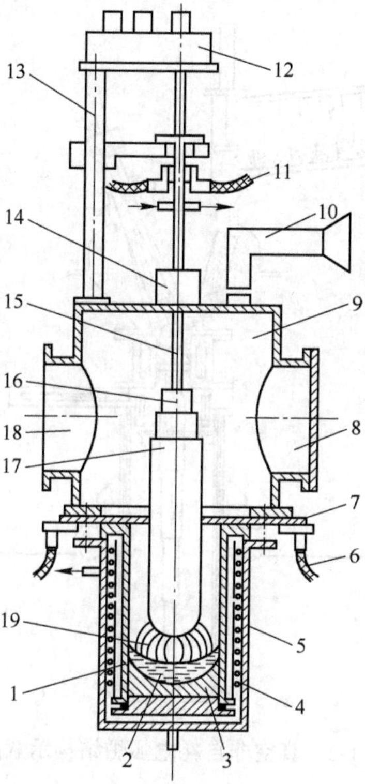

图1-1 真空自耗电弧炉的基本组成部分及工作示意图

1—坩埚;2—熔池;3—铸锭;4—稳弧线圈;5—水套;6—阳极电缆;7—进电法兰;8—人孔;9—炉体;10—光学观察装置;11—阴极电缆;12—复式差动齿轮;13—电极升降机构;14—动密封盒;15—电极杆;16—电极夹头;17—自耗电极;18—排气口;19—电弧

真空非自耗电弧熔炼法可直接使用各种散料,也可熔炼更多的残钛料,避免了需要制备电极的麻烦。该法是钛,特别是残钛回收熔炼的一种工艺,几吨级的真空非自耗电弧炉已在欧美运转,成为某些厂家采用的方法。

(3)电渣熔炼法(简称 ESR)。该法用于钛熔炼时,又称真空-充氩电渣熔炼,因为熔炼钛时必须采用真空-充氩气氛。该法是利用电流通过熔渣时将电能转化为热能,即以熔渣电阻产生

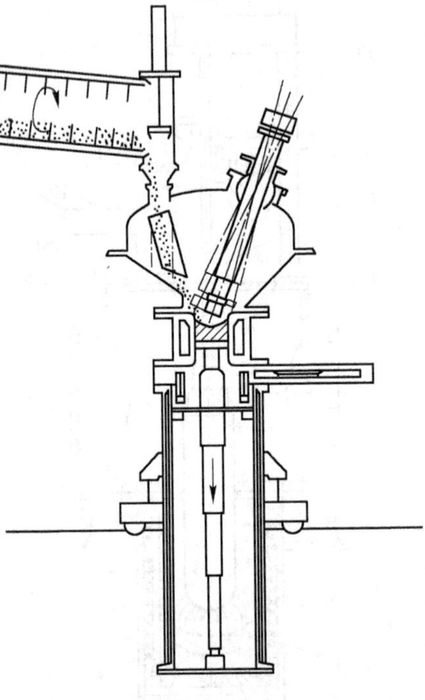

图 1-2　真空非自耗电弧炉结构示意图

的热能将金属熔化和精炼。电渣炉炉体结构如图 1-4 所示。熔炼钛时,常用的电渣为非极性材料 CaF_2,因它可直接使用交流电,所以设备投资费用低,所铸的锭表面质量好,产品塑性低,并且可获得矩形、方形等各种形状的锭,无需扒皮可直接开坯。该法缺点是脱氢效果差,提纯能力低,所以尚未实现工业化生产。

(4)真空感应熔炼法(简称冷埚熔炼,CCM)。它是一种无渣水冷铜坩埚感应熔炼工艺,它将整体铜坩埚换成 4 块弧形瓣铜块组合成的铜坩埚,块间用陶瓷绝缘,然后将铜坩埚与感应线圈一起浸入水套中,以此装置感应熔炼钛。它改变了感应电源集肤效应和坩埚内的磁场强度。它是靠电磁感应产生热能将钛熔炼的过程。因为水冷铜坩埚属于冷埚,所以可避免钛与铜作用而造成产

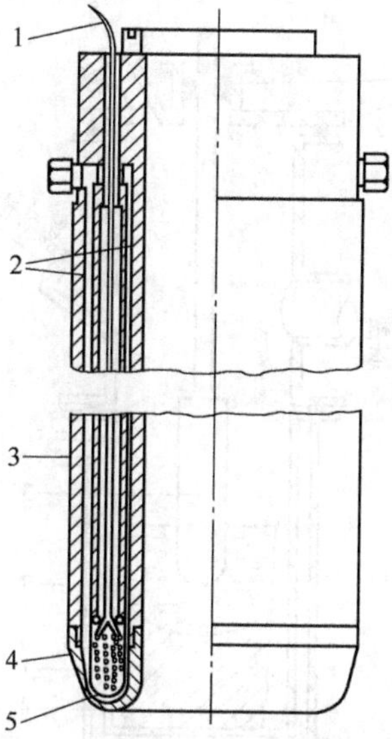

图 1-3 水冷铜电极旋转电弧熔炼法的电极示意图
1—磁力线圈导线;2—冷却水道;3—电极;4—铜头;5—电磁线圈

品污染。这种 4 块弧形瓣铜块组合的坩埚优点在于每两个铜块间的间隙都是一个增强磁场,磁场产生的强烈搅拌使化学成分和温度一致,从而提高产品质量。

该法不需要制作电极即可一次获得成分均匀而无坩埚污染的高质量铸锭,具有设备成本低、操作简便等优点。所以有些国家已经达到工业试生产规模,已生产出 $\phi 1m \times 2m$ 的圆形钛锭。但该法生产技术尚不成熟,需要进一步完善。

(5)电子束熔炼法(简称 EB)。它是利用高速电子流的动能转变为热能作热源进行熔炼铸锭的工艺。它在熔炼时获得很高的热能,精炼效果最好,但金属挥发损失也最大。特别是由于金属钛熔点较低,在电子束熔炼的过热温度下损失大,所以该法极少用于钛的熔炼。但它最适宜用于制取高纯钽、铌、钨、钼及铪等难熔金

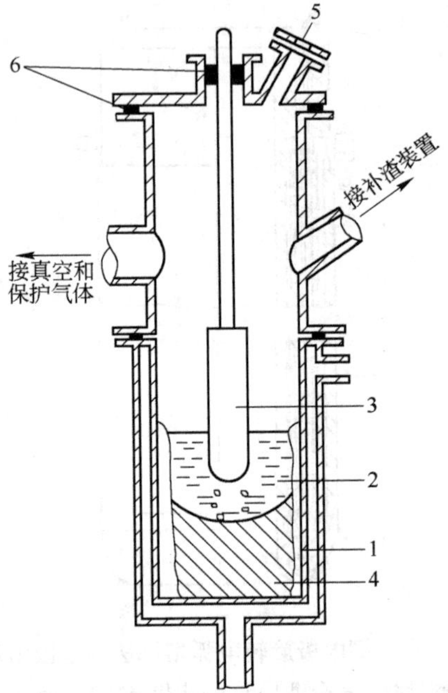

图 1-4 电渣炉炉体结构

1—水冷铜坩埚;2—熔渣;3—料棒;4—锭;5—观察孔;6—密封垫

属铸锭。

(6)等离子熔炼法。它有两种工艺,一种为等离子弧熔炼(简称 PA),另一种为等离子束熔炼。它们都是利用高能等离子体作为热源熔炼金属的。它的精炼效果比自耗电弧熔炼好,而挥发损失又比电子束熔炼小,所以是要进一步研发的工艺。目前仅有少量应用。

现在钛的熔炼虽未使用电子束熔炼和等离子熔炼工艺,但是这两种工艺产生热源的手段被移植到新工艺——冷炉床中,即冷炉床中使用了电子枪或等离子枪。

(7)冷炉床熔炼法(简称 CHM)。冷炉床熔炼是以电子束或等离子体作为热源,熔化的金属随后在冷炉床上依次熔化、精炼和凝固的工艺。该设备主要由电子枪或等离子枪、冷炉床和结晶器3部分组成。所以它有3个工作区,即熔化区、精炼区和结晶区。

冷炉床熔炼包括电子束冷炉床熔炼(简称EBCHM)和等离子冷炉床熔炼(简称PACHM)两种工艺。

冷炉床熔炼法最大的优点就是将熔化、精炼和凝固分离。即炉料先进入熔化区熔化,然后在冷炉床(精炼区)精炼,最后在结晶区结晶。因此,熔化的钛熔体在炉床上可停留较长时间,可保证合金元素充分熔化均匀、避免偏析。由于熔体稍长时间在真空下可有效地去除易挥发杂质,因此使H、Cl、Ca、Mg、K等达到很低的水平。在炉床中,低密度杂质(LDI),如TiN可以溶解或上浮;而高密度杂质(HDI),如WC则可以下沉,黏结至底部凝壳上。所以它在铸锭时减少低密度夹杂以及减少偏析的能力远远超过了3次真空自耗熔炼获得的钛锭,用该法生产的钛锭成为当前航空发动机钛合金转动部件首选的原材料。通过控制功率,还可使结晶器出口的熔体过热度很小,熔池浅,有利于获得均质细晶钛锭。该法还可以回收残钛料,从而降低成本。

从经济的观点出发,真空自耗电弧熔炼法已成为主要的生产方法。冷炉床熔炼法是以特有的优势为航空航天等领域提供质量更高的钛合金铸锭,并占据市场一定份额的新方法。其他工艺尚需要进一步的改进和完善。不同熔炼方法的特征和比较见表1-1。

表1-1　不同熔炼方法的特征和比较

项目名称	EBCHM	PACHM	VAR	NC	CCM	ESR
原料状态	散装料或棒料	散装料或棒料	制备自耗电极	散装料	散装料	棒料电极
铸锭规格	大、中、小	大、中、小	大、中、小	中、小	中、小	中、小
铸锭端面形状	圆形、异形	圆形、异形	只限于圆形	圆形、异形	圆形、异形	圆形、异形
脱气效果	最优	有限	有限	有限	有限	有限
去除HDI、LDI	最优	最优	有限	优/有限	一般	一般

续表 1-1

项目名称	EBCHM	PACHM	VAR	NC	CCM	ESR
真空度/Pa	0.133 ~ 10^{-3}	惰性气体 0.133 ~ 101325	0.013 ~ 6.65	惰性气体 2660 ~ 3990	惰性气体	惰性气体 33250 ~ 50540
化学成分控制	成分烧损，难	良好	良好，易	一般	容易	难控制
相对密度/%	100	98	100	95 ~ 100	100	100
表面质量	良好	良好	一般	一般	一般	较好
熔炼速率 /$kg \cdot h^{-1}$	500 ~ 1800	600 ~ 900	800 ~ 2000	300 ~ 800	400	
回炉料的使用	较大	较大	有限	较大	有限	有限
比电能消耗	较大	较大	小	较大	大	大
操作	难	一般	容易	一般	一般	一般
设备投资	最高	较高	低	较低	一般	一般
适用范围	铸锭	铸锭	铸锭	一次锭	一次锭	铸锭
综合评价	良	良	优	一般	一般	一般

真空电弧熔炼已有一百多年的历史，1839 年开始熔炼钼和钽，1903 年首次用自耗电弧炉熔炼钽。随着钛冶金的发展，1949 年以后，大型真空泵的出现使大型工业真空自耗电弧炉迅速发展。它目前不仅用来熔炼钛、锆、钨、钼、钽、铌和高温合金，而且是优质钢二次重熔的重要方法。

真空自耗电弧熔炼技术一直是制备钛锭的主要方法，并可能在今后较长一段时间仍占据熔炼工艺的主导地位。因此，本书为了突出重点，以该工艺为重点加以介绍，并在第 2 章用大篇幅介绍冷炉床熔炼技术。

1.2 真空自耗电弧熔炼原理

真空电弧熔炼是在真空下利用电极和坩埚两极间电弧放电产生的高温作为热源,将金属材料熔化,并在坩埚内冷凝成锭的过程。

1.2.1 熔炼电弧特性

1.2.1.1 电弧的产生

电弧的产生是一个电极间放电过程。辉光放电和弧光放电都是电极间两种气体自激导电的形式。辉光放电特点是电流小,仅有少量电子和正离子参与导电过程,发出较弱的光。弧光放电特点是气相中有大量的电子和正离子参与导电过程,电流密度大,并发出耀眼的亮光。

如果在两电极间施加一外电压时,当电流逐渐增大时,电极间的放电会逐渐增强,并从辉光放电转变到弧光放电。所以弧光放电也是在一定的电压和电流下方可产生的放电现象。

弧光放电,不仅可以用高压引弧,也可以用低压引弧。实践中常采用低压引弧,它是先将两电极短路后再拉开,瞬间两极间电流密度极大从而产生高温,阴极发射出热电子而产生电弧。

自耗电弧炉中正极性熔炼时将压制的钛锭当阴极,铜坩埚当阳极。熔炼时对电弧炉施加一定电压,当两极间拉开有一定间隙时,产生弧光放电,阴极上的电子受电压的夹持驱赶,带负电荷获得高速动能的电子迅速向阳极(铜坩埚)发射。电子到达铜坩埚中,熔炼初期轰击预先放置的底垫料,一旦坩埚内形成熔池后,电子直接轰击钛熔池。此时,电子的动能会释放并转化为热能,并不断使钛锭熔化,液滴落入熔池中,并使部分金属汽化。与此相反,阳极产生的正离子会迅速射向阴极。此时,两极间电弧放电时产生两极间形成的等离子体的运动。尽管它的电离程度较低,但它产生了高的温度场,这使熔炼时达到需要的温度。

电弧外形与阴阳两极面积有关。为了达到熔炼钛锭的质量和安全要求,工艺上要求坩埚比(即电极直径和坩埚直径之比)在0.625~0.88之间,以保证熔炼时电极直径和坩埚壁间有一定间隙。此时电极底端为阴极面,坩埚底为阳极面,阴极面远小于阳极面。所以弧光放电时,电子从阴极面向阳极面发射时呈发散状;反之亦然,阳离子从阳极面向阴极面发射时呈收敛状。所以钛熔炼时,电弧外形呈钟罩状。

1.2.1.2 电弧的结构

真空自耗电弧熔炼的热能来自电弧。熔炼过程的电弧行为直接影响到熔炼产品的质量。简单地讲,电弧是由阴极区、弧柱区和阳极区这3部分组成。

A 阴极区

阴极区由两部分组成:一部分是在电极端面附近和弧柱交界之间的正离子层,它与电极端面之间构成很大的电位降,该电位降促使电子从电极端面自发射,用以维持电弧的正常燃烧;另一部分位于阴极表面的一个光亮点,称为阴极斑点,在正离子形成的正电场作用下,电子集中在这里向外发射产生电弧放电。

阴极斑点的大小与电弧放电所在空间的气体介质的压力有密切的关系。气体介质压力高,阴极斑点的面积就小。图1-5所示为在不同气体压力下自耗电极端面形状示意图。电弧周围气体介

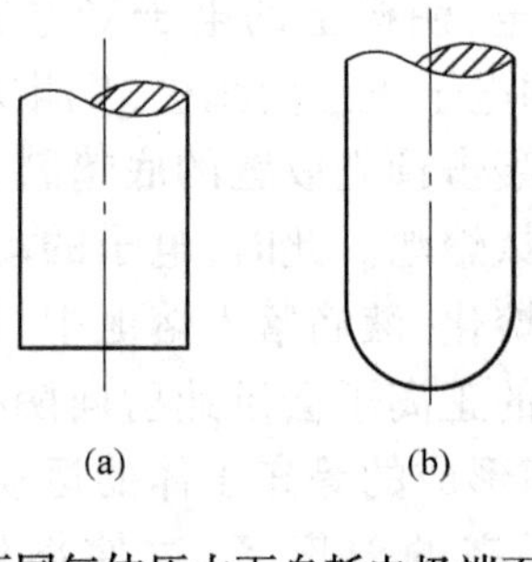

图1-5 在不同气体压力下自耗电极端面形状示意图

(a)6650Pa;(b)0.13Pa

质压力减少，阴极斑点面积就增大，而且高速游动，由电极端面游至侧表面，使电极端面熔化成圆锥形（见图1-5）。斑点越大，温度越低。在熔炼过程中，阴极斑点在阴极表面游动，它的大小直接反映电弧的稳定性，斑点越小越易游动，电弧越不稳定。斑点的温度与电极材料的熔点和熔化电流密度有关。电极材料熔点越高，熔炼电流密度越大，斑点的温度就越高。

B 弧柱区

弧柱区位于阴极区和阳极区之间，呈钟形分布，是一个电子和离子混合组成的中性的高温等离子体。不过，它的电离程度较低。它是电弧的主体，它的亮度最高，温度也最高。

随着熔炼电流的增加，弧柱面积增大，电弧的束密度增加，温度升高，燃烧更稳定。熔炼过程物质的分解、挥发等都是在此区进行的。

弧柱断面积的大小与周围气体介质压力有关。气体介质压力大，弧柱断面积变小，反之亦然。弧柱断面积的大小还受外界磁场的影响。当对电弧施加一个纵向磁场时，在磁场力的作用下，电弧受到压缩，致使电弧断面积变小，电弧长度相应增加，提高了电弧的稳定性。

C 阳极区

阳极区位于阳极表面，它有一个斑点。由于阳极区气体介质压力较低，阳极斑点面积扩大而近似“消失”。

阳极斑点是集中吸收来自阴极的电子和弧柱区的离子的地方，电位降很大。在高速运动的电子和负离子流的连续轰击下，阳极斑点加热到很高的温度。它的温度主要取决于阳极区气体介质的压力，压力增大时阳极斑点的面积缩小。熔炼条件的变化会引起阳极斑点大小和温度的改变，从而使金属熔池的温度梯度、熔池深度和体积发生变化，最终会改变钛锭的凝固结晶和提纯效果。

1.2.1.3 电弧的特征

A 电弧中的电压降

真空自耗电弧熔炼利用的是弧光放电，这种放电是在低电压

(十几伏到几十伏)和大电流(几千安到几万安)条件下产生的放电,放电过程产生强烈的白炽光和高温。弧光放电时两极间的电压降称为电弧电压。电弧电压 U 由阴极压降 U_K、弧柱压降 U_C 和阳极压降 U_A 组成:

$$U = U_K + U_C + U_A$$

式中,$U_K + U_A = U_S$,称为表面压降。

表面压降与电极材料、气体成分、压力和电流强度等有关,与两极的距离无关。在电极材料、气体及压力不变的情况下,电弧电压的变化取决于弧柱压降 U_C,但 U_C 值很小,两极间距离的变化对电弧电压的影响很小,不成直线关系(见图 1-6)。

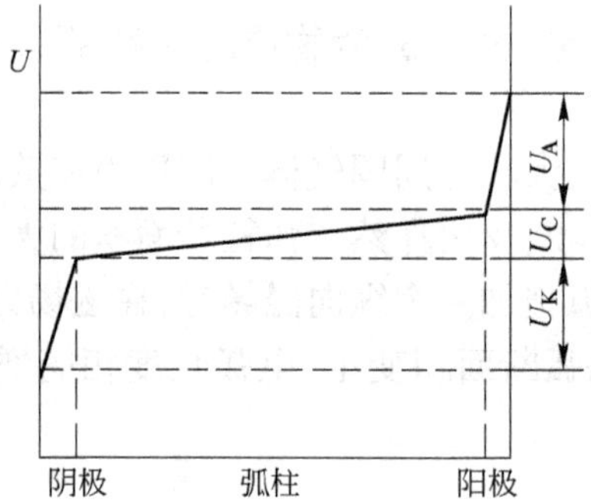

图 1-6　电弧电压分布

在真空自耗电弧熔炼过程中,电弧电压 U 主要受极性、电流、电极直径与坩埚直径之比值(d/D)、电极材料和电弧长度的影响。其中,以电流强度对表面压降 U_S 影响最大,而对弧柱压降 U_C 影响较小。即:

$$U = U_0 + aI$$

式中　U_0——电弧电压的不变分量,V;

a——常数;

I——电流,A。

真空自耗电弧熔炼钛时,在一定的弧长(电极下端与熔池表面间的距离)范围内,弧长每变化10mm便会引起0.5V的电压变化。熔炼不同金属,电弧长度的变化也不一样,真空自耗电弧熔炼钛和钢的电弧电压与弧长的特性曲线如图1-7所示。实践表明,真空自耗电弧熔炼钛的电弧压降约为30~40V。

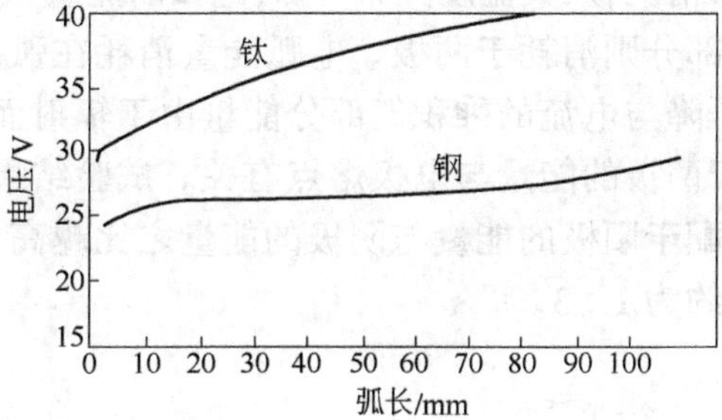

图1-7 真空自耗电弧熔炼钛和钢的电弧电压和弧长的特性曲线

当电极材料和尺寸一定时,电弧压降 U 随电流大小(即随电流密度)而变,如图1-8所示。当电流小时,增加电流,电弧压降变小;当进一步增加电流时,电弧压降几乎成直线增加。电弧压降中主要是表面压降增加,弧柱压降增加不多。

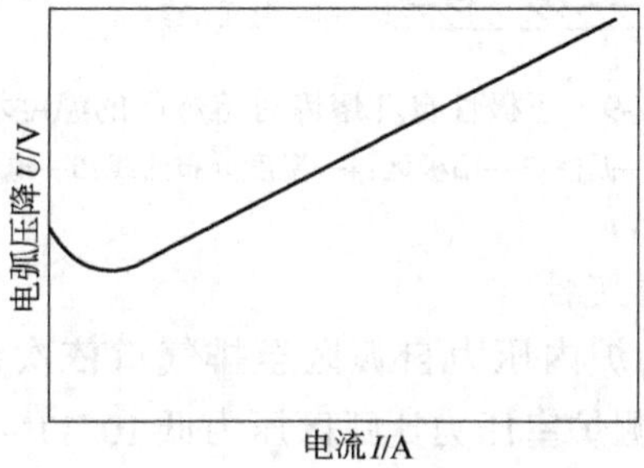

图1-8 电弧压降与电流关系曲线

B 电弧的温度场和能量分配

电弧中温度场的温度分布情况很复杂,具体的温度值与电极材料、电流大小和气相组成有关。一般来说，当以钛阴极作自耗电极（称为正极性熔炼）时，阴极端的温度约为1775℃，金属熔池表面的工作温度约为1850℃，而弧柱区的温度最高，可达4700℃。

正极性自耗熔炼时熔炼区的温度场如图1-9所示。图中给出了温度的分布情况，从其温度分布可知，电弧的能量一部分消耗于弧柱，其余大部分则消耗于两极。电弧能量消耗在弧柱区的能量值约为弧柱压降与电流的乘积。部分能量由于辐射而损耗，是无效的。消耗于两极的能量与电极熔点有关。试验结果表明，金属熔点越高，分配于阳极的能量与阴极的能量之比越高。对熔炼钛而言，此比值约为1∶3。

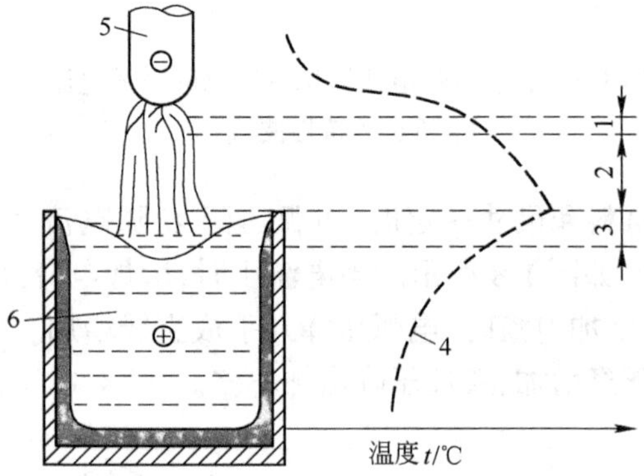

图1-9　正极性自耗熔炼时熔炼区的温度场

1—阴极区；2—弧柱；3—阳极区；4—温度分布曲线；5—电极；6—铸锭

C　电弧的稳定性

真空熔炼时，炉内压力自弧区至排气口依次递降，如图1-10所示。熔炼时所测炉室压力比弧区压力低10/11～40/41。

气相压力对电弧的稳定性有很大影响。当气相压力和其他工艺参数控制不好时，电弧便不稳定，易产生边弧（即自耗电极和铜坩埚之间产生的电弧）和扩散弧，严重时会烧穿坩埚，造成严重事故。因此，在工艺设计和熔炼过程中都必须设法确保电弧的稳定性。

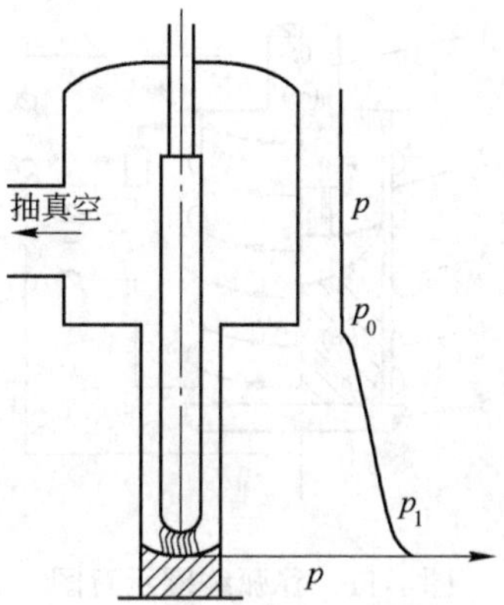

图 1-10 真空熔炼时炉内压力分布

实践表明,气相压力在 $6.7\times10^3\sim10^5$Pa 范围内电弧是稳定的;压力在 $67\sim6.7\times10^3$Pa 时,电弧在坩埚内严重漂移,易产生边弧和散弧,这个气相压力范围称为危险区;气相压力降低至 67Pa 以下,电弧又恢复稳定,称 67Pa 这个恢复稳定的气相压力为临界压力。在真空熔炼作业中,气相压力必须避开危险区,常保持在临界压力以下。

虽然钛的自耗电弧熔炼可以在惰性气体的保护下于常压中进行,但与常压熔炼相比,真空熔炼加热温度更均匀,弧柱压降小,因而具有热效率高的优点,正常生产中多采用真空熔炼工艺。

如前所述,临界压力随电流减少而降低。如用钢电极试验时,发现电流为 1500A 时临界压力约为 67Pa,电流为 600A 时临界压力为 4Pa。因此,宜选用大的电流。

生产实践中,为了使电弧工作稳定,通常在坩埚外加稳弧线圈。稳弧线圈的作用是当通入直流电(或交流电)时便会产生纵向磁场,减少边弧,稳定电弧。稳弧线圈示意图如图 1-11 所示。

纵向磁场除能减少边弧外,也能使熔池中液态钛旋转产生搅拌作用,有利于液态钛中合金组元或杂质的扩散,使钛锭质量均匀化和结晶细化。外加纵向磁场对金属熔池的影响如图 1-12 所示。

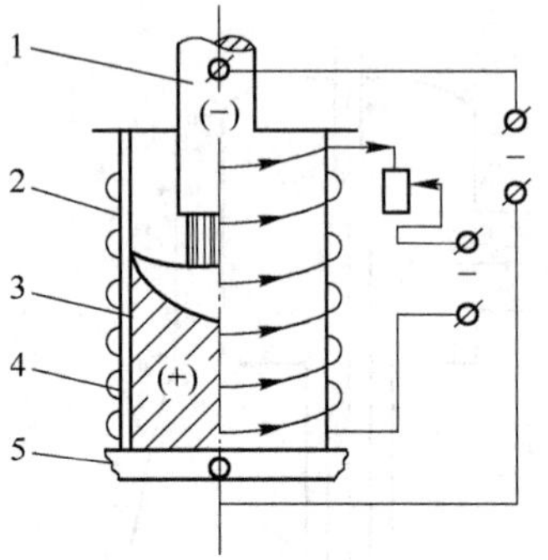

图 1-11　稳弧线圈示意图

1—金属自耗电极；2—上结晶器；3—水冷层；

4—螺旋管（内通直流线圈）；5—底结晶器

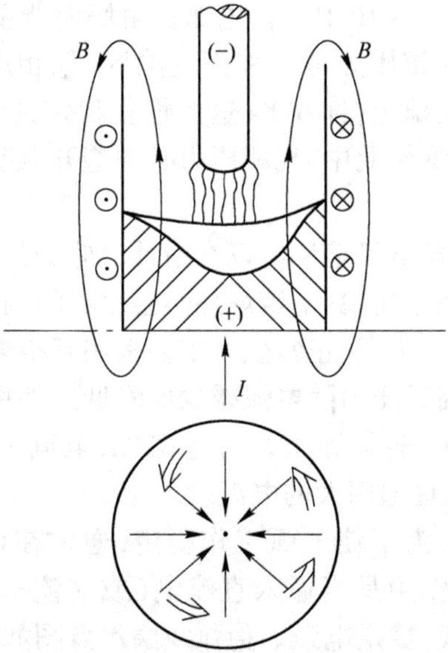

图 1-12　外加纵向磁场对金属熔池的影响

→—熔炼电流 *I* 的方向；⇒—磁场力 *F* 的方向；

B—磁场方向（由纸面向外）；⊗和⊙—稳弧电流方向

使用稳弧线圈时，应选用合适的稳弧电流。电流过小稳弧作用不明显；电流过大则由于电弧被压缩得厉害而导致熄灭，并因熔池旋转激烈而影响钛锭质量。合适的安匝数应是以电弧稳定燃烧、熔池平稳或微微旋转为准。

1.2.2 金属熔滴在弧区的过渡

金属端面受到电弧的高温作用加热熔化，当熔化的金属在电极端面累积到一定的大小后，就以熔滴的形式脱离电极穿过弧柱区落到熔池中去。此时，金属熔滴穿过电弧空间的过程被称为熔滴在弧区的过渡过程，如图 1-13 所示。此过程对产品的质量有很大的影响。

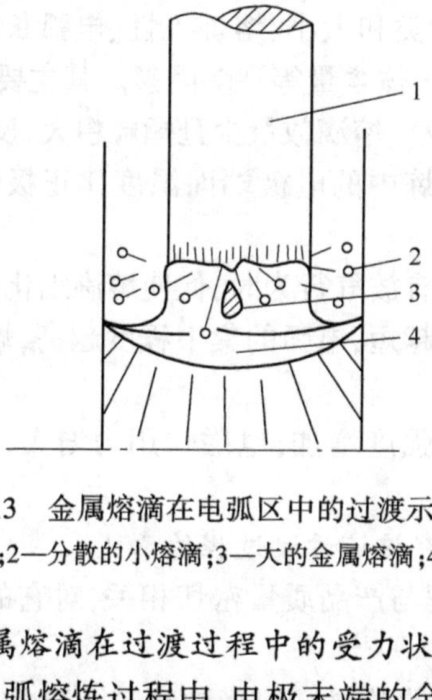

图 1-13 金属熔滴在电弧区中的过渡示意图

1—自耗电极；2—分散的小熔滴；3—大的金属熔滴；4—金属熔池

1.2.2.1 金属熔滴在过渡过程中的受力状态

在钛的自耗电弧熔炼过程中，电极末端的金属熔滴受到各种力的作用，开始时颈部收缩，接着是伸长，最后克服了表面张力而断落，造成在弧区的扩散。它主要受到下列 5 种力的作用：

(1)重力作用。它使熔滴脱离电极向熔池过渡。

(2)表面张力作用。它使熔滴收缩成球状并黏附在电极末端，阻止熔滴向熔池过渡。

(3)电磁力作用。熔炼过程中,电极和电弧周围产生一个横向磁场,对熔滴产生一个径向压力,加速熔滴细化。

(4)电弧放电。它是使气体流动产生冲击力的作用。电弧放电时,瞬间形成的气体流动冲击力将熔滴击散,碎裂成许多小滴。其中大滴落入熔池,部分小滴飞溅到结晶器壁上凝固成冒口。

(5)荷电质点轰击力的作用。它阻止熔滴向熔池过渡。

在上述5种作用力中,熔滴的重力、电磁感应压力和电弧放电的作用力起主要的作用,它们使熔炼得以正常进行。

1.2.2.2　影响熔滴数目和颗粒大小的因素

在钛的自耗电弧熔炼过程中,每秒钟过渡的熔滴数目和颗粒大小取决于电流种类和大小、熔炼极性、电弧长短、稳弧线圈的安匝数、电极成分和气体含量等许多因素。其主要影响为:

(1)电弧电流小,熔滴数量少且颗粒粗大,反之亦然。

(2)负极性熔炼中的电极端面温度比正极性高,因而熔滴数目多且颗粒小。

(3)熔炼过程有放气行为时,促使熔滴细化且喷溅严重。

(4)电弧长度越短,电弧的集中程度越高,熔滴数目增加得越多,颗粒越小。

(5)稳弧磁场强度增加,电磁作用力增大,使熔滴数目增加,颗粒变小。

1.2.2.3　研究熔滴过渡过程的意义

熔滴过渡过程与产品质量密切相关,对它的研究有以下重要意义:

(1)影响熔炼的效果。熔滴颗粒越小其比表面积越大,熔炼效果越好,反之亦然。

(2)影响电弧长度的控制。当熔炼电弧长度过短时,如10mm左右,这个长度与金属熔滴大小相近,会引起电极和熔池之间的短路,导致电弧熄灭而使熔炼中断,或者因为频繁短路使熔池温度急剧变化。此两种情况都会破坏正常熔炼的进行,也影响钛锭组织的均匀性。因此,熔炼的电弧长度一般控制在15mm以上。

(3)影响钛锭表面质量。金属熔滴的分散结果,使得一小部分金属喷溅并黏附到坩埚上;电弧对金属熔池的作用也会引起喷溅;加上熔池的旋转作用以及金属挥发物和杂质在坩埚器壁上黏附,就构成了铸锭的冒口。由于冒口不能很好地被金属熔池熔化,而且吸附或黏附了较多的杂质,致使钛锭必须经过平头和扒皮后方能进行加工。

1.2.3 熔炼过程

真空自耗电弧熔炼过程的实质是借助直流电弧的热能把已知化学成分的金属自耗电极在低压或在惰性气氛中进行重新熔炼。熔炼本身是一个定向连续过程。在高温加热形成的熔池区内,液态钛合金成分和杂质不断地扩散有助于均匀化,随后凝固成锭。

在钛的真空自耗电极熔炼中,发生了熔化和凝固两个可逆的相变过程。这两个过程都属于固液相多相反应,并伴随发生了一些物理化学变化,如图1-14所示。熔炼过程有以下几步。

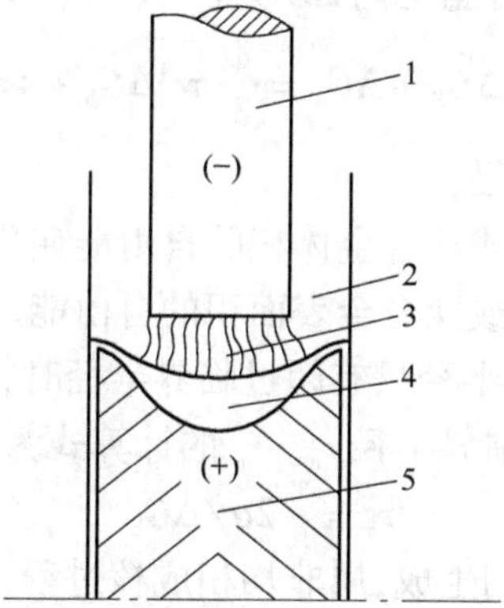

图1-14 真空电弧熔炼(正极性法)原理及各区域主要物理化学反应示意图
1—金属自耗电极;2—气相区(残余气体及反应气态生成物运动区);
3—弧柱区(脱气、分解、电离);4—金属熔池(脱气、分解、偏析、
夹杂物上浮及再生、结晶);5—金属锭

1.2.3.1　熔化

熔化钛从海绵体变为液体，是发生体积变小和比表面积缩小的过程，因此，也是比表面能降低的过程。在相变过程中，自由能的变化 ΔG 包括体积自由能变化 ΔG_V 和表面积自由能变化 ΔG_S 两项。此时，$\Delta G_V<0$，$\Delta G_S<0$，所以有：

$$\Delta G=\Delta G_V+\Delta G_S<0$$

只要达到熔化温度，此过程便能自发进行。因为此时不存在克服表面能垒的问题，所以熔化时不需要过热度。在熔炼纯钛时，只要达到钛的熔点（1668℃）即可。在熔炼钛合金时，熔化过程在一个温度范围内进行，比纯钛的熔化要复杂得多。钛合金的熔点与其成分有关，必须高于液相线温度才能开始熔化。

1.2.3.2　液态金属的扩散

熔池里的液态金属在磁场的搅拌作用下，大大增加了熔池内合金组元和杂质的扩散作用，有利于成分的均匀化。

1.2.3.3　凝固和结晶

从液态钛或钛合金中凝固结晶出新的晶粒时，有新相生成，此时液固相反应的自由能变化 ΔG 为：

$$\Delta G=\Delta G_S+\Delta G_V=\frac{4}{3}\pi r^3\Delta G_b+4\pi r^3\sigma$$

式中　r——晶粒半径；

ΔG_b——单位钛或钛合金体积的自由能变化；

σ——单位钛或钛合金表面积的自由能。

计算表明，晶粒半径只有超过临界半径时，晶粒方能长大。此时的粒子半径称为临界半径 r_c。r_c 的计算式为：

$$r_c=-2\sigma/\Delta G_b$$

凝固过程有新相生成，属非均相成核过程，需要克服成核时的表面能垒的影响。开始结晶的核心是在冷铜坩埚壁处的粗糙表面上。结晶的一般过程是由生核和长大两过程交错重叠组合而成的。对于单个晶粒而言，存在明显的形核和长大阶段。但从液态金属整体凝固过程而言，两者是交织在一起的。

形核的数目与钛液结晶时的过冷度大小有关。过冷度越大，形核几率越大，形核数目也越多。此时，可以生成晶粒细小的钛锭。

由于晶体成长时内外条件的差异性，晶体的外形是多种多样的。决定因素一方面是结晶物质固有的特性，另一方面是结晶过程中固液界面上温度分布状况。晶体的形状呈树枝状，长大的方向与散热的最快方向相反。由于结晶成核属非均相成核，成核中心即为活化中心。最初的活化中心为熔池内结晶器壁某些凸出部位。一旦条件允许，初次成核后的晶体便迅速向熔池纵深生长，而形成枝晶的主干，也称一次枝晶。随着一次枝晶的生长而不断出现新枝芽，新枝芽发展为新枝晶称为二次枝晶，它的空间位置与一次枝晶互相垂直。接着又出现三次枝晶、四次枝晶……。最终的结晶物为树枝状结构。

钛的真空自耗电弧熔炼是一个快速并产生大批结晶体的过程，不同条件下形成的微观结构是不一样的。图 1-15 所示为典型液态金属凝固组织示意图。由于钛铸锭均在坩埚内冷凝而成，其外形即为坩埚的形状，钛锭实际结构相类似。

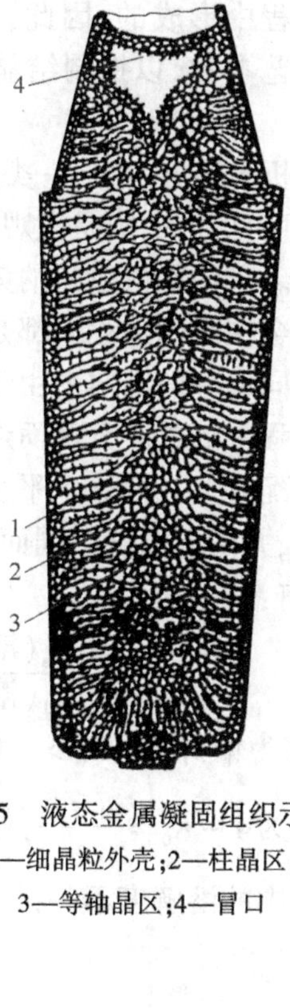

图 1-15 液态金属凝固组织示意图
1—细晶粒外壳；2—柱晶区；
3—等轴晶区；4—冒口

钛锭结构一般有三层凝固区。锭表层由一层极细的排列不规则的等轴晶粒组成，为急冷区，是凝固早期高速成核所致。临近的第二区晶粒细长而方向垂直于坩埚壁，称为柱状晶区。它是散热速度较稳定，导致定向凝固，并使晶粒长大所致。最内区为排列不规则但远比急冷区大的等轴晶粒。晶粒的增大是由于凝固后期散热速度较低所致。

结晶过程有两大特点,一是冷却速度快;二是结晶过程即为钛锭逐渐凝固过程,锭子上部存在着一个高温金属熔池。由于熔炼的过热度大,金属熔池保持较大的轴向温度梯度和径向温度梯度而形成较深的熔池。

1.2.4 凝固时的偏析和收缩

1.2.4.1 偏析

钛锭内部各部分化学成分不均匀或甚至含有夹杂物的现象称为偏析,它往往导致钛材力学性能不均匀。在偏析严重的情况下,甚至使钛锭报废或者必须再次熔铸处理。偏析是在钛锭结晶过程中形成的,因此,了解结晶与偏析的关系,选择合适的熔炼工艺参数,以控制结晶条件,减少偏析程度是很重要的操作事项。

偏析大体分两类,一类是区域偏析或宏观偏析,经过酸浸蚀后用肉眼可见;另一类是微观偏析或显微偏析,只能在显微镜下才能观察到。它们都可以归纳为化学成分偏析。

合金在凝固过程中都是在一定温度范围内完成的,不同时刻析出不同成分的固体。由于固态物质扩散很慢,结果造成溶质在凝固过程中的重新分配而形成偏析。偏析的大小与溶质在固液相中的分配有关。而这个平衡分配常数 K_0 直接受到物质凝固速度的影响,并随着温度不同而异。K_0 是指平衡时固液两相中溶质浓度比,有:

$$K_0 = \frac{c_s(\text{溶质在固相中的浓度})}{c_l(\text{溶质在液相中的浓度})} \tag{1-1}$$

K_0 也称为偏析度。$K_0>1$ 称为正偏析;$K_0<1$ 称为负偏析。而偏析系数为 $1-K_0=\frac{c_l-c_s}{c_l}$,偏析系数越大,偏析程度越大。不同元素在钛中的溶解度不一样,溶解度大的元素偏析小,溶解度小的元

素偏析大。

钛真空自耗电弧熔炼过程的凝固属于标准凝固,定向(顺序)凝固的过程达不到平衡态。在非平衡态下凝固过程会产生偏析,凝固后各成分浓度是不均匀的。一个(钛)合金棒料顺序凝固的成分变化如图 1-16 所示。图中 c_0 为理论含量。这种长距离呈规律性的变化称为区域偏析。钛合金锭有偏析,纯钛锭也有偏析。可把工业级纯钛锭视为含杂质的(合金成分少的)钛合金,因而也可以使钛锭中杂质分布不均。

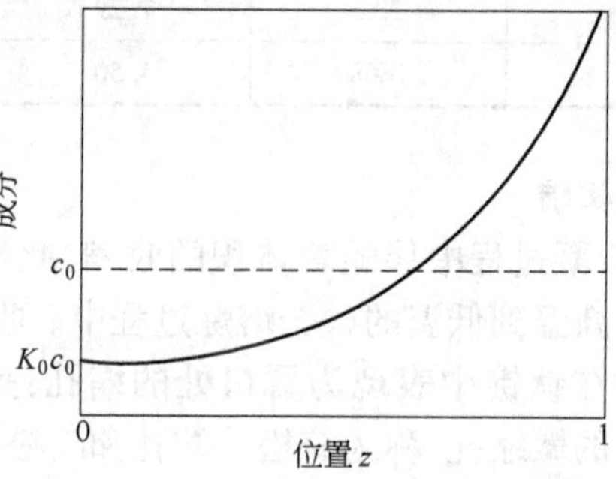

图 1-16 一个(钛)合金棒自左至右顺序凝固后的成分变化

在钛合金的熔炼中,当添加的合金组元与钛的熔点和密度相差悬殊时也易发生偏析。钛合金添加元素分类及主要性质见表 1-2。

表 1-2 钛合金添加元素分类及主要性质

类别	元素名称	熔化温度/℃	密度/g·cm^{-3}	熔化热/kJ·mol^{-1}
I	W	3380	19.34	35.20
	Mo	2620	10.20	27.59
	Ta	3000	16.60	31.35
	Nb	2420	8.57	26.75
	V	1920	6.10	17.56

续表 1-2

类别	元素名称	熔化温度/℃	密度/$g \cdot cm^{-3}$	熔化热/$kJ \cdot mol^{-1}$
Ⅱ	Zr	1850	6.50	16.72
	Cr	1820	7.15	13.80
	Mn	1250	7.41	7.94
	Fe	1539	7.88	15.05
	Si	1410	2.30	4.60
Ⅲ	Al	660	2.70	10.45
	Sn	232	7.29	7.11
Ti		1668	4.50	15.47

1.2.4.2　收缩

金属液在冷凝过程中伴随着体积的收缩，此种现象存在于从液态到固态、从高温到低温的整个熔炼过程中。收缩分为两种，一种是集中收缩，在钛锭中表现为冒口处的缩孔；另一种是分散收缩，即为钛锭中的微缩孔，称为疏松。缩孔和疏松的存在会影响铸锭质量，降低产品成材率。

实践中为了消除或减少缩孔，常常在熔炼后期采用补缩的措施，可取得良好的效果。

1.2.5　提纯原理

海绵钛的纯度为 99.0% ~99.7%，其中杂质约为 0.3% ~1.0%。杂质可以分为 3 类：第一类为游离的水、金属镁、$MgCl_2$ 和 $TiCl_2$、$TiCl_3$，它们和钛呈混合物状态夹杂存在；第二类为氧、氮、氢和碳(化合物)等气体杂质，它们在钛中以间隙固溶体形式存在；第三类如铁、硅、锰、钒、钼等金属杂质，在钛中以固溶体的形式存在。

真空自耗电弧熔炼是在真空高温下进行的，每次熔炼都相当于进行一次真空蒸馏和一次区域熔炼，对钛起到一定的精制提纯作用。但这种精制的作用是有限的，区域熔炼的精制作用尤其有限。

1.2.5.1 真空蒸馏的作用

真空蒸馏是利用被蒸馏物中各组分具有不同的挥发性能,对蒸馏物进行低压下加热,通过控制蒸馏温度使一些组分挥发,而与另一些不挥发物达到分离进行提纯的目的。在镁还原生产海绵钛工艺中,对还原物进行真空蒸馏的目的是除去海绵钛中大部分$MgCl_2$和镁,工艺作业制度是一个温度高(1000℃)、中真空和周期长(120~200h)的过程。而真空自耗电弧熔炼这个真空蒸馏过程,与上述过程不同的是,工艺作业制度是温度更高(1800℃)、中真空和周期较短(几小时),它是前者的继续,可以除去海绵钛中残留的杂质,获得纯度更高的金属钛。

真空自耗电弧熔炼按反应器的真空度,可以简化认为蒸发的气体流型属于分子流。与普通蒸馏不同,分子蒸馏仅有被蒸馏物表面的自由蒸发,没有沸腾现象,从理论上说这种自由蒸发是不可逆的。蒸发的气体流型不同,其蒸馏分离系数α也不一样。

普通蒸馏分离系数为:

$$\alpha_p = \frac{p_i r_i}{p_{Ti} r_{Ti}} \approx \frac{p_i}{p_{Ti}}$$

分子蒸馏分离系数为:

$$\alpha_m = \alpha_p M_{Ti}^{0.5} M_i^{-0.5}$$

式中 p_i——i组元蒸气压;

M_i——i组元物质的量;

r_i——i组元活度。

钛中各种杂质按其与钛的分子蒸馏分离系数相比,可以分成3种类型:第一种是$\alpha_m > 1$的杂质,这种杂质可能分离,而且α_m越大越易分离除去,特别是当$\alpha_m > 100$时,杂质较易分离除去;第二种是$\alpha_m = 1$或接近1的杂质,这种杂质无法除去;第三种是$\alpha_m < 1$时的杂质,这种杂质在熔炼中无法除去,只能浓缩。

钛和其他一些金属杂质的饱和蒸气压和温度的关系见图1-17和表1-3。一些杂质对钛的分离系数见表1-4。

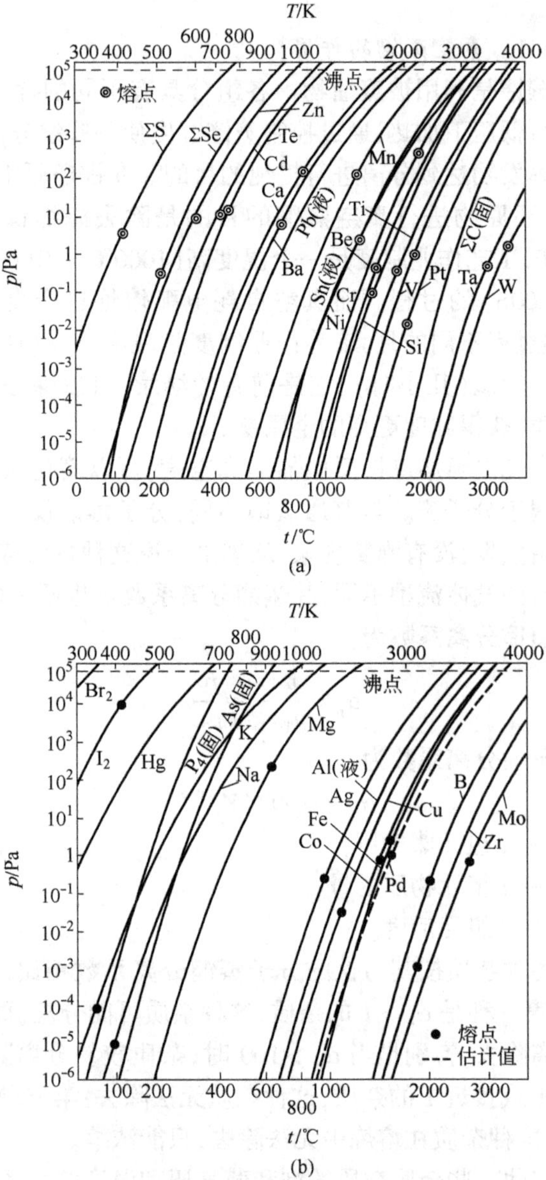

图 1-17　某些金属的饱和蒸气压和温度的关系

表 1-3 一些金属在 2000℃时的饱和蒸气压

金属元素	Ti	V	Mo	Al	Si	Fe	Mn
饱和蒸气压 p_i/Pa	53	13	1.3×10^{-5}	10^4	830	930	9.3×10^4

表 1-4 一些杂质对钛的分离系数

项目	分离组元								
	Mg/Ti	$MgCl_2$/Ti	TiO/Ti	Mn/Ti	Al/Ti	Fe/Ti	Si/Ti	V/Ti	Mn/Ti
温度 t/℃	1000		2000						
普通蒸馏分离系数 α_p	2.9×10^{12}	2.5×10^{11}	1	1800	200	17	16	0.25	2.5×10^{-5}
分子蒸馏分离系数 α_m	4.1×10^{12}	1.8×10^{11}	0.87	1680	267	15.7	21	0.24	1.8×10^{-5}

海绵钛中属第一类的游离杂质是容易分离除去的。如 Mg 和 $MgCl_2$ 挥发性大，α_m 也大，500～600℃时开始挥发，到达 2000℃时基本上都能除去。又如吸附的水在更低的温度下便开始挥发除去。

海绵钛中夹杂的低价氯化钛，如 $TiCl_2$ 和 $TiCl_3$，在一定温度下发生离解反应：

$$2TiCl_2 \xlongequal{} Ti + TiCl_4$$

$$4TiCl_3 \xlongequal{} Ti + 3TiCl_4$$

生成物中的气态 $TiCl_4$ 被排出炉外。

海绵钛中第二类间隙固溶体杂质氧、氮和碳，它们不能以单元素解析排除，因为钛吸收这些气体杂质后无法解脱。可以认为，它们在钛中以钛化物 TiO、TiN、TiC 形态存在。而这些钛化物分解压很低，很难离解。如 TiN 的分解压在 2331℃时只有 0.31Pa（见表 1-5）。这些钛化物只能以 TiO、TiN 和 TiC 形态脱除。但是，它们和钛的分离系数为1或接近1，如TiO/Ti的α_p为1，无法通过熔炼脱除分离。

表1-5　TiN的分解压

温度 t/℃	2916	2699	2489	2331
分解压/Pa	133	13.3	1.3	0.13

钛中的TiO既不能加碳脱氧，也不能加气体CO用还原的方法除氧。因为高温下加碳或加CO均会被钛吸收或分解，相应地会增加钛中的杂质碳和氧。

间隙性杂质氢是唯一能解析脱除的。氢的解析也经过一连串过程，先是氢原子向金属界面扩散，随后在界面上结合成氢分子，氢分子最后在界面脱附，随气流排除。钛含氢浓度低时，生成物为TiH。TiH除氢时，反应历程为：

$$TiH = Ti + H$$

$$2H = H_2$$

氢化钛的分解压很大(见表1-6)，其中的氢很容易被分解脱除。钛锭的最终氢含量可以达到0.002%。

表1-6　TiH_2 的分解压

温度 t/℃	50	100	200	300	400	500	550	600
分解压/Pa	0	146	505	1450	2022	30670	95029	234639

海绵钛中第三类金属杂质，和钛分离系数$\alpha_m > 1$的有铁、硅等，在熔炼中能挥发除去一些；和钛分离系数$\alpha_m < 1$的有钒、钼等低挥发性金属，这类杂质在熔炼中只能浓缩，但因含量甚微，不会引起明显变化。

在上述易挥发组分中，H_2O、H、$TiCl_2$、$TiCl_3$和Mg最易除去，而$MgCl_2$的α_m比较小且含量多，海绵钛中Cl^-含量约为0.05%～0.20%，可以认为它是熔炼中要除去的关键组分，以此来分析除气动力学。

钛真空自耗电弧熔炼时，$MgCl_2$ 等杂质从液态钛中的挥发，由下述3个步骤组成：

(1) $MgCl_2$ 从钛液内部通过边界层迁移到熔池表面层；

(2) 熔池表面层气相 $MgCl_2$ 脱附和从表面挥发；

(3) 气相 $MgCl_2$ 通过气相界面层迁移到气相内部。

不同的杂质元素或化合物的挥发脱除过程，因其挥发性不一样而具有不同的控制步骤。蒸气压较小的杂质 Mo、V、TiO、TiN、TiC 等，上述第二步骤为其蒸发脱除的控制步骤。蒸气压较大的杂质 Mg、$MgCl_2$、H、Mn、Al 等，上述第一步骤即边界层传质速度是其蒸发脱除的限制性环节。

在真空条件下，第三步骤的速度很快，不会成为控制步骤，但在氩气氛中熔炼时有可能成为控制步骤。

当 $MgCl_2$ 的表面挥发速度（即第二步骤）成为控制步骤时，有：

$$\frac{dW_A}{dt}=\sqrt{\frac{M_A}{2\pi RT}}\alpha_A r_A p_A \chi_A \tag{1-2}$$

式中 $\frac{dW_A}{dt}$——$MgCl_2$ 的挥发速度；

α_A——$MgCl_2$ 的凝聚系数；

p_A——纯 $MgCl_2$ 的饱和蒸气压；

r_A——$MgCl_2$ 的活度系数；

χ_A——$MgCl_2$ 在碳中含量（摩尔分数）；

M_A——$MgCl_2$ 的物质的量。

钛中合金元素的挥发速度也同样可以用式(1-2)进行计算。当控制步骤为第一步骤时，出现表面 $MgCl_2$ 贫化现象，使之产生偏差，此时式(1-2)可写成：

$$\frac{dW_A}{dt}=k_A c_{AS} \tag{1-3}$$

式中　c_{AS}——熔池表面处 $MgCl_2$ 的浓度；

k_A——气相表面挥发系数。

液相边界层的传质速度由下式表示：

$$\frac{dW_A}{dt}=k_d(c_A-c_{AS}) \tag{1-4}$$

式中　c_A——熔池内部 $MgCl_2$ 的浓度；

k_d——液相边界层传质系数。

达到稳定时表面挥发速度和界面层传质速度相等，联立式(1-3)和式(1-4)，消去 c_{AS} 值得到：

$$\frac{dW_A}{dt}=\frac{k_A k_d}{k_A+k_d}c_A=Kc_A \tag{1-5}$$

式(1-5)表明，不论挥发过程由气相扩散控制或由液相界面层扩散控制，或者混合控制，挥发速度均和 $MgCl_2$ 浓度成正比，属一级反应。一般情况下，蒸气压大的 $MgCl_2$ 等杂质的蒸发脱除属扩散步骤控制。由于 $MgCl_2$ 对 Ti 的分离系数 α_m 较大，扩散速率也大，钛中的 $MgCl_2$ 比较容易除尽。

1.2.5.2　分凝效应的作用

从前面(第 1.2.4 节)可知，自耗电弧熔炼时，钛锭的凝固是从锭底部依顺序逐步向上凝固的过程，属顺序凝固。结果，使钛锭的一些合金元素或杂质在整个锭各部位有规律地分布，产生了分凝效应。该效应也是区域熔炼提纯金属的原理。它使钛锭中合金元素或杂质在锭中分布呈现区域偏析。

分凝效应的发生，与钛锭(或金属棒料)中的杂质(或合金元素)的平衡分配常数 K_0(见式(1-1))有关。现借用一根钛锭自左至右逐步凝固后产生的分凝效应从理论上加以论述，如图 1-18 所示，就是一根钛锭顺序凝固时锭中杂质的理论分布示意图。而钛锭的实际现状与此相似。

从图 1-18 中得知，平衡分配常数 $K_0<1$ 的溶质(它使溶剂的熔点降低)，在凝固的过程中，会富集于锭的尾端(右端)；与此相

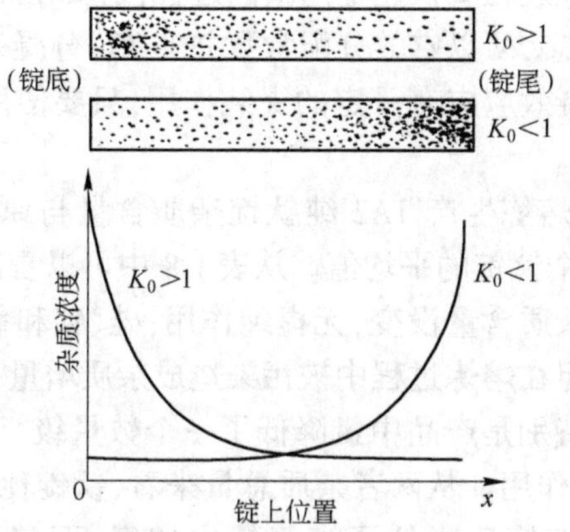

图1-18 液相自左向右逐步凝固后，$K_0<1$ 和 $K_0>1$ 的杂质在锭中的分布

反，$K_0>1$ 的溶质（它使溶剂的熔点升高），在凝固的过程中则富集在锭的头部（左端）。K_0 接近1的杂质在金属的凝固过程中几乎不发生变化，即很难被脱除。K_0 越小或 K_0 越大的杂质越易脱除，即提纯效果越好。

实际钛锭中各杂质元素的 K_0 值见表1-7。

表1-7 实际钛锭中各杂质元素的 K_0 值

杂质	C	N	O	Mg	V	Cr	Mn	Fe	Ni	Cu	Zr	Nb	Mo
K_0	2.58	6.0	1.5	0.067	0.80	0.56	0.39	约0.3	0.44	0.27	0.82	1.58	1.83

按此推断，真空自耗电弧熔炼获得的钛锭，$K_0>1$ 的杂质，如碳、氮、氧和铌、钼富集在锭的头部；而 $K_0<1$ 的杂质，如镁、锰、铬、铁、镍和铜富集在锭尾部的管口处；而 K_0 接近1的杂质，如钒、锆几乎保持原状，提纯效果差。由此可知，熔铸获得的钛锭，两端富集了一些杂质，在扒皮平头时将锭两端切除，便能保证光锭的质量。

不过,熔炼过程属快速定向凝固过程,杂质在液固两相间扩散无法达到平衡态,所以它的分配常数并非 K_0,分凝效应较小一些。钛熔炼时,分凝效应应有一定的提纯作用,只要使用光锭,便可减少杂质的影响。

二次自耗熔炼生产 TA2 纯钛锭杂质含量与原料的关系见表 1-8,它是 100 个钛锭的平均值。从表 1-8 中可以看出,钛锭和海绵钛中的铁、氮杂质含量没变,无提纯作用;硅、碳和氧略有增加,也无提纯作用,但在熔炼过程中被污染造成杂质增量;氯和氢有明显的提纯效果,特别是产品中氯降低了一个数量级。也说明这主要是真空蒸馏的作用。从两者杂质总量来看,钛锭比海绵钛杂质稍有降低,通过熔炼后降低了海绵钛中的氯,而稍增加了氧等杂质。总之,钛的纯度略有提高,但是它大体仍保持在一个数量级水平。

表 1-8　二次自耗熔炼生产 TA2 纯钛锭杂质含量与原料的关系

状　态	杂质的质量分数/%							
	Fe	Si	Cl	C	N	O	H	总量
海绵钛	0.116	0.018	0.099	0.019	0.020	0.098	0.005	0.375
二次熔铸锭	0.116	0.032	0.007	0.027	0.018	0.102	0.0019	0.304

1.2.6　熔炼过程中钛的损失

钛的真空自耗电弧熔炼由于在高温下进行,不仅杂质挥发,钛也会同时挥发损失,因此在选择工艺方法和工艺参数时必须要考虑钛的挥发损失问题。

经推算,熔炼过程中任意一种杂质的挥发率 y 和钛金属挥发率 x 的关系式为:

$$y = 100 - 100\left(1 - \frac{x}{100}\right)^{\alpha_m} \tag{1-6}$$

按式(1-6)计算的计算值如图 1-19 所示。

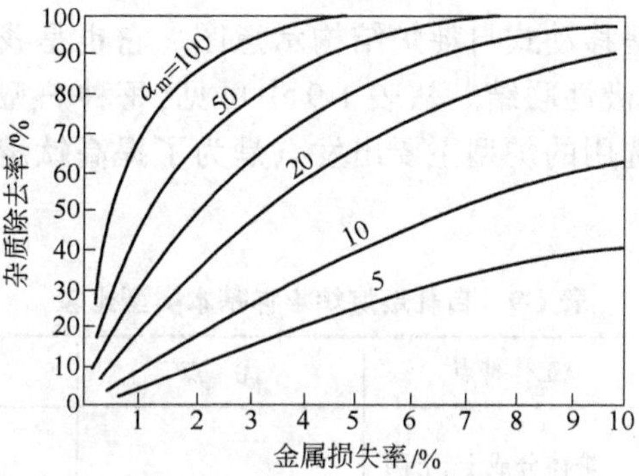

图 1-19 真空熔炼时杂质除去率和金属损失率的关系

选择真空自耗电弧熔炼制取钛锭的方法也是考虑到该法兼有电耗低和钛损失少的优点。

由此可见,在熔炼过程中,杂质的分子蒸馏 α_m 越大,越易分离,钛损失率也越小。反之,当选用低的钛损失率时,需要选择杂质除去率偏低的工艺条件。

如前所述,当把 $MgCl_2$ 作为挥发组分中的关键组元时,对于 $MgCl_2/Ti$ 二元系的分离(在1000℃时 α_m 为 1.8×10^{11}),实际上钛的挥发损失是很小的,大约在1%以内。

1.3 真空自耗电弧炉

1.3.1 炉型结构

真空自耗电弧炉,简称自耗炉。自耗炉的形式是多种多样的。目前应用的大型工业炉按基本的结构特征区分可分为4个形式,即炉体固定-坩埚移动式、炉体固定-坩埚转动式、坩埚固定-炉体移动式、坩埚固定-炉体转动式。另外,按电极的极性联结方式,又分为正极性和负极性两种方式,将自耗电极接为负极的称为正极性,反之称为负极性。

自耗熔炼炉 4 种基本类型比较见表 1-9。图 1-20 所示为炉体固定 – 坩埚移动式自耗炉结构示意图。它也是我国常用的炉型,并且用正极性联结。从表 1-9 中可见,每种炉型结构各有优缺点。我国选用的炉型主要出发点是为了提高钛熔炼时的安全性能。

表 1-9　自耗熔炼炉 4 种基本类型比较

结构类型	工作特点	优　点	缺　点
坩埚固定 – 炉体移动式	炉体分成上、下两部分,上部炉室连接在可移动式构架上并可升降,通过上炉室升降	操作方便,作业率高	炉子稳定性差,地上和地下部分都较复杂,投资较高
炉体固定 – 坩埚移动式	坩埚设置在可移动式小车上,电极送入、封炉以及铸锭卸出均通过小车的移动和升降来完成(见图 1-20)	结构稳定,对于高活性的稀有金属熔炼时,便于设置防爆设施	操作不太方便,作业率低
炉体固定 – 坩埚转动式	设置在炉体下方的坩埚可绕一立柱旋转和沿立柱升降完成装电极和卸锭工作,可实现两个坩埚交替使用	操作方便,作业率高	炉子地下部分结构复杂
坩埚固定 – 炉体转动式	炉体由一立柱支撑并可沿立柱升降和绕立柱旋转,电极装入和铸锭卸出均在炉体转开后由吊装工具完成	操作方便,配合真空闭锁阀可实现双坩埚交替熔炼,作业率高	炉子稳定性差,地下部分结构复杂

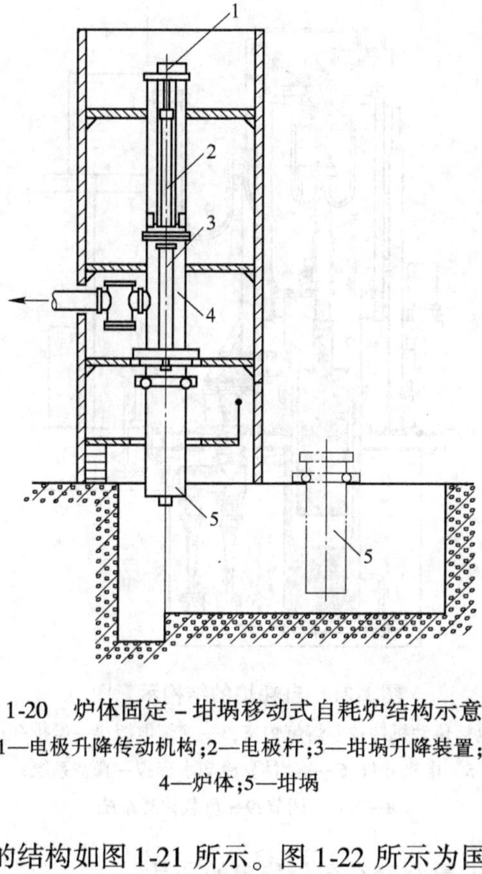

图 1-20 炉体固定-坩埚移动式自耗炉结构示意图
1—电极升降传动机构;2—电极杆;3—坩埚升降装置;
4—炉体;5—坩埚

自耗炉的结构如图 1-21 所示。图 1-22 所示为国外所用的一种新炉型,它是图 1-21 炉型的改进型,在设计上有新的发展,主要表现在“同轴性”、“再现性”和“灵活性”上。

“同轴性”是指把阳极电缆线靠近阴极电缆线并且都接在炉体上部,两者保持近距离平行,使大电流流过导线、电极和炉体时所产生的感应磁场互相抵消,从而减弱或消除感应磁场对熔炼产品质量的不利影响并提高电效率。

“再现性”是指通过先进的电控系统和重量传感器(又称电子秤)来确保熔炼过程中电参数的稳定,特别是保持电弧长度和熔

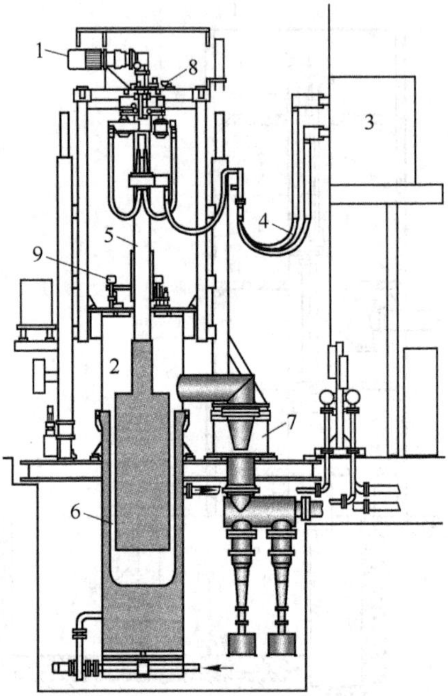

图1-21　自耗炉的结构示意图

1—电极传动机构;2—熔炼炉室;3—熔炼电源;4—母排/电缆;
5—电极导杆;6—铜坩埚/冷却水套;7—真空系统;
8—X-Y调节;9—负载传感系统

化速率的恒定,最终获得质量稳定的产品。

“灵活性”是指一台炉子能够生产多种锭型并留有发展的余地,有利于提高生产率。

1.3.2　自耗炉基本结构

尽管自耗炉的炉型多样化,但它们基本结构大致是相同的。每个炉子均可由炉壳体、真空机组、电源、电极传动机构和控制系统、坩埚系统和冷却系统等构件组成,下面分别进行介绍。

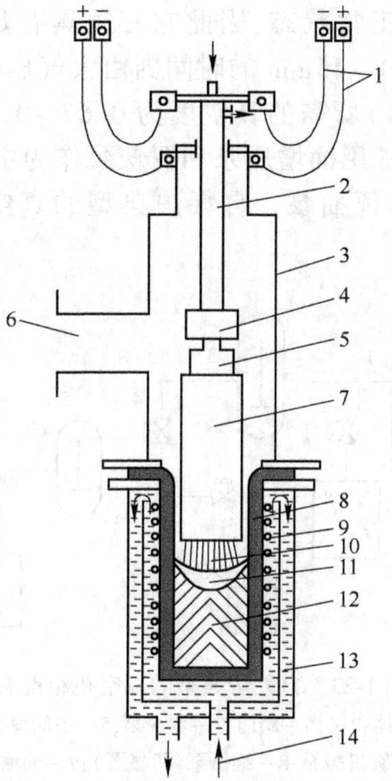

图 1-22 新型的自耗炉结构示意图

1—电流导线;2—水冷电极杆;3—真空室;4—电极夹头;5—过渡电极;6—接真空系统;7—金属自耗电极;8—水冷铜结晶器(上);9—稳弧线圈;10—电弧;11—金属熔池;12—金属锭;13—水冷结晶器(底);14—进出冷却水

1.3.2.1 炉壳体

炉壳体容纳自耗电极,构成与大气隔离的空间。炉壳体应能承受电极、电极杆及电极驱动系统等装置的质量,具有良好的气密性,且与结晶器连接方便,便于熔炼操作。

1.3.2.2 真空机组

真空机组的作用是对密闭的炉体和结晶器构成熔炼所需

的真空，即使在炉料大量放气出现辉光放电时，也能保证在最短时间内恢复到正常状态，因此它必须具有足够高的抽气速度，应使炉体在 30 ~ 45min 的时间内由大气压抽到所需的真空度。熔炼钛（和锆）所需的真空度为 0.67 ~ 1.3Pa。熔炼炉配置的真空系统通常用油增压泵和罗茨泵作为主泵，串联一罗茨泵，再用机械泵作预抽泵。自耗炉典型的真空机组配置如图 1-23 所示。

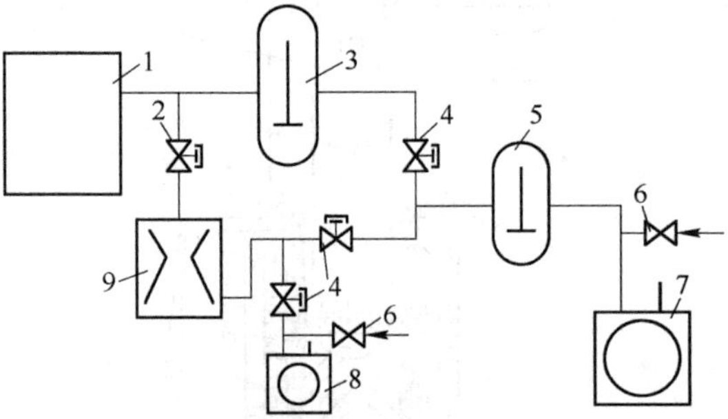

图 1-23　自耗炉典型的真空机组配置

1—炉体；2，4，6—阀门；3—罗茨泵；5—中间罗茨泵；
7—前级机械泵；8—维持泵（机械泵）；9—油增压泵

油增压泵在 1.3 ~ 0.13Pa 的压力范围内有较大抽速，抽除氢的效率约比抽空气大 1 倍；罗茨泵启动和停止迅速，电机功率小，在 133 ~ 0.13Pa 的压力范围内有较大抽速，即使炉子进水的情况下也能继续工作。这是两种常用的真空泵的特点。

1.3.2.3　电源

电源是为真空自耗电弧熔炼提供能源的装置，通常采用直流电源。自耗电弧熔炼对电源的基本要求是：在低电压下能提供大电流，近恒电流的良好下垂特性，短路时过载电流值小，能承受短时间过载而不丧失工作特性。真空自耗电弧炉一般不采用交流电源，因为交流电源电流的周期性变化使电弧产生不稳定。目前工业上使用的真空自耗凝壳炉都采用带有饱和电抗器的硅整流柜,以获得大的熔池,使75%~80%具有一定过热度的钛金属液能浇注出来,满足逐渐成形的要求。图1-24所示为半导体硅整流器的特性曲线。这种电源不仅能够满足上述的各种基本要求,而且还具有工作效率高、操作容易的优点。为减少供电损失,熔炼主要电源应安装在距炉子最近的位置,而且从电源到炉子最好采用对称连接,以减少线路磁场对电弧的偏转作用。

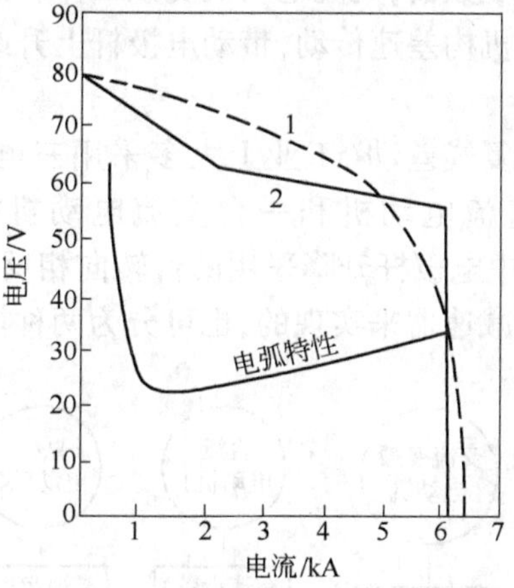

图1-24 半导体硅整流器的特性曲线

1—可饱和电抗器控制;2—封闭回路反馈特性曲线

1.3.2.4 电极传动机构和控制系统

电极传动机构和控制系统是在熔炼和装炉过程中用以调节及传动电极杆升降的机构。要求它在熔炼过程中能调节电极进给速度,以维持正常的弧光放电过程。在发生短路时能在0.2s的时间内迅速提升电极,消除短路恢复正常熔炼;在发生辉光放电和边弧时能迅速下降电极保证正常熔炼,并且有较高的电极提升速度进行装炉操作,提高生产效率。

电极传动有双电动机单式差动和多电动机复式差动两种形式。

双电动机单式差动是由一台直流电动机和一台交流变频电动机构成(见图 1-25(a)),熔炼过程中电极杆升降采用交流变频电机和直流电机同时驱动一台差动减速器来实现,可分为两种控制方式:

(1)交流电动机参与工作,并将开关扳在交流电动机的快速挡上,使得电极快速提升或下降。

(2)直流电动机与交流电动机差动升降控制方式。调节接入交流变频电机的变频器,交流电动机变频工作,两台电动机通过差动减速器使传动机构差速传动,带动电极杆上升或下降,使电极正常熔炼。

而多电动机复式差动(工业上大多采用三电机传动)是由两台转向相反的直流电动机和一台交流电动机构成(见图 1-25(b)),熔炼过程中电极杆升降采用两台转向相反的直流电动机同时驱动一台差动减速器来实现的,也可分为两种控制方式:

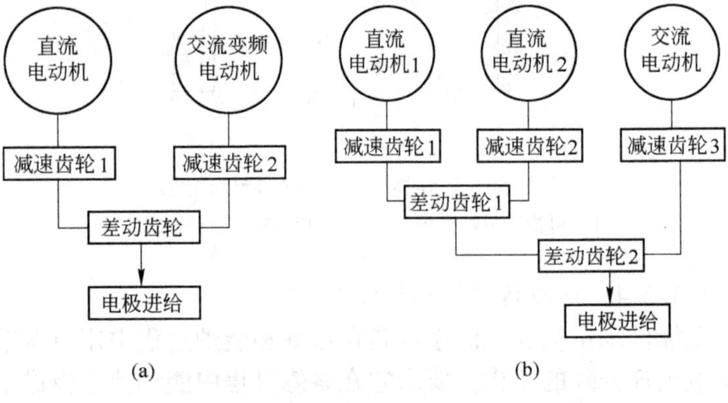

图 1-25　电极传动机构传动方式示意图
(a)单式差动齿轮双电机传动;(b)复式差动齿轮三电机传动

(1)两台直流电动机差动升降控制方式。转速方向相反的两台直流电动机通过差动减速器差动传动,带动电极杆上升或下降,使电极正常熔炼。

(2)交流电动机快速升降控制方式。开炉熔炼前为提高生产效率,在进行装卸电极操作时,只有交流电动机参与工作,并将开关扳在交流电动机的快速挡上,使得电极杆快速提升或下降;熔炼过程中若发生短路,则直接用交流电动机快速提升电极杆消除短路,恢复正常熔炼。电极的传动是通过滚珠丝杠和电极杆实现的。

熔炼过程中电弧长度的自动控制是通过电极升降调节来实现的。电极升降的自动控制调节有:电压信号、脉冲信号和恒速熔炼调节方式等。

电压信号调节是最普通和广泛使用的电极升降调节方式。图1-26所示为电压信号自动调节电压升降的原理。电压信号调节控制的可靠性差,因为电弧电压与弧长并非线性关系,在熔炼过程中出现辉光放电时,控制系统有时甚至无反应,因此这种控制方式不能单独使用,而应与其他方式配合使用。

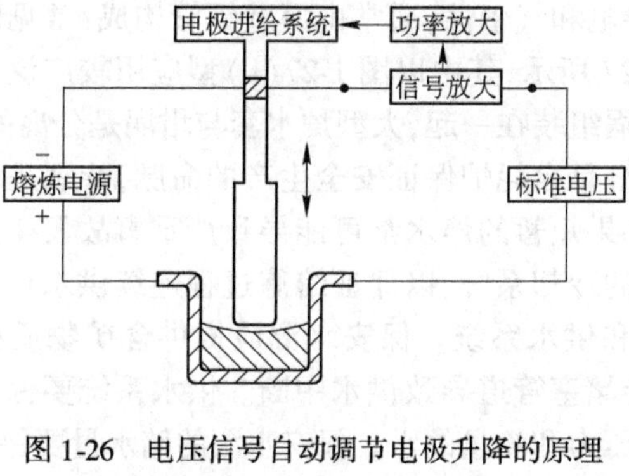

图1-26 电压信号自动调节电极升降的原理

第二种电极升降调节方式是脉冲信号弧长调节方式。它的信号取自钛滴下降瞬间造成的电弧电压波动,而电弧电压波动的频率和振幅与弧长成反比,因此这种调节方式只在熔炼进入正常状态下才有效。由于弧长的变化对电弧电压的影响较大,因此该调节方式也不宜单独使用,需与其他方式配合使用。

第三种电极升降调节方式是恒速熔炼调节方式。早期的恒速熔炼调节方式是控制恒定的输入功率，达到恒速熔炼，但随着熔炼的进行，自耗电极温度上升，导致熔化速度加快，因此恒功率输入只能近似地实现恒速熔炼。当前恒速熔炼调节方式的最新发展是采用重量传感器(又被称为电极称量系统)。在熔炼过程中连续地监测剩余自耗电极的重量，通过计算机分析并控制输入功率，达到恒速熔炼的自动控制。

不管选用上述三种电极升降调节方式中的哪一种，都是为了保证异常状态下快速调节电极升降速度，使设备尽快恢复正常熔炼状态，因此在实际工业生产中，通常都在控制系统中加入手动快速提升按钮，人工直接控制交流电机升降电极，当弧长恢复正常后，再转入选定的电极升降调节方式。

1.3.2.5　坩埚系统和冷却系统

坩埚也称为结晶器，它是自耗炉的核心部件，为铸锭结晶的空间。坩埚系统由坩埚、底座、水套和磁场线圈构成。坩埚应具有良好的导热、导电和气密性，通常由厚壁铜管构成，常见的两种结构形式如图 1-27 所示，其中以图 1-27(a)型应用较广泛。中小型炉水套常和坩埚组装在一起，大型炉水套与坩埚是分离的。

冷却系统是自耗炉保证安全生产的命脉，特别是坩埚系统的冷却水套，如果短暂的停水都可能导致严重事故发生。因此需要有十分可靠的冷却系统，以保证熔炼过程连续供水。冷却系统包括保安水源和供水系统。保安水源应提供含矿物质少的软质净水，以防沉淀堵塞管道导致供水中断。供水系统要保证提供熔炼过程中足够压力和流量的水。保安水源的储水量要保证使铸锭冷却到安全温度以下。冷却系统还要冷却电极杆、电缆、真空机组和炉室。为保持炉室干燥，防止炉室在敞开期间结露和吸潮，可设附加温水系统，水温通常为 30 ~ 40℃。

磁场线圈装置由缠绕在冷却水套内层的电源线圈及控制系统构成。磁场线圈可用直流电源也可用交流电源，一般应产生 800 ~ 20000 安匝的磁场。为减少发热，磁场线圈通常都浸在水中。

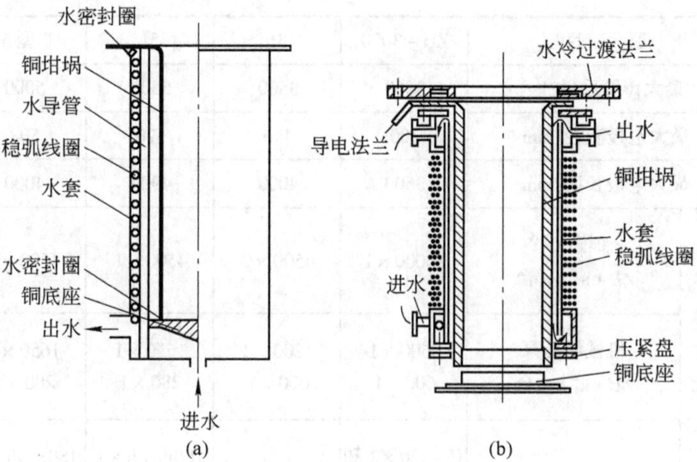

图 1-27 自耗炉坩埚结构示意图

(a)底座埋入水套内;(b)单独水冷底座

1.3.2.6 仪器及其他

为减少熔炼过程中可能出现的爆炸所造成的损失,真空自耗电弧炉均采用遥控操作,在操作室内配有一系列监测装置,这些装置包括观测装置和计量指示记录及继电保护仪器等。观测装置包括电视或光学潜望镜。

1.3.3 炉体总装

图 1-28 所示为 ZH－3000 型自耗炉总装示意图,它带有两个坩埚位置和其他系统。工业规模的自耗炉主要技术性能实例见表 1-10。

表 1-10 工业规模的自耗炉主要技术性能实例

项 目	ZH－3000	3t	5t	P 型 5t
最大坩埚直径/mm	480	520	710	660
最长坩埚长度/mm	2200	2450	2800	2900

续表 1-10

项　目		ZH-3000	3t	5t	P 型 5t
最大铸锭质量/kg		3000	3500	5000	5000
最大电极直径/mm		400	440	620	508
最大电极长度/mm		3600	4000	4900	4000
真空系统	油增压泵 /L·s^{-1}×台	10000×1	4500×2	4500×1	4500×1
	机械增压泵 /L·s^{-1}×台	2500×1 600×1	1200×1 600×1	1650×1 280×1	1650×1 280×1
	机械泵/型号×台	H-150×2 和 2X4×1	H-150×2	180m^3/h×1 12m^3/h×1	180m^3/h×1 12m^3/h×1
极限真空度/Pa		0.067	0.067	0.067	0.067
熔炼真空度/Pa		1.33~0.13	1.33~0.13	1.33~0.13	1.33~0.13
电极进给调节方式		电压-弧长	电压-弧长	电压-弧长	电压-弧长
主电源		硅整流器 3 组	硅整流器 3 组	硅整流器 5 组	硅整流器 3 组
最大工作电流/A		18000	18000	30000	18000
冷却水耗量/t·h^{-1}			50	30	
炉子外形尺寸/mm			地面高 9130	7800×4200× 1030	
地坑深度/mm			2900	3400	3400
炉子质量/t			7		
主要熔炼材料		钛、锆	钛、锆	钛	钢、钛
备　注		带有两个 坩埚位置及 闭锁阀系统		自带坩埚 加压水泵	带有两个 坩埚位置

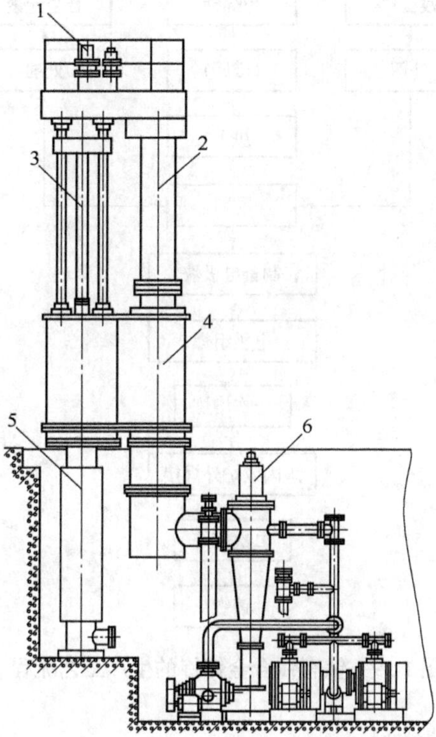

图 1-28 ZH－3000 型自耗炉总装示意图
1—电极升降传动机构;2—炉体旋转机构;3—电极杆;
4—炉体;5—坩埚;6—真空系统

1.4 真空自耗电弧熔炼工艺

钛和钛合金铸锭生产工艺流程如图 1-29 和图 1-30 所示。下面分别按步骤进行介绍。

1.4.1 炉料准备

熔炼钛及钛合金铸锭的炉料包括海绵钛、残钛料、纯金属及中间合金添加剂。

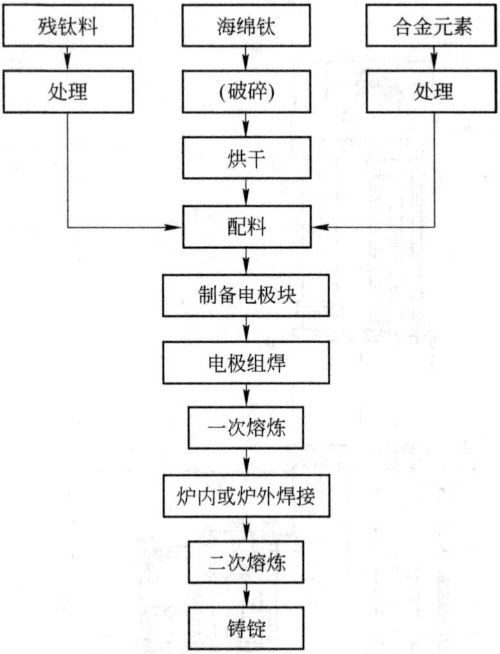

图 1-29　钛和钛合金铸锭的生产工艺流程

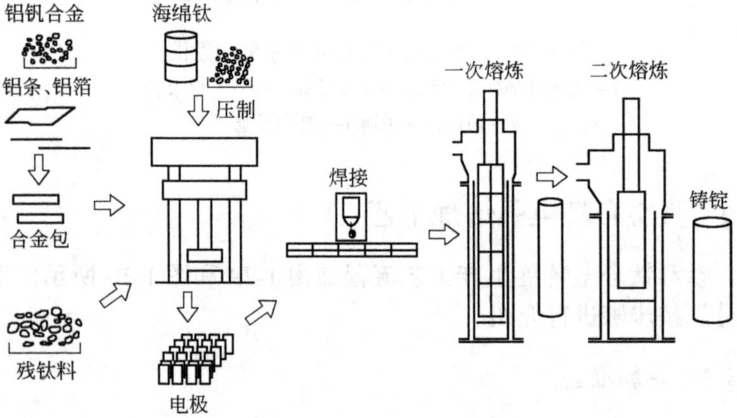

图 1-30　真空自耗电弧炉熔炼铸锭工艺流程

1.4.1.1 海绵钛

海绵钛的牌号和化学成分见表1-11。生产不同牌号的钛及钛合金锭应选用不同级别的海绵钛。

表1-11 海绵钛的牌号和化学成分

标准号	牌号	生产方法	化学成分(质量分数)/%							
			Ti	Fe	Si	Cl	C	N	O	Mn
中国标准(GB 2524—2002)	MHT-100	MD法	99.7	0.06	0.02	0.06	0.02	0.02	0.06	0.01
	MHT-110		99.6	0.10	0.03	0.08	0.03	0.02	0.08	0.01
	MHT-125		99.5	0.15	0.03	0.10	0.03	0.03	0.10	0.02
	MHT-140		99.3	0.20	0.03	0.15	0.03	0.04	0.15	0.02
	MHT-160		99.1	0.30	0.04	0.15	0.04	0.05	0.20	0.03
	MHT-200		98.5	0.40	0.06	0.30	0.05	0.10	0.30	0.08

标准号	牌号	生产方法	化学成分(质量分数)/%					布氏硬度HB10/1500	粒度/mm
			Mg	H	Ni	Na	其他总计		
中国标准(GB 2524—2002)	MHT-100	MD法	0.06	0.005				100	0.83~25.4
	MHT-110		0.07	0.005				110	
	MHT-125		0.07	0.005				125	
	MHT-140		0.08	0.010				140	
	MHT-160		0.09	0.012				160	
	MHT-200		0.15	0.030				200	

在选用海绵钛级别时,主要是依据铸锭级别和牌号。TA1级别基本上使用一级品海绵钛,TA2和TA3则可根据力学性能要求搭配使用。如果海绵钛批量较小时,配料时应依据实际情况将多批重新组批使用。

1.4.1.2 残钛料

为了综合利用和降低成本,要尽量将未被混料的残钛返回入炉,加以利用。作为钛及钛合金炉料的残钛料,是预先经过净化处理、碎化、严格检验而不带氧化层、低密度及高密度夹杂物的干净残料。其形式有屑状、条状、块状等。

块状残料的净化需根据残钛表面氧化皮的厚度分别处理。对于氧化不严重的残钛,用HF和HNO_3混合酸液酸洗,然后再水洗;对于氧化严重的残钛,必须先用喷砂等机械方法去除氧化皮,接着用 HF 和 HNO_3 混合酸液酸洗，然后再水洗；对于未被氧化的残钛，去油后再清洗即可，净化流程如图 1-31(a)所示。

钛屑的净化，首先将氧化和氮化严重的钛屑分开。剩余的可作返回料屑，经破碎后必须经过除油、除铁磁性物和除高密度夹杂物，净化流程如图 1-31(b)所示。

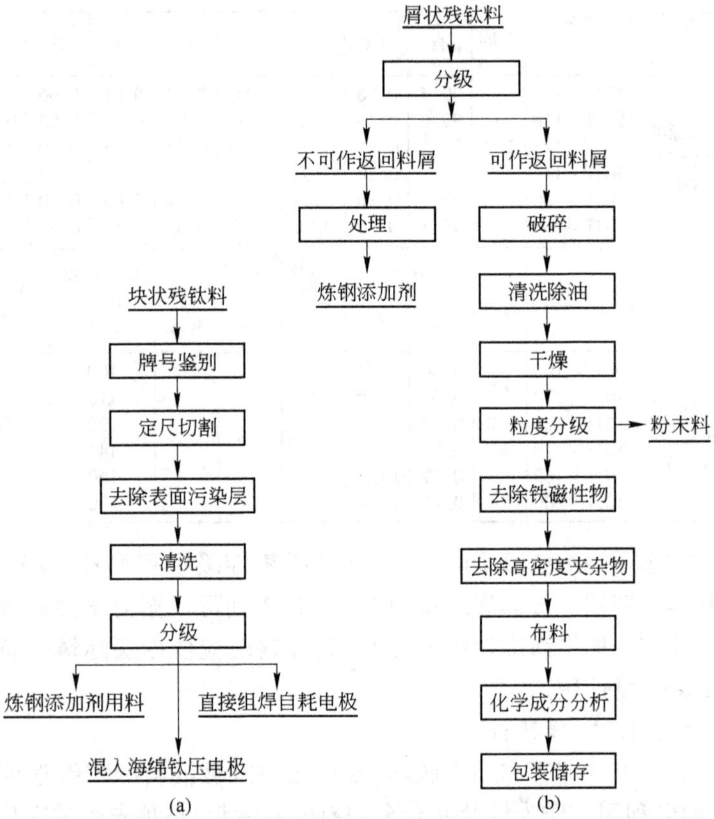

图 1-31　净化处理流程

(a)块状残钛的净化处理流程；(b)屑状残钛料的净化处理流程

1.4.1.3　合金添加剂

钛合金中合金组元的物理性质和分组参见表 1-2。由表可知，各种合金元素和钛之间的物理性质(主要是熔点和密度)相差很大，合金元素的加入可用纯金属和中间合金两种形式。其中锰、铁、铜、铬和锆等可以以纯金属形式加入，钼、锡、硅、铝、钒、硼等常以中间合金形式加入。具体的加入形式需根据不同牌号的合金灵活应用，详见表1-12。

表1-12 钛合金添加元素的加入方式

合金牌号	添加元素	加入方式
TA4	Al	Al、Ti-Al
TA5	Al、B	Al、B粉、Ti-Al、Al-B
TA6	Al	Al、Ti-Al
TA7	Al、Sn	Al、Sn、Ti-Sn、Ti-Al、Ti-Al-Sn
TA8	Al、Sn、Cu、Zr	Al、Ti-Al-Sn、Ti-Sn、Ti-Al、Ti-Cu、Zr
TB1	Al、Mo、Cr	Al-Mo、Ti-Mo、金属铬
TB2	Al、Mo、V、Cr	Al-Mo、V1、Cr
TC1	Al、Mn	Al、电解锰、Al-Mn、Al
TC2	Al、Mn	Al、电解锰、Al-Mn、Al
TC3	Al、V	Al、Al-V
TC4	Al、V	Al、Al-V
TC5	Al、Cr	Al、金属铬、Al-Cr、Ti-Al
TC6	Al、Cr、Mo、Fe	Al-Mo、Al-Cr、铬铁、纯铁
TC7	Al、Cr、Fe、Si、B	硅铁、铬铁、Al、Al-B、Ti-Al
TC8	Al、Mo、Si	Al-Mo、Al-Si、Ti-Si、Ti-Al、Al、Si
TC9	Al、Mo、Sn、Si	Al-Mo、Al、Si、Ti-Si、Ti-Al、Ti-Sn
TC10	Al、V、Sn、Cu、Si	Al-V、Sn、Cu、Fe、Ti-Sn、Al-Cu、V-Fe、Ti-Al

钛合金中常用中间合金的化学成分、主要性质和生产方法见表1-13。为了简化计算和进一步改善添加剂的物理性质，中间合金已向多元化发展，如Al-Mo-Cr-Fe-Si、Al-Mo-Zr-Si、Al-Mo-Cr-V-Fe等。

表1-13 常用中间合金的化学成分、主要性质和生产方法

中间合金	化学成分(质量分数)/%	熔点/℃	密度 /g·cm^{-3}	生产方法
Al-Mo	Mo45～50，C<0.10，Fe<0.30，Si<0.30	约1400	5.7～6.46	铝热法，感应熔炼
Al-Mo	Mo70～80，C<0.10，Sn<0.10，Fe<0.30		7.97～8.70	铝热法，感应熔炼

续表 1-13

中间合金	化学成分(质量分数)/%	熔点/℃	密度 /g · cm^{-3}	生产方法
Ti-Mo	Mo45 ~ 55, C < 0.10, Sn < 0.10, Fe < 0.30		7.10 ~ 7.36	自耗熔炼 + 凝壳熔炼
Al-V	V45 ~ 55, ($C + O_2 + F_2 + N_2 + Si$) < 0.50	约 1650	4.20 ~ 4.50	铝热法，感应熔炼
Al-V	V70 ~ 80, ($C + O_2 + F_2 + N_2 + Si$) < 0.50	约 1700	5.00 ~ 5.30	铝热法，感应熔炼
Al-Sn	Sn60, (Fe + Si + Cu + Pb) < 0.30	约 230	5.45	坩埚炉熔炼，感应熔炼
Al-Sn	Sn30, (Fe + Si + Cu + Pb) < 0.30			坩埚炉熔炼，感应熔炼
Ti-Sn	Sn65, C < 0.20, Fe < 0.30, Si < 0.20	约 1500	6.31	真空感应熔炼
Ti-Al-Sn	Ti40, Al40			真空感应熔炼
Al-Mn	Mn40, C < 0.10, Fe < 0.30, S < 0.20	约 900	4.38	坩埚炉熔炼
Ti-Mn	Mn65, C < 0.20, Fe < 0.30, Si < 0.20	约 1350	6.38	真空感应熔炼
Al-Sn-Si	Al45, Sn45, C < 0.10, Fe < 0.30		4.37	坩埚炉熔炼
Ti-Si	Si25, C < 0.10, Fe < 0.30	约 1350	4.22	非自耗熔炼
Al-Si	Si20, (Fe + Cu + Ca) < 0.50			坩埚炉熔炼
B-Fe	B20, C < 0.10	约 1400	6.76	熔炼法
Al-Cr	Cr60	1450		高频感应熔炼

制取中间合金的基本方法有金属热还原法和熔炼法。含高熔点组元较多的中间合金有时也采用金属热还原法和感应熔炼法相结合的两步法。目前常用的 Al-Mo、Al-V 中间合金采用铝热法制备。Al-Si、Al-Sn、Al-Sn-Si 等中间合金采用非真空感应熔炼，Ti-Sn、Ti-Mn 等采用真空感应熔炼。

对于含有大量难熔金属组元的钛合金添加中间合金是必不可少的。它是改善合金化条件、提高合金成分均匀度、克服偏析和不熔夹杂物、减少金属烧损率的有效方法。

为了保证产品质量，无论选用金属添加剂还是中间合金，都必须选用优质原料。特别要注意原料中氧、碳等元素含量要低。

有时需要添加氧时，最佳的方式是添加处理干净的回收料，下策才是添加合金级 TiO_2 粉。

1.4.2 原料处理

1.4.2.1 含钛物料

含钛物料包括商品海绵钛和返回料。

商品海绵钛尽可能选用粒级合格的。当海绵钛粒度不合格时,应进一步在颚式破碎机上破碎到粒级符合工艺要求为止。随后,在真空烘干箱中干燥,干燥的目的是除去表面吸附的水分。真空烘干条件:温度约为120～180℃;真空度约5Pa;保温时间4～6h,然后可直接出炉。

返回料,包括残钛边角料和钛屑,一定要牌号相同,加工成的粒度和海绵钛大致相同,经除油、除氧化皮及干燥等处理后方可使用。

1.4.2.2 合金添加剂或中间合金

所使用的合金添加剂和中间合金众多,它们的物理性质不同,它们的外形也各异,必须依据不同的状况分别进行下料处理。

对于具有脆性的物料,如 Al-V、Al-Mo 等中间合金,可以在锤式破碎机上进行破碎,再经筛分至所需粒度。

对于具有韧性的物料,常采用多种机械切割或机械加工成合适的粒度。因为过大的粒度易造成合金成分的偏析和产生夹杂。然后将加工好的物料净化处理,除去表面的氧化皮和油污,再干燥后待用。

1.4.3 自耗电极制备

1.4.3.1 配料

配料是获得合金成分和杂质含量合格、分布均匀铸锭的决定性工序。一旦失误就无法获得预想的合格锭。

配料是按钛及钛合金的牌号和化学成分为理论计算基础,同时必须充分考虑以下因素:

(1)合金组元在熔炼中的烧损率和偏析状况;

(2)合金组元和杂质含量允许波动范围和均匀度要求;

(3)合金最佳性能要求的合金成分和杂质含量;

(4)合金添加方式,是纯金属还是中间合金;

(5)熔炼方法和熔炼次数。

钛合金添加元素的加入方式详见表1-12。实践中总结出以下实施细则:

(1)海绵钛混料组批后的平均杂质含量低于合金允许含量,但也要保证适当的氧含量。海绵钛组批后平均力学性能应满足产品牌号规定要求。一般选用抗拉强度小于450MPa的海绵钛作为基体原料。合金组元中不易挥发元素Mo、W等应取配料成分波动值的下限,低熔点易挥发元素的配料成分取上、中限。

(2)高熔点金属Mo、W等作为合金组元加入时必须采用中间合金加入,而不能用纯金属加入。

(3)当采用二次自耗熔炼时,TC1、TC2合金中锰的配入量应大于2%;当采用真空充氩自耗熔炼时,其配入量则可小于1.8%。

(4)合金元素配入海绵钛基体时尽量均匀分布,组批后的电极配料或应混合均匀,或可将合金元素做成用铝箔制成的球形合金包,置入电极配料块中,然后压制成电极块。

(5)用多组分配料制取单块电极时,配料组分质量应小于一次熔炼正常熔池钛液质量的1/3。

1.4.3.2 电极块的压制

自耗熔炼对电极的要求主要是:

(1)足够的强度;

(2)足够的导电性;

(3)平直度;

(4)合金元素在电极中的分布合理;

(5)不受潮、不污染。

单块电极的制备方法有压制(又分为立压和横压)和挤制(又分为卧式和立式)两类,较常用的是压制法。图1-32所示分别为横压压制和卧式挤制电极工作示意图。图1-33和图1-34所示分别为立式挤制和立式压制电极工作示意图。图1-35和图1-36所示分别为横压压制和卧式挤制海绵钛电极外观图。

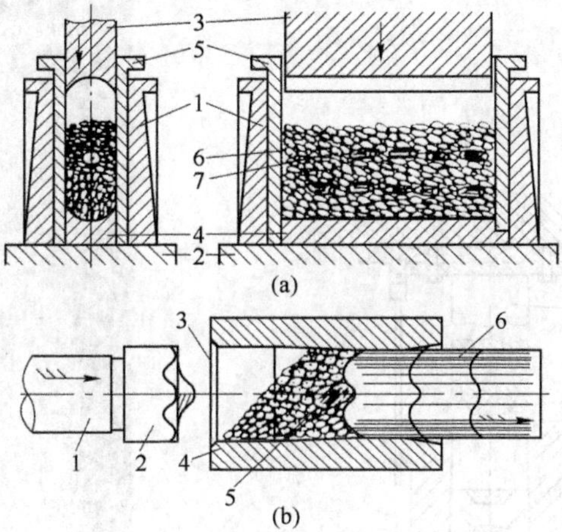

图 1-32　横压压制和卧式挤制电极工作示意图

(a)横压压制电极：

1—外模框；2—模垫；3—上模；4—下模；5—内衬板；6—海绵料；7—合金包

(b)卧式挤制电极：

1—挤压轴；2—挤压端头；3—挤压模；4—海绵料；5—合金包；6—电极

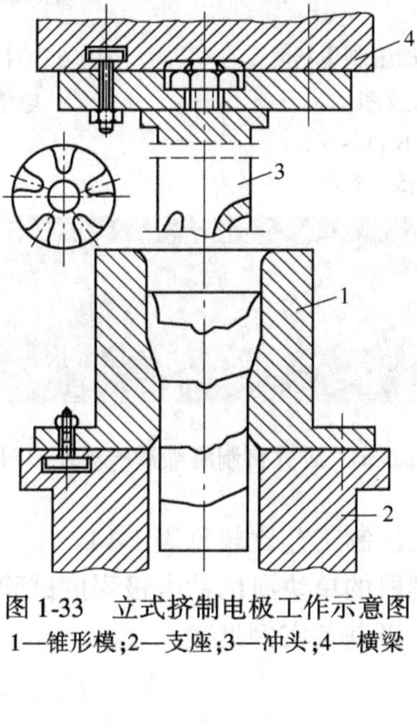

图 1-33　立式挤制电极工作示意图

1—锥形模；2—支座；3—冲头；4—横梁

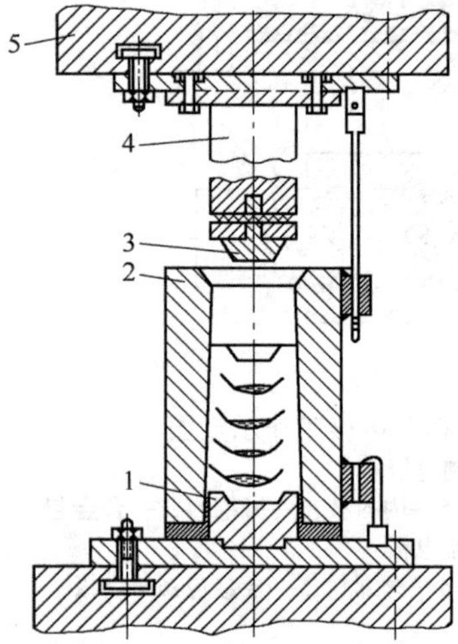

图 1-34　立式压制电极工作示意图

1—底垫;2—压模;3—压头;
4—连接件;5—横梁

图 1-35　横压压制海绵钛电极外形图

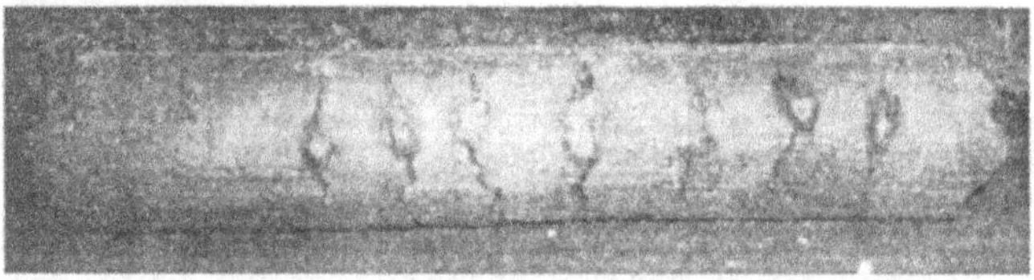

图 1-36　卧式挤制海绵钛电极外形图

钛合金电极的压制工艺比较见表 1-14。

立式横压法制取的单块海绵钛电极强度试验值见表 1-15。

海绵料单块电极制备实例见表 1-16。

表 1-14 钛合金电极的压制工艺比较

压制方法	特 点	技 术 要 求
挤压法	原材料经立式或卧式挤压机逐段挤压成电极,长度不受限制;受压面积小,可使用功率较小的挤压机;电极粉料之间结合不牢,易产生裂纹,质量较差。卧式挤压法因装料上下不匀,造成电极截面上密度不同,导致电极弯曲	海绵钛和挤压筒在挤压前必须加热至 180~200℃,防止潮气或水分在高压和高温下发生爆炸;海绵钛和合金元素应分批相间加入挤压筒内,使铸锭中合金成分均匀分布
压制法	有立压式或横压式两种:立压式可用功率较小压力机,电极长度可在压力机行程范围内调整,但在粉料结合处易出现裂纹;横压式的电极密度均匀,外形平直,但需用功率较大的压力机	立式横压法要将每批组分的海绵钛分成两份,先将一份加入模具中,沿其长度均匀分布,然后将包装或散装的合金添加剂沿模具轴向长度内均布,最后将另一份海绵钛均匀加入模具中。如果合金元素分两次加入,则海绵钛分成三份与合金元素相间加入

表 1-15 立式横压法制取的单块海绵钛电极强度试验值

原 料 状 态	压 制 参 数				抗拉强度 /MPa
	名义尺寸 /mm×mm	单位压力 /MPa	质量 /kg	电极密度 /g·cm^{-3}	
85% 镁热法海绵钛+15% TA2 屑	ϕ30×300	481	1.00	3.3	4~6
70% 镁热法海绵钛+30% TA2 屑	ϕ30×300	481	1.00	3.3	3~5.8
经过酸洗的 TC4 屑	ϕ30×300	481	0.80	2.9	1.4~1.6
经过碱洗的 TA2 屑	ϕ30×300	481	1.00	3.24	2.8~4.8
镁热法海绵钛	ϕ30×300	481	0.85	3.45	7~8
钠热法海绵钛	ϕ30×300	481	0.85	3.75	11~12

表 1-16 海绵料单块电极制备实例

品种	压机	制备方法及横断面简图	名义尺寸/mm 质量/kg	加料方法	单位压力 $/t \cdot cm^{-1}$	总压力 /t	电极密度 $/g \cdot cm^{-3}$	电极密度 金属密度 /%
钛及钛合金	600t 立式水压机	横压 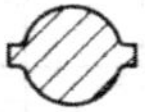	ϕ60 × 300/3.0 ϕ80 × 300/4.5	单组 单组	2.5 2.5	450 600	3.2 3.2	71 71
	1200t 卧式水压机	卧式连续挤出 	ϕ180 × 1000	多组，每组分 4.4kg	3.7 ~ 4.0	约 1020	3.2 ~ 3.4	71 ~ 76
	1500t 卧式水压机	卧式不连续挤出 	ϕ200 × 290/30	分三组，每组 10kg	3.3	1500	3.3	73
	1600t 立式水压机	横压 	ϕ190 × 350/30	单组	2.3	1500	3.2	71
	3000t 立式油压机	横压 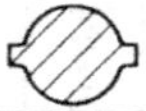	ϕ100 × 500/16	单组	3	1500	3.1 ~ 3.3	69 ~ 73
		横压 	150 × 130 × 400/25	单组	3	1800	3.1 ~ 3.3	69 ~ 73
	1200t 立式水压机	横压 	ϕ220 × 1000/130 ϕ200 × 1000/120 ϕ320 × 1000/250 ϕ350 × 1000/280	单组 单组 单组 单组	1.8 2.0 2.5 2.3	4000 4000 8000 8000	3.1 3.16 3.15 3.0	69 70 70 67

压制电极的模具:中小型压模一般可沿用粉末冶金制坯压模;大规格压模最好采用圆形整体锻钢模框,内衬弧形衬板调节尺寸,此种压模结构的受力情况比方形模框的合理,因而可适当减小壁厚。上、下压头材料可用5CrNiMo或5CrNiW。淬火硬度(RC)为500~550MPa。

挤压模一般由挤压筒和挤压中衬组成。材料为5CrNiMo或5CrNiW。淬火硬度(RC)为400~450MPa。

挤压端头又名梅花头。材质为5CrNiMo、5CrNiW或3Cr2W8。淬火硬度为400~460MPa。

电极块的密度与被压制的原料有关。图1-37所示为压制海绵钛电极块的单位压力与密度的关系。一般来说,电极块的密度大于3.2g/cm³就可以满足熔炼要求。一般使用压力达到300~500MPa的压力机。

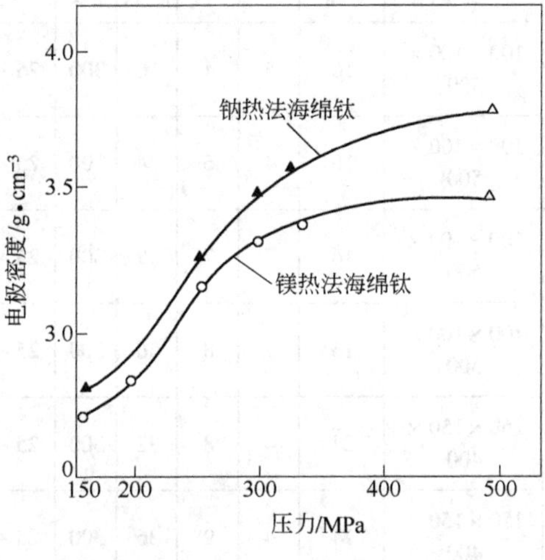

图1-37 压制海绵钛电极块的单位压力与密度的关系

1.4.3.3 电极的组焊

电极的组焊是将压好的单块电极块组焊成自耗电弧熔炼所需截面和长度的电极。工业上,常采用氩气保护等离子焊、真空等离子焊和电子束焊。为了防止混入高密度夹杂，一般不使用钨极氩弧焊接。焊接用氩气纯度为 99.9%。钛及钛合金氩弧组焊实例见表 1-17。氩弧组焊钛电极示意图如图 1-38 所示。

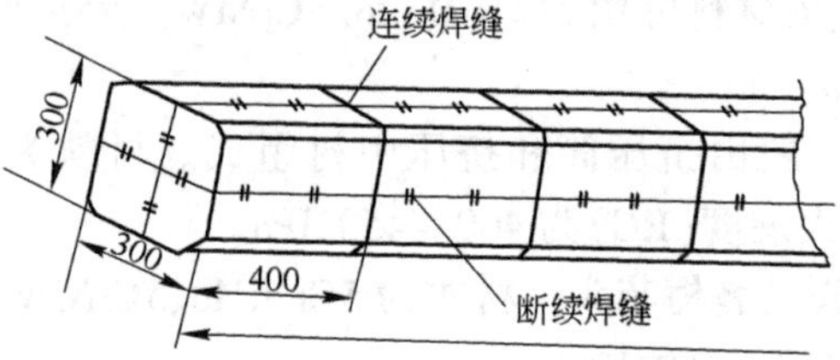

图 1-38　氩弧组焊钛电极示意图

表 1-17　钛及钛合金氩弧组焊实例

电极规格 /mm × mm × mm	电极质量 /kg	单块电极规格 /mm × mm × mm	单块电极质量 /kg	并联块数	串联块数	单块电极总数	焊接电流 /A	焊接电压 /V	横断面组合形式
200 × 200 × 2000	256	100 × 100 × 500	16	4	4	16	300	25 ~ 30	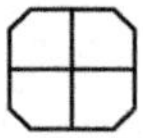
200 × 200 × 3000	384	100 × 100 × 500	16	4	6	24	300	25 ~ 30	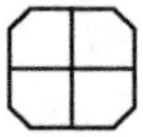
300 × 300 × 3500	784	100 × 100 × 500	16	7	7	49	300	25 ~ 30	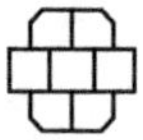
300 × 300 × 4000	896	100 × 100 × 500	16	7	8	56	300	25 ~ 30	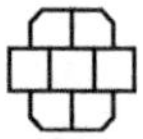
300 × 300 × 3200	800	150 × 150 × 400	24	4	8	32	300	25 ~ 30	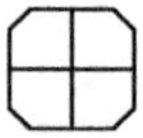
300 × 300 × 3600	904	150 × 150 × 400	24	4	9	36	300	25 ~ 30	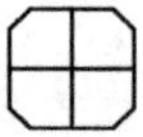
300 × 300 × 4000	1000	150 × 150 × 400	25	4	10	40	300	25 ~ 30	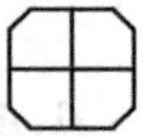
280 × 280 × 3600	792	150 × 130 × 400	22	4	9	36	300	25 ~ 30	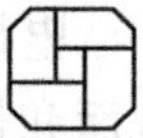

通过组装和焊接可以获得电极(料棒)所需的横断面积和长度:

(1)使用烧结条、压力加工制取的条、板片、细棒状原料而有并联要求时,一般先将单节料串焊至合乎长度要求后再经捆扎,最后组焊。

(2)横断面积足够、只需串联的压(挤)制单块电极,可直接组焊。

(3)既需并联又需串联的单块压制电极(料棒),一般是用焊接方法并、串联逐层进行。

钛及钛合金电极焊接工艺见表1-18,电极质量检测和存储的技术要求见表1-19。实践表明,真空-充氩箱内焊接法可以保证产品质量。

表1-18 钛及钛合金电极焊接工艺

焊接方法	工艺特点
炉外氩弧焊接法	与一般氩弧焊接法相同,设备简单,电极规格不受限制,但焊缝容易氧化污染
真空-充氩箱内焊接法	在装有待焊电极的焊接箱内进行,真空度先抽到0.133Pa,然后充入99.5%的氩气,用电弧焊或等离子焊将电极组焊成所需要的长度。优点是电极不被污染;缺点是设备复杂,成本高,效率低
炉内自耗电极电弧焊接法	将电极块或二次熔炼铸锭先装在坩埚中,待炉内真空度达到要求时,将电极杆下降,使装在电极杆上的电极块或另一根一次熔炼铸锭与坩埚内的电极块或一次铸锭起弧。当两者均有少量熔化时灭弧,并快速下降进行焊接。此工艺在要求电极焊的平直方向难度较大

表1-19 电极质量检测和存储的技术要求

检验项目	技术要求
强度	整个电极应能承受自身的质量以及在搬运、装炉和熔炼过程中的升降振动和瞬时短路时突然载荷的要求。电极强度一般应大于10MPa
导电性能	电极不应在大电流密度下因过热而降低强度,甚至断裂;或使电极中易熔组元提前熔化而流失,致使铸锭合金成分不均。电极的室温电阻系数应小于1100μΩ·cm。单位面积的最大载流量应大于150A/cm^2。一次铸锭焊接成二次电极的焊接面积应比横截面大1/3

续表 1-19

检验项目	技 术 要 求
平直度	整根焊成的电极必须平直,不得挠曲,否则,当自耗电极与坩埚之间的间隙小于电弧长度(一般为 20 ~ 25mm)时,就有可能产生边弧,击穿坩埚壁,造成严重事故
合金成分	每个电极块内的合金成分应按合金配料比例沿其长度均匀分布,防止形成偏析
存储	电极块应妥善存储,不得污染或受潮。必要时可放在 100℃ 烘箱内存储,也有利于在熔炼过程中减少气体析出,使电弧稳定,提高铸锭质量

1.4.4 真空自耗熔炼

1.4.4.1 工艺操作要点

该工艺操作过程如下:以海绵钛或加入合金元素的海绵钛为原料压制成自耗电极,该电极夹在电极杆上(为直流电源的负极),在真空或惰性气氛中使之与水冷铜坩埚(直流电源的正极)上的引弧料间产生电弧,依靠电弧的热量将自耗电极熔化,熔化的电极以液滴的形式进入坩埚,形成熔池,熔池表面被电弧加热,始终呈液态,而底部和周围受水强制冷却产生自下而上的结晶过程,不间断地以适当的速度下降电极,以保持电弧熔炼的持续进行,直至自耗电极熔化耗尽,熔炼阶段结束。

该过程按时间排列又可分为装炉、熔炼和出炉 3 个阶段,电极质量检测和存储的技术要求见表 1-20。

表 1-20 电极质量检测和存储的技术要求

工艺程序		内 容
装炉	坩埚的清理和检查	坩埚的法兰盘、内壁和底座都要用砂纸打磨光滑并用棉纱擦干净。认真检查坩埚的法兰盘与内壁的焊缝及其各部分的表面有无被电弧击中的烧伤痕迹或凹坑,如凹坑大而深则不能使用

续表 1-20

工艺程序		内容
装炉	铸锭底垫的准备	用同一牌号的电极残头放在坩埚底部作为底垫或配制一份与待熔炼的自耗电极成分相同的合金包和海绵钛摊放在坩埚底部作为底垫
	引弧料的制备	在底垫上放置有铝箔折叠而成的大约 30mm 高的三角形引弧料
	电极的调整	自耗电极与坩埚壁之间的周围间隙应一致,一般为 30~40mm
熔炼	熔炼	为使化学成分均匀,将一次熔炼得到的铸锭作为自耗电极进行二次熔炼并将一次铸锭颠倒装卡,使其底部与电极夹头连接。一般来说,二次铸锭的直径 = 一次铸锭的直径 + 两倍间隙尺寸
	侧弧处理	如果在电极与坩埚壁之间产生侧弧,多半是由电极偏移或电弧太长造成的,应加快电极下降的速度,缩短电弧
	电极短路的处理	电极下降速度太快,容易发生短路,此时应迅速改变电极运动方向,向上提升,待电弧正常后应保持恒定速度下降。如果来不及提升电极,电极端部就会与熔池凝固在一起,这时只能待铸锭冷却后取出铸锭和电极,再将两者分开,重新装炉熔炼
	电极断路的处理	电极下降速度太慢或因其他原因电弧被切断,这时必须等铸锭上部熔池冷凝后再下降电极起弧。此时因没有引弧料,起弧困难,最好重新装炉
	电极残头的处理	熔炼完毕后,电极残头温度较高,应放置在水冷炉体部分内冷却
出炉	铸锭出炉	铸锭应冷却至较低温度出炉,避免被油腻等脏物污染
	打标记	铸锭及其残头出炉后,应打上钢印标记,以免混料

1.4.4.2 熔炼作业

熔炼大致分为焊接电极、引弧期、正常熔炼期、封顶期和冷却等 5 个阶段。

A 焊接电极

焊接的任务是将组焊好的自耗电极在真空或氩气保护下焊接在辅助电极上，要达到焊直、焊牢，焊缝能通过工作电流，并且不发生氧化。

当采用专用设备焊接时，只要把组焊好的自耗电极与辅助电极放入专用设备内焊接后，再将自耗电极取出装入炉内，组装好，并调整到使其位于坩埚中心处。在没有专用设备时，先将自耗电极装入炉内，并调整到使其位于坩埚中心，进行炉体组装，预抽真空度合格后，在真空下进行电弧对焊，使自耗电极与辅助电极焊接在一起，重熔电极多采用炉内对焊，瞬间即可完成。自耗炉内电弧对焊工作程序示意图如图 1-39 所示。

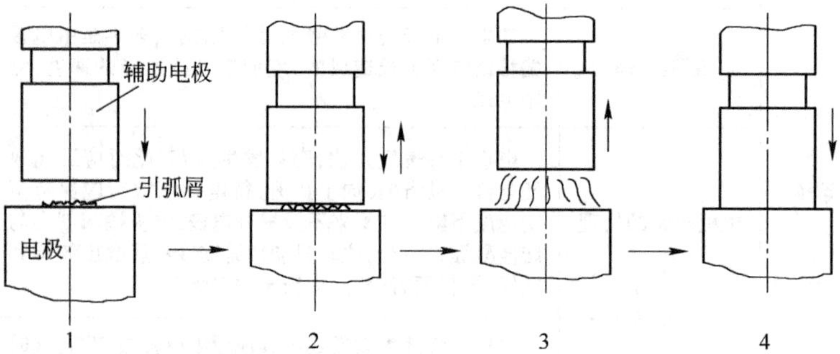

图 1-39 自耗炉内电弧对焊工作程序示意图

1—对中心；2—短路引弧；3—熔化；4—短路焊合

B 引弧期

电弧引燃的方法是在底结晶器上面直接放置一些引弧剂(海绵钛)，并使引弧剂和自耗电极端面距离不小于 15mm，一般为 20～30mm。为了顺利地起弧，必须把空载电压(即开路电压)提高到 70V。在空载电压下，借助于自耗电极与引弧剂之间瞬间接触而产生弧光放电进而达到稳定的电弧燃烧，造成一定量的金属熔池，为过渡到正常熔炼创造条件。

实际生产中要求引弧期尽量短并迅速形成金属熔池，以减缓电弧对底结晶器的冲击。

C 正常熔炼期

当引弧期结束后，逐渐增加熔炼电流，迅速转入正常熔炼期。熔炼期操作是否准确直接影响到熔炼产品质量，待熔池覆盖坩埚底后，迅速将电流升到工艺要求的设定值，进行正常的熔炼。同时要控制好电压、真空度、熔炼速率等其他工艺参数。熔炼电流一经确定，熔炼是否正常就取决于电弧的长度。电弧过长，热量不集中，表现为金属熔池呆滞，表面有漂浮的杂质花膜，使金属的沾污程度增加；弧长过短，会造成电弧频繁短路而使熔池温度急剧变化，同时会发生严重喷溅；弧长正常时，熔池十分清晰活跃，熔液徐徐波动并将杂质膜推向结晶器壁。

真空自耗电弧熔炼的真空度一定要避开危险区。一旦出现真空度骤降，要立即采取有效措施，适当地减慢熔化速率，控制好电极的进料速度，以保持合适的弧长，防止边弧产生，待真空度回升后再转入正常熔炼。

如用保护气氛熔炼，待熔池形成后，关闭真空阀门，充入8~27kPa压力的氩气，即可进行熔炼。

D 封顶期

封顶期，又称补缩期。封顶的目的是为了减少铸锭头部的缩孔和疏松区，降低钛锭的切头量，提高锭坯的成材率。从正常熔炼进入封顶后，热封顶的电流逐渐递降，分别从正常熔炼电流的1/3降低最后达1/10；热封顶的时间一般占熔炼时间的1/4~1/3。为了确定最佳封顶开始时间，一般采用电极杆行程或平均速熔法计算确定预留电极量。

E 冷却

铸锭在真空或惰性气体保护下冷却至400℃以下温度出炉。一般来说，惰性气体保护冷却效果比真空冷却好。

1.4.4.3 工艺参数选择

A 熔炼功率

在真空自耗电弧熔炼时，用于金属熔化时的功率仅占总输入功率的30%～50%,有50%～70%的功率以各种形式损失掉。其中包括金属挥发损失、电极热损失、金属表面热损失和液体金属导热损失。熔炼所需的总输入功率可按下述经验公式计算:

$$P_{总}=\frac{P_{熔}}{\eta}=IU$$

式中　$P_{总}$——熔炼所需的总输入功率,kW·h;

$P_{熔}$——金属熔化所需功率,kW·h;

η——热效率,一般为30%～50%;

I——电弧电流,kA;

U——电弧电压,V。

真空自耗电弧熔炼钛的电压通常为28～40V,惰性气体保护熔炼的电压比真空熔炼高6～8V。随着电流的增大,电弧电压略有升高。钛自耗熔炼时电流与电压的关系如图1-40所示。

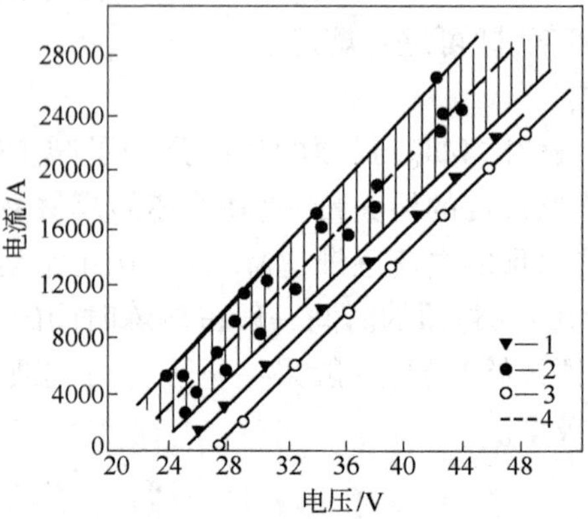

图1-40　钛自耗熔炼时电流与电压的关系

1——次熔炼;2—二次熔炼;3—充氩重熔;4—最佳熔炼制度

熔炼电流是真空自耗熔炼的重要参数,它与被熔炼材料、铸锭直径、坩埚与电极直径比、炉内压力、极性、炉子结构及电源类型有关。熔炼电流大小除决定金属的熔化速率和熔池的温度外，还直接影响熔池的形状、体积和深度。电流越大，金属熔化速率越大，铸锭表面质量越好。同时，随着电流的增加，金属熔池深度增加，引起铸锭组织变坏：粒状晶粗大、径向发展、疏松和偏析程度增加。熔炼电流小，则熔化速率低，金属熔池浅，柱状晶细小且轴向发展，有利于获得疏松程度小、成分偏析小、结晶构造致密的铸锭。

钛及钛合金熔炼电流与坩埚直径的关系如图 1-41 所示。图中各点的数据为熔炼实例。

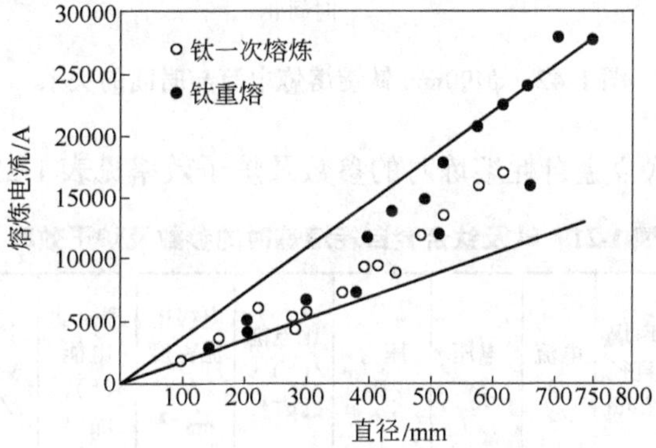

图 1-41 钛及钛合金熔炼电流与坩埚直径的关系

在熔炼过程中，电弧供热除了供电极料熔化外，还需要为熔炼区域维持适当的温度。因此，熔炼初期，需要为整个炉体升温和散热提供更多的热能；熔炼中期已经维持了较长时间的热平衡，到熔炼后期可适当减少提供的热能。因此，为了维持恒定的熔炼区温度，需要分阶段提供电热弧，即分段提供不同的电功率。熔炼电流是影响电功率的最敏感参数。因此，实践上常采用如图 1-42 所示的电流与时间的关系曲线。当熔炼中期较长时间选用某一电流时，在熔炼初期适当地增大电流；熔炼后期适当地减小电流。

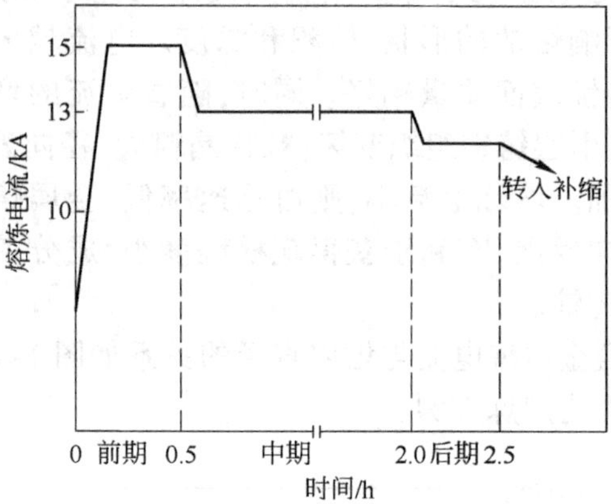

图 1-42　ϕ490mm 钛锭熔炼电流与时间的关系

钛及钛合金自耗熔炼时的参数及炉子效率见表 1-21。

表 1-21　钛及钛合金自耗熔炼时的参数及炉子效率

电极直径 /mm	电极横断面积 /cm^2	坩埚直径 /mm	电流 /A	电压 /V	压力 /Pa	比电能 /(°)·kg^{-1}	电极电流密度 /A·cm^{-2}	理论比电能 /(°)·kg^{-1}	炉子效率 /%	熔速 /kg·min^{-1}
508		622	24000	38	0.27	0.9	36.7	0.482	47.6	16.8
302		406	9500	32～35	10.67	0.843	36.7	0.482	50.8	6.2
152	181.5	254	9000	30	4000	1.1	49.5	0.482	39	4.10
700	3850	800	25000	32	1.33	1.09	6.5	0.482	40.0	12.1
200	314	280	6000	31	0.40	0.9	19.1	0.482	47.6	3.45

B　熔炼速度

真空自耗熔炼的速度与熔炼的电流大小有关。熔炼速度与电流的关系如图 1-43 所示。在保证铸锭质量的前提下，提高熔速有利于增加生产效率。提高熔炼速度的主要方法是增加电压和电流，一般以增加电流为好。

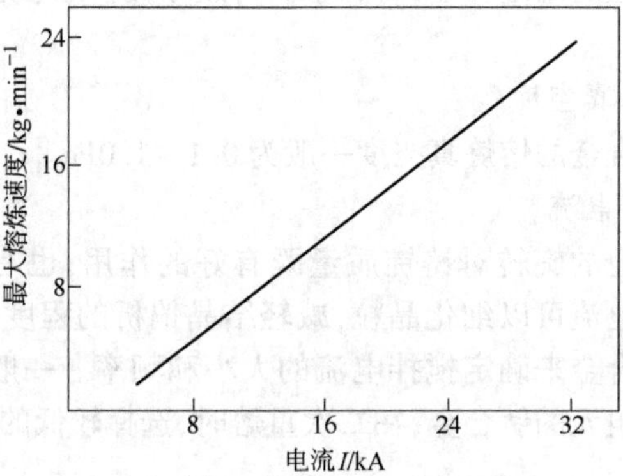

图 1-43 熔炼速度与电流的关系

C 坩埚比

电极直径与坩埚直径之比简称坩埚比，它是影响铸锭质量和安全生产的重要参数之一。对于钛而言，坩埚比一般在 0.625 ~ 0.88 之间。真空自耗熔炼时坩埚直径与最小间隙的关系如图 1-44 所示。

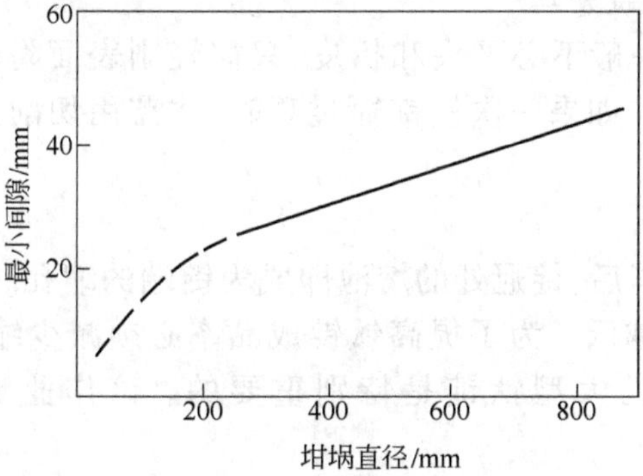

图 1-44 坩埚直径与最小间隙的关系

目前有采用大断面电极的倾向。大断面电极的优点在于电弧热能均匀地分布在整个熔池表面，使金属熔池呈扁平状，增加了熔池固液两相区的温度梯度，有利于获得成分偏析小、致密度高的优质铸锭。

D　熔炼真空度

钛及钛合金的熔炼真空度一般为0.1～1.0Pa。

E　搅拌电流

金属熔池的旋转对铸锭质量既有好的作用，也有坏的影响。合适的搅拌电流可以细化晶粒，减轻结晶偏析的程度。通常是根据所熔炼的合金来确定搅拌电流的大小和频率。一般来说，有正偏析特征的组元的钛合金，在二次重熔时，选择较低的频率和较小的搅拌电流。

F　底垫

熔炼时，必须在铜坩埚底垫座上放置足够的同牌号钛或钛合金底垫，俗称起弧料。它的作用是起弧时防止烧伤坩埚以及防止铜蒸气污染钛锭。

G　熔炼次数

一般采用两次自耗铸锭出成品，也有极少数钛合金需要三次熔炼。

H　一次锭处理

一次锭一般不必平头和扒皮，只需轻刷表面附着物即可转入二次熔炼。如果一次锭锭冠过高时，才需用切削加工方式平头。

I　补缩

熔炼完毕后，锭冠处的熔池即成为锭端的缩孔。缩孔越大，钛锭成品率越低。为了提高钛锭成品率必须减少缩孔，这对于工业生产中的大型钛锭是特别重要的。该作业工序简称补缩。

在熔炼封顶期需要采取补缩措施，通常采用多级降电流补缩。补缩的具体工作曲线应根据实际电极预留量和熔池情况做适当的调整，以期在补缩终了时电极恰好耗尽。这都是实践经验数据，补缩操作实例如图1-45和图1-46所示。

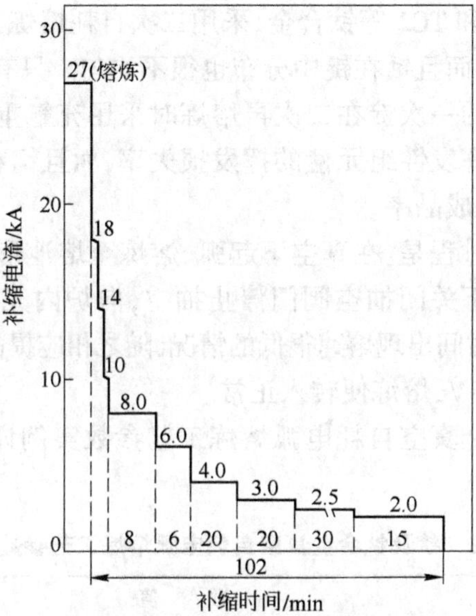

图 1-45 ϕ710mm 重 3t 钛锭补缩实例

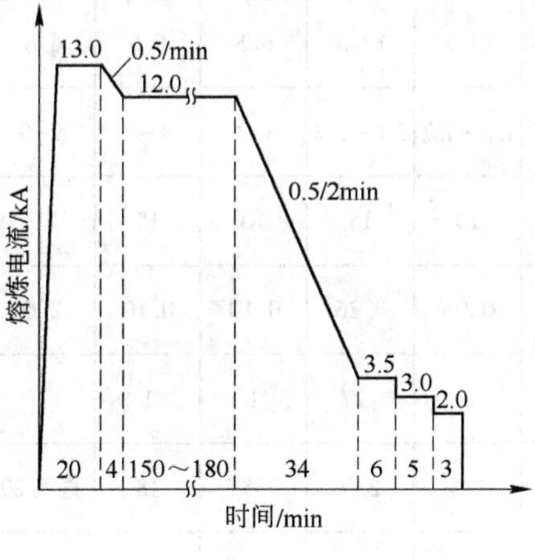

图 1-46 ϕ508mm 重 1.5t 钛锭熔炼补缩周期

J　充氩重熔

对于 TC1 和 TC2 等钛合金,采用二次自耗熔炼工艺很难保证化学成分合格,而且锰在锭中分布也很不均匀。只有改变工艺,将真空熔炼获得的一次锭在二次再熔炼时采用充氩重熔,则能有效地控制其中高挥发性组元锰的挥发损失率,而且锰在锭中的分布均匀,大大提高成品率。

充氩重熔过程是:在真空下起弧、熔炼至熔池形成充满时,在不断弧的情况下关闭抽空阀门停止抽空,向炉内充氩 10 ~ 20kPa 压力。稍后短时间出现熔速很低的情况,随之相应提高电流 25% ~ 30% 、电压 6 ~ 8V,熔炼便转入正常。

钛及钛合金真空自耗电弧熔炼工艺参数实例详见表 1-22 和表 1-23。

表 1-22　钛及钛合金真空自耗电弧熔炼工艺参数实例

工艺参数	数值							
坩埚直径 /mm	160	220	296	440	518	622	622	711
电极规格 /mm	ϕ150	ϕ160	ϕ220 × 220	ϕ300 × 300	ϕ440	ϕ150 × 150	ϕ518	ϕ622
焊接真空度 /Pa	13.3	13.3	13.3	6.6	6.6	6.6	6.6	6.6
焊接电流 /kA	1.5 ~ 1.7	1.5 ~ 1.7	3.0 ~ 3.2	3 ~ 6	4 ~ 7	5 ~ 9	5 ~ 10	5 ~ 12
冷却时间 /min	10	10	15	10	15	20	20	20
熔前真空度 /Pa	0.06	0.06	0.26	0.10	0.10	2.6	2.6	2.6
熔炼次数 /次	1	2	1	1	1	1	2	2
搅拌电流 /A	1.5	1.5	2.0	15	18	直流 20	交流 10	交流 10
起弧电流 /kA	3	3	3	6	6	6	6	6

续表 1-22

工艺参数	数值							
熔炼电流/kA	3.0 或 3.2	5.5 或 5.8	6.0 或 6.5	9 或 9.5	12 或 13	16 或 17	22 或 23	28 或 29
电弧电压/V	32	35	36	30~32	30~33	30~33	32~35	32~35
漏气率/Pa·min^{-1}	0.4	0.4	0.4	0.13	0.13	0.13	0.07	0.07
熔炼真空度/Pa	1.33	1.33	1.33	6.66	6.66	6.66	1.33	1.33
冷却时间/h	1.0	2.0	2.5	3.0	3.5	4.5	4.5	4.5

注:本表适用于 TA7 以外的 TA 系和 TC4、TC7 合金。

表 1-23 自耗熔炼工艺参数举例

坩埚直径/mm		100	140	208	280	380
电极规格/mm		ϕ60×12000	ϕ80×1200	ϕ140 一次锭	ϕ180×2000	ϕ280 一次锭
熔炼次数/次		1	1	2	1	2
熔前真空度/Pa		0.67	0.67	0.67	0.67	0.67
熔炼真空度/Pa		13.3~1.33	13.3~1.33	6.7~0.13	6.7~0.13	6.7~0.13
漏气率/Pa·min^{-1}		0.4	0.4	0.13	0.13	0.13
起弧电压/V		48	48	48	48	48
熔炼电流	A①	1.6±0.1	1.7±0.1	3.9±0.1	4.8±0.1	6.8±0.1
	B②	1.7±0.1	1.8±0.1	4.0±0.1	5.0±0.1	7.0±0.1
	C③	1.9±0.1	2.0±0.1	4.5±0.1	6.5±0.1	7.5±0.1
	D④	2.4±0.1	2.5±0.1	5.0±0.1	—	—
电弧电压/V		29~30	29~31	28~30	29~31	29~30
电弧磁场/安匝		2800	2700	3000	4200	4200
坩埚出水温度/℃		≤35	≤35	≤35	≤35	≤35
冷却时间/min		68	60	120	120	120

① 适用于 TA1,TA2,TA3,TA4,TA5,TA6,TA7;

② 适用于 TC3,TC4,TC5,TC6;

③ 适用于 TC1,TC2,TC8;

④ 适用于 TB1,Ti-15Mo。

1.4.5　安全操作

在较小的结晶器上进行电弧燃烧，集中了大量的热量，温度很高。钛是活泼的金属，在真空自耗电弧熔炼中，一旦结晶器被电弧击穿而进水，在此高温下，水被钛分解释放出氢：

$$2H_2O + Ti = TiO_2 + 2H_2$$

若此时炉内缺少氧则不会发生爆炸。一旦炉体烧穿，空气进入炉内时，氢与氧迅速混合，当氢的比例达到 4% ~74.4% 时，就能发生爆炸反应：

$$2H_2 + O_2 = 2H_2O$$

这种反应迅速，传播速度非常快，爆炸的危险性很大，会发生人身和破坏设备的重大事故。事故引起的根本原因是熔炼时发生边弧，或者电极端面和结晶器接触起弧击穿结晶器所致。因此必须抓住这一根本原因，采取有效预防措施。这些预防措施是：

(1)合理地选用坩埚比；

(2)自耗电极轴向挠度要尽量小，并且要焊直、焊牢；

(3)熔炼时防止电弧过长而产生边弧，一旦产生边弧，可通过快速下降电极缩短电弧长度来加以消除；

(4)开始熔炼起弧时，防止电弧端面和坩埚底部直接接触而击穿坩埚底；

(5)在正常熔炼过程中，要避免在危险压力区内操作；

(6)熔炼过程中要防止断水；

(7)一旦发生坩埚被击穿，就不得不停水和停泵，因而要尽量开大冷却水，密封漏水部位，防止空气进入；

(8)建造防爆墙，构筑地下操作室，进行远距离操作。

1.5　产品质量和管理

目前，随着钛工业的技术进步，钛的自耗电弧炉熔炼实现了大型化。全世界大多数熔炼钛锭生产已达到 5 ~ 10t/炉的水平。大型化钛锭生产的实现,极大地提高了产品生产率,同时也有利于提高产品质量。但是大型化生产也是一把双刃剑,它也提高了生产的风险性。因为某炉一旦出现失误,一只钛锭报废就可以造成巨大的经济损失。因此,必须要提高操作者的产品质量控制意识,也要提高干部的管理水平。

钛锭质量管理,特别是应用于航空工业的钛合金锭的质量管理具有特别重要的意义。保证生产优质的钛合金锭,不仅具有良好的经济意义,而且是保证飞机安全飞行的前提。

钛锭分为两类,一类是普通级钛锭,俗称冶金级钛锭,主要应用于化工类等多种民用设备和产品中;另一类是优质钛锭,主要是优质钛合金锭,俗称航空级钛锭,主要应用于航空航天领域。

出于对安全的苛求,航空级钛锭必须使用优质海绵钛为原料,决不允许使用返回料——钛屑为原料。

钛的熔炼过程是在高温真空状态下使多孔状海绵钛变成全致密状的钛锭,它的整体过程是一个物理变化过程,也是一个钛的状态变化过程。由于钛是高熔点金属,当它变为全致密体时,要使它整体完全致密,工艺上也会遇到种种困难,这也需要不断地在实践中逐渐积累经验。

钛的熔炼过程是一个定向凝固过程,也是一个顺序凝固过程,它在宏观上是固体料锭顺序逐次熔化→钛液滴入熔池→从熔池逐次又不断凝固出新的全致密状的钛锭的过程。

实践表明,为了防止在一次熔炼过程中钛锭不易实现全致密化,常进行两次(及三次)重熔工艺。

1.5.1 钛锭质量的评价条件

评价钛锭质量的优劣大概可按下列条件评定:

(1)钛锭的微观结晶态应有利于钛锭开坯锻造。正如图 1-15 所示,钛锭在凝固过程形成的晶粒状态,由三个不同的晶粒态区构成,最外表为一层极细的不规则等轴晶粒;临近的第二区为晶粒细长而垂直于坩埚壁的柱状晶;内部区为排列不规则而远比外表晶粒大的等轴晶粒。

当钛锭精车去表皮后的精锭，自然去除外表的等轴晶粒，该锭最外表即为柱状晶粒区。

在自耗熔炼过程中，钛锭柱状晶生长方向随顺序凝固过程的进行逐步发生变化。初期凝固主要是从底部开始，随铸锭增长，底部冷却逐渐向上部延伸，当达到一定长度时则边缘冷却占主导地位，柱状晶逐渐改变方向；与径向的夹角越来越小。铸锭进一步增长到一定值时，则柱状晶几乎与径向平行。这种结晶组织对开坯锻造是不利的。希望能改善这种不利的组织结构，但尚无良策。

(2)钛锭内部微观结构无缺陷。钛锭缺陷包括裂纹、孔洞；也包括内部有夹杂。夹杂分为两类，一类是高熔点金属，如 W、Mo、Ta、Nb 等金属夹杂，或者高熔点化合物，如 WC 等的夹杂；另一类是低熔点夹杂，常见的是 TiO 和 TiN 夹杂。钛锭内部应既无裂纹和孔洞，也无夹杂，其结构属于全致密一致时，钛锭是优质的。

(3)钛锭微观结构成分均匀。钛锭微观结构成分均匀，对于纯钛锭而言，是指钛锭整体各类杂质是均布的；对于钛合金锭而言，主要是指钛锭整体各类合金元素分布均匀，没有偏析。由于钛锭整体成分均匀，自然各处微观结构相同，产品的力学性能相近。

(4)锭冠要小。锭冠是熔炼过程中产生缩孔自然形成的。锭冠大的话会降低钛锭的金属利用率，浪费产品。因此，要使锭冠减小，工艺上常采用合理补缩措施达到锭冠小的目的。

1.5.2　优质钛合金(航空级)铸锭

随着钛及钛合金在国民经济中应用的日益广泛，钛锻件的大型化、整体化、高纯度、高可靠性和长寿命是一个重要的发展方向。例如，当前第四代战斗机 F22 的四个大整体框都是 Ti-6Al-4V ELI 锻件，投影面积为 4.06 ~ 5.68m^2，锻件质量分别为 1895kg、2484kg、2763kg 和 2972kg；波音 747 飞机的梁采用 Ti-6Al-4V 合金锻件，长为 6.2m，投影面积为 4m^2，锻件质量为 1293kg；波音 777

飞机的主起落架载重梁采用 Ti-1023 合金,锻件质量 1440kg,投影面积 1.23m^2。这些都是目前正在服役的最大钛合金锻件,一个铸锭可能只能制造两件到三件这样的锻件,同时这些关键部件的使用寿命不仅是几千个小时,而是6万~9万小时(民机),因而随着钛合金锭的大型化,同时要求更高的冶金质量。除了寻找更先进的熔炼方法、质量检验的方法,对真空自耗熔炼(VAR)过程的质量管理也更严格,提出了优质钛合金锭的要求,提出了优质钛合金锭的批量与质量控制要求,制订了专门的优质钛合金的批量和质量控制宇航标准,基本包括了适用对象、级别分类、原料管理、熔炼工艺的控制等。

优质钛合金锭适用对象为专用于关键的、承受高应力的钛合金零件。这些钛合金产品需要经过使用单位的批准,以确保不同生产批次的产品采用相同的主导工艺和生产程序进行,并且与最初鉴定合格的产品具有相同的质量。

根据合金所采用的熔炼过程不同,优质钛合金锭分为四级,即:

(1)一级合金,采用两次真空自耗电极电弧熔炼(VAR×2);

(2)二级合金,采用三次真空自耗电极电弧熔炼(VAR×3);

(3)三级合金,电子束冷床炉熔炼加一次真空自耗电极电弧熔炼(EBCH+VAR);

(4)四级合金,等离子体冷床炉熔炼加一次真空自耗电极电弧熔炼(PACH+VAR)。

原材料管理:海绵钛的选用质量级别是经过鉴定确定的。海绵钛经过严格的目视检验,不应含有产生高密度或低密度夹杂的污染物。

中间合金及合金元素:应采购经认可的中间合金及合金元素生产商的产品。中间合金化合金元素不应有氧化物、氮化物和其他有害的外来物,包括会产生高密度或低密度夹杂的物质。

熔炼技术:四级合金的熔炼每次操作过程按专门的控制文件进行,参数都应连续地监控和记录。

电极的焊接不允许采用钨极氩弧焊，以避免污染铸锭。

底部的添加料应与熔炼材料名义成分相同。

第一次熔炼：对于自耗熔炼、电子束熔炼和等离子体熔炼的熔炼稳定压力（真空度）及偶尔的峰值应按专门的技术条件规定控制，不允许真空度低于规定的极限范围，不允许漏气及任何渗水现象，最后一次熔炼不允许有超过30s以上的断弧现象。如果在热补缩工序中有一项或更多的规定被超越，则铸锭的相应段不能使用。铸锭应予以报废（切除）。

为了获得优质钛合金铸锭，达到成分均匀的目的，熔炼铸锭的电流密度是至关重要的。国内外的成功经验表明，对于合金元素复杂或容易形成偏析的合金，如Ti-17（TC17）或Ti-1023（TB6）合金等，缩小铸锭直径（≤750mm）和减小熔炼电流密度（及降低熔化速度5～6kg/min，而不是8～10kg/min）是首选的和不再有争议的经验。

1.5.3　熔炼钛锭时常见的缺陷

熔炼钛锭时常见的缺陷有：

（1）缩孔。熔炼钛锭时，钛锭锭冠必然产生缩孔，这是自然规律。但缩孔的产生会减低钛的成材率，因此，熔炼必须采取补缩措施，可以减少缩孔。

（2）高密度夹杂。常常是熔炼时夹杂了W、Mo等高熔点金属造成的。它是自耗炉熔炼无法克服的冶金缺陷。为了避免高密度夹杂，熔炼时要严格控制它们可能的带入途径，或者采用冷床炉熔炼。

（3）低密度夹杂。常常是熔炼时气体偏析，夹杂了钛的氧化物和氮化物，如TiN造成的。它也是自耗炉熔炼无法克服的冶金缺陷。因此，工艺中常应该采取措施防止气体的偏析，或者采用冷床炉熔炼。

（4）钛合金成分的偏析。这是钛合金锭在熔炼时常见的缺陷。造成这一缺陷的原因是钛和添加的合金元素的沸点（及熔点）相差很大。这也是熔炼的必然规律。为了避免钛合金的偏析，熔炼时工艺上采用有针对的措施加以克服，尽量降低偏析。因此，在工艺中常采用下列措施：

1）易挥发组元偏析。如钛合金中的锰，真空熔炼时大量挥发，部分排出炉外，大部分富集在锭四周和顶部，造成偏析。二次熔炼后的 TC1 锭，表层含锰比中心高达 15 倍。其他易挥发组元也有类似现象。消除这类偏析主要措施是充氩熔炼，采用中间合金配料，必要时提高配入量弥补损失。

2）低熔点组元偏析。如添加大量锡的钛合金，锡的熔点低，进入熔区前即被熔化，提前进入熔池造成无规律的锡量偏析。消除此类偏析的主要措施是采用含锡的中间合金配料，在电极制备时防止低熔点元素外露并小段隔开，或电极配料时有意配成上段高、下段低予以弥补，但较难控制，可靠性也差。

3）高熔点、高密度合金组元。由于熔炼温度低于该组元熔点，添加的该组元易呈固态掉入熔池，而熔池的温度或在熔池中停留时间短，不足以将其合金化造成偏析或夹杂，含钼或铌高的钛合金常易出现这类偏析。消除措施主要是采用中间合金配料或使用较细颗粒的高熔点元素等。

4）氧等杂质偏析。选用杂质含量多的钛料，设备泄漏，混料不均匀，或焊接电极时保护不良，会导致氧等偏析，甚至夹杂。消除这种偏析的措施是严格选料，严格操作工艺制度。

5）区域偏析。在顺序凝固过程中，合金组元按照不同的分配系数，在轴向和径向呈规律性变化。ϕ350mm 钛合金锭中心纵断面上合金组元含量的偏析如图 1-47 所示。图中 $K_0>1$ 的元素，如钼的含量沿铸锭长度方向由底部至顶部递减，而 $K_0<1$ 的铬则完全相反，但铝的含量波动不明显。钛合金组元在不同横断面上的偏析与分配系数的关系如图 1-48 所示。图 1-48 中，合金组元不同的分配系数使不同的横断面处呈规律性变化，图中 c_0 为合金元素理论量。

真空自耗电弧熔炼铸锭常见缺陷的产生原因及防止措施见表 1-24。

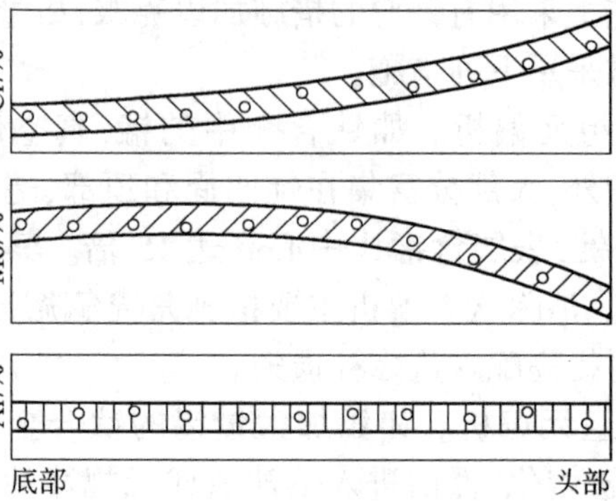

图 1-47　ϕ350mm 钛合金锭中心纵断面上合金组元含量的偏析

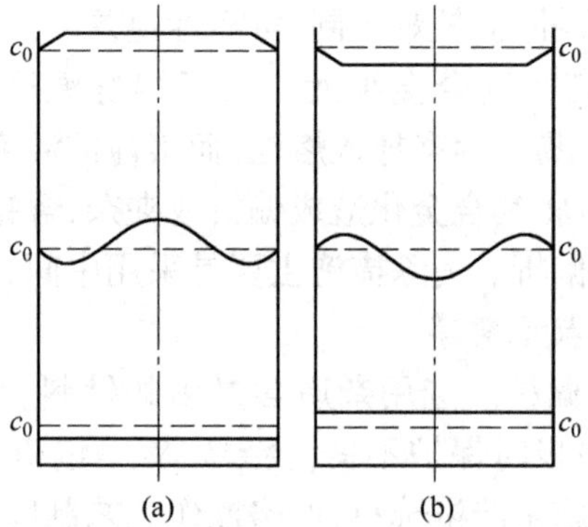

图 1-48　钛合金组元在不同横断面上的偏析与分配系数的关系

(a) $K_0<1$；(b) $K_0>1$

表 1-24　真空自耗电弧熔炼铸锭常见缺陷的产生原因及防止措施

缺陷名称	现象	产生原因	防止措施
皮下及内部气孔（见图 1-49）	形状为圆滑孔，成圈地分布于铸锭表皮里层或分散于内部	(1)原料含气量或挥发性杂质多； (2)冷却过于强烈； (3)电流小，熔池过浅； (4)坩埚下部渗水	(1)严格控制原料质量，加强烘干； (2)控制冷却水流量； (3)适当提高电流（对纯钼尤其显著）； (4)加强检漏

续表 1-24

缺陷名称	现象	产生原因	防止措施
夹杂(见图1-50)	不熔块或氧化物被嵌入锭中	(1)高熔点组元料未熔化; (2)较大块的氧化物; (3)熔炼中电极掉块; (4)电极混入不熔杂质	(1)采用中间合金配料,颗粒要细; (2)加强电极焊接时的保护; (3)提高电极质量; (4)加强原料管理
锭冠过高、过厚(见图1-51)	不经平锭冠处理的一次锭焊接困难	(1)坩埚比小; (2)电流大,电压低,喷溅严重; (3)磁场搅拌过强; (4)原料含气量过大,粉末料电极密度低	(1)对于钛及其合金,适当提高坩埚比; (2)适当调整电流、电压值; (3)选定合理的搅拌参数; (4)控制原料品级,对于钠还原法海绵钛最好经过预制再成形或脱气
表面夹层(见图1-52)	在铸锭表面覆有一层金属和挥发物覆盖层	(1)电弧过长; (2)坩埚比过小; (3)电流小	(1)短弧操作; (2)合理选用坩埚比; (3)适当提高电流
表面结疤及冷隔(见图1-53)		(1)电流小; (2)磁场搅拌太强; (3)d/D过小,熔池不到边; (4)实际熔炼中断	(1)适当提高电流; (2)合理选取磁场强度; (3)提高坩埚比; (4)提高真空度和加强监视,防止起弧和辉光放电产生
缩孔部位过深	缩孔、疏松部位距顶端距离大	(1)没进行补缩或补缩未完成; (2)补缩中电极掉入熔池	(1)改进补缩工艺; (2)改进电极与辅助电极的焊接质量
底部孔洞和冷隔(见图1-54)		(1)起弧料过多或含气量过大; (2)起弧后电流提升太慢; (3)电极末端偏离坩埚中心严重	(1)起弧料不宜过多,保证干燥洁净; (2)改进起弧后的熔炼工艺; (3)保证电极安装质量

续表 1-24

缺陷名称	现象	产生原因	防止措施
黏铜	底边部可见黏着铜或赤色痕迹	(1)难熔金属熔炼时坩埚比过大; (2)难熔金属熔炼时未放底垫; (3)坩埚外壁水垢沉积,导热不良; (4)边弧熔损坩埚壁	(1)难熔金属熔炼坩埚比适当降低; (2)难熔金属 W、Ta、Mo、Nb 应放置底垫; (3)定期清除水垢,控制冷却水硬度; (4)保证电极安装质量

图 1-49　皮下及内部气孔

图 1-50　夹杂

图 1-51　锭冠过高、过厚

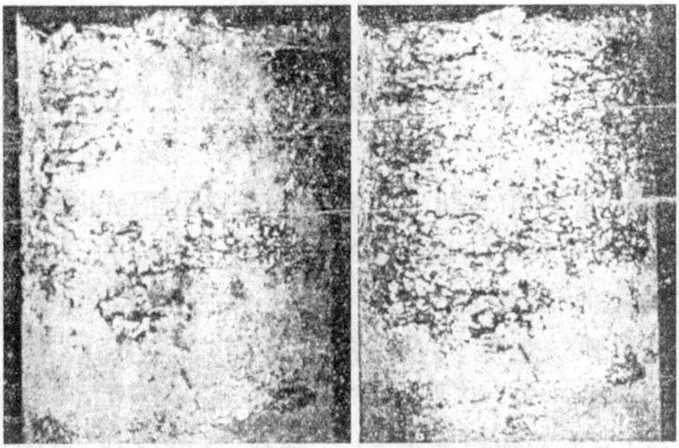

(a)　　(b)

图 1-52　表面夹层

(a)表层未去除；(b)表层大部分剥去

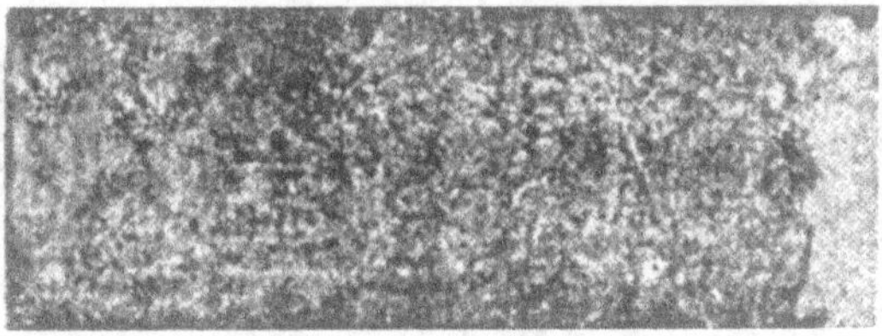

图 1-53　表面结疤、冷隔

图 1-54　底部孔洞、冷隔

2 冷炉床熔炼钛合金锭

冷炉床熔炼技术(cold hearth melting,即 CHM)是在航空用钛合金高质量、高可靠性的迫切需求的形势下出现的,在解决钛合金的高密度夹杂、低密度夹杂及成分均匀性方面比较好地解决了真空自耗电极电弧炉熔炼(VAR)的不足;与真空感应熔炼相比较,也更适合于工业生产,并具有雾化制粉和精密铸造等多种功能。近20 年,在 CHM 的数值模拟、工艺简化、参数优化、显微组织改进等方面进行了大量的研究开发工作,这将成为未来高性能、多组元、高纯度钛合金和金属间化合物研究、生产必不可少的技术。

2.1 钛合金中的主要冶金缺陷及其对使用性能的影响

2.1.1 钛合金的冶金缺陷与飞行安全

随着钛合金在航空工业中使用量的增加,钛合金质量的重要性显得愈加突出。在航空飞行史上,有不少飞行事故是由于钛合金的冶金缺陷引起零件的提前断裂,从而导致发动机和飞机的失效。这些缺陷与真空自耗熔炼的方法有直接的关系。据美国联邦航空局(FAA)的报道,从 1962 ~ 1990 年间,美国共有 25 起飞行事故是由和熔炼工艺有关的缺陷引起零件的失效或早期断裂造成的,这些事故几乎达到每年一次。而其中影响最为严重的冶金缺陷是硬 α 夹杂和高密度夹杂。有数据统计表明,能被检测出的硬 α 夹杂只占总数的 1/100000,大部分的硬 α 夹杂没有被检测出来。因此,提高钛合金的冶金质量成为钛发展和研究的关键技术之一,直接影响航空发动机和飞机的使用可靠性。特别是在 1989 年,美国 Iowa 州 Sioux 城发生的 DC-10 坠机事件,造成 111 人遇难。经调查,事故原因是因 CF6 发动机的 Ti-6Al-4V 钛合金一级风扇盘上存在硬 α 夹杂,造成了盘件的早期疲劳断裂。Sioux 城事件中的 CF6 发动机的一级风扇盘和叶片碎片如图 2-1 所示。

图 2-1 Sioux 城事件中的 CF6 发动机的一级风扇盘和叶片碎片

这次灾难性事故进一步说明了钛合金部件冶金质量的重要性。该事件之后,在美国 FAA 的资助下,成立了一个钛工业委员会,以指导钛合金工业界生产优质钛合金。同时也触动了航空发动机制造商和钛生产商致力于寻求解决钛合金中的硬 α 和高密度夹杂的方法,其中一个重要的途径是开发了冷炉床熔炼技术。由于航空工业对钛生产商的产品冶金质量等方面的要求和压力,很大程度上限制了单纯采用两次或三次真空自耗电极电弧熔炼生产钛合金铸锭的应用。经过十余年冷炉床熔炼的实践,认为采用冷炉床熔炼技术对于消除硬 α 和高密度夹杂效果显著,并逐步在一些工业标准中实施,如一些公司在接受十多起“硬 α 缺陷”破坏性事故的严重教训后,已正式在企业标准中规定:关键性的发动机转子零件用钛合金必须经过一次冷炉床(电子束或等离子体)熔炼。

目前,我国航空用钛合金的熔炼一直采用真空自耗电极电弧炉熔炼(VAR)方法。对于质量要求高的钛合金铸锭,一般要经过三次 VAR 熔炼,以获得成分均匀、缺陷率低的铸锭。在我国,用

VAR 工艺生产的钛合金铸锭、随后的半成品和铸件中曾发现过多起夹杂和成分偏析等冶金缺陷，严重影响了材料的使用可靠性，造成严重的经济损失。

2.1.2 真空自耗熔炼锭的冶金缺陷

真空自耗电极电弧熔炼（VAR）钛合金的冶金缺陷主要是指夹杂和化学成分偏析，具体分类如图 2-2 所示。

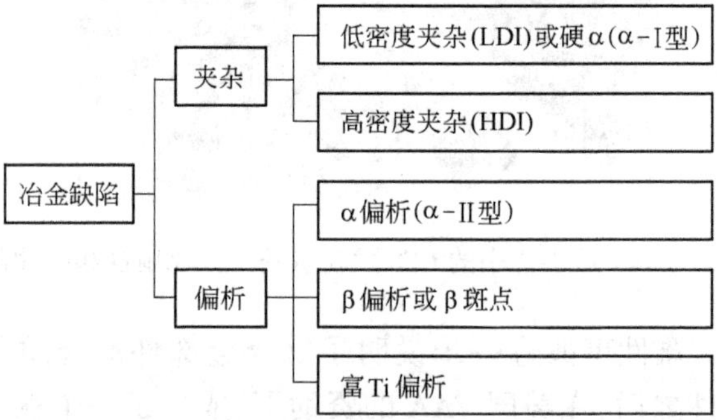

图 2-2　VAR 熔炼钛合金中主要冶金缺陷的具体分类

2.1.2.1　低密度夹杂

钛合金中的夹杂一般分为两类，即低密度夹杂（low density inclusion，即 LDI）和高密度夹杂（high density inclusion，即 HDI）。低密度夹杂（LDI）主要是钛的氧化物或氮化物，其中 N 的质量分数可达 10% 以上，也可能含有 O 或 C，O 最高 5%。这些元素都属于强 α 稳定剂，所以又称 α-I 型夹杂或硬 α。其主要来源于污染的原材料（污染的海绵钛、中间合金或回收料等）及不规范的加工工艺（焊接污染、熔炼中空气和水的少量泄漏、初级锭打磨严重过烧等）。尽管钛的氧化物和氮化物的密度还略高于钛基体（如 TiN 的密度为 $5.22g/cm^3$，钛的密度为 $4.5g/cm^3$），但因与 HDI 相比要低得多，因而得其名。另外，钛的氧、氮化物的硬度远高于钛基体，而且脆，因为这些都是钛的 α 稳定元素，所以还被形象地称为硬 α 夹杂。

硬 α 夹杂具有比钛高得多的熔点，如 TiO_2 的熔点为 1825℃，TiN 的熔点约为 2950℃，而边熔化边凝固方式的 VAR 熔炼时熔池的温度一般在 1700℃左右，而且熔池液态保持时间较短，很快就凝固，难以将钛的氧化物或氮化物熔化。因 TiN 的熔点更高，因此，更难于熔化，与 TiO_2 相比，TiN 在实际中出现的几率更大。图 2-3 所示为 Ti-8Al-1Mo-1V 和 TC4 钛合金锻件上发现的硬 α 夹杂。在经过变形之后，在硬 α 区的中心已形成孔洞。或者零件在工作时，由于硬 α 夹杂和基体对应力反应的显著差异，容易在夹杂区过早形成裂纹。硬 α 的存在极大地降低了钛合金的高、低周疲劳寿命，因此，可以认为是钛合金中最为危险的冶金缺陷。

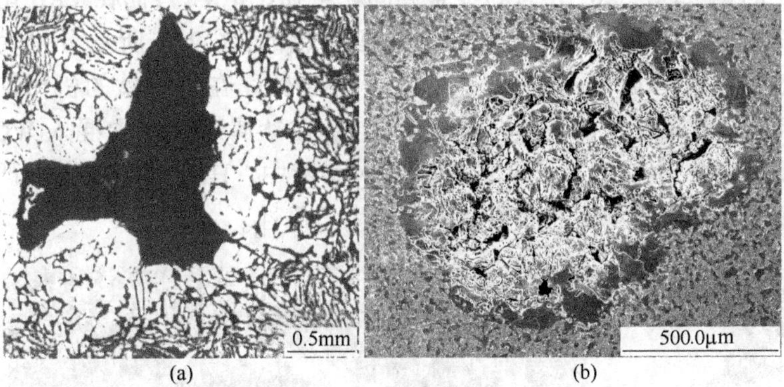

图 2-3 Ti-8Al-1Mo-1V 和 TC4 钛合金锻件上发现的硬 α 夹杂
(a) Ti-8Al-1Mo-1V；(b) TC4

钛合金中的硬 α 夹杂和基体的密度差别不大，因此，对超声波反应的声学性能没有明显差别，除非被检测材料中在硬 α 处已形成孔洞或裂纹，否则也很难用超声波探伤检测出。据资料报道，美国第四代机 F/A-22 上使用钛合金铸件的早期工程化阶段，在约 200 件钛铸件中共发现了 20 个可疑的和被确认的硬 α 夹杂，出现的概率约为 10%。后期在钛铸件生产的车间里执行了“污染控制计划”，通过控制硬 α 夹杂的潜在来源及严格执行车间的清理规范等措施,大大减少了硬 α 夹杂的出现率。另外,引入了两种无损检测技术来检查铸件中的硬 α 夹杂,一种是定向排列超声检测法(phased array ultrasonic test),以检查厚的关键铸件截面;另一种是氟氢化胺腐蚀检验法(ammonium bifluoride etch inspection),以检查薄壁表面的硬 α。据报道,蓝色阳极化在检查零件表面的硬 α 夹杂中得到了成功的应用。之外,一些钛合金生产商和航空发动机生产商也改进了超声波检测技术,采用超声波定位检测技术和多区超声波检测技术等,明显提高了缺陷的发现率。

2.1.2.2 高密度夹杂

高密度夹杂(HDI)一般是因在原料或回收料中混入了高熔点的金属(如 W、Mo、Nb、Ta)或金属间化合物(如 WC),而在 VAR 熔炼过程中又没有得到充分的熔化而造成的,图 2-4 所示分别为 TC4、TC11 钛合金中的 Mo、Ta 和 W 夹杂物。在进行钛的机械加工时经常用到 WC 硬质合金刀具,难免在钛屑或残钛中混入 WC 刀具崩块,由钛屑或残钛回收时带入铸锭中。HDI 的存在也会严重降低钛合金零件的疲劳性能和使用可靠性。

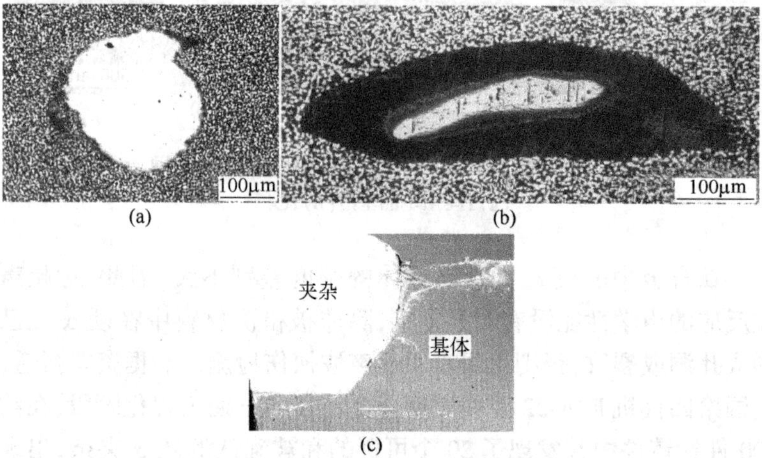

图 2-4 钛合金棒材中的夹杂物

(a)TC11 合金,Mo 夹杂;(b)TC11 合金,Ta 夹杂;(c)TC4 合金,W 夹杂

2.1.2.3 α-Ⅱ型缺陷

α-Ⅱ型缺陷即α偏析,或称富α稳定剂(主要是Al)的区域偏析。常常与熔炼设备炉壁上的挥发物(如Al)结块落入熔池有关,特别在电子束熔炼过程中。也往往与铸锭最后熔炼阶段的封顶、提缩孔工艺不恰当,铸锭冒口切除不净有关。

2.1.2.4 β偏析(β斑点)

β偏析(β斑点)也是钛合金铸锭的凝固偏析,它与合金中含有较多的β稳定剂有直接的关系,如Fe、Cr、Mn、Ni和Cu等合金元素。铸锭尺寸过大、凝固过程控制不当、在真空自耗熔炼中过大的熔池和延长凝固时间都有可能导致β稳定元素的富集,成为偏析。这种偏析区的β相变温度比基体低,成为一个比基体提前相变的区域,从而降低材料或钛零件的塑性和疲劳强度。图2-5所

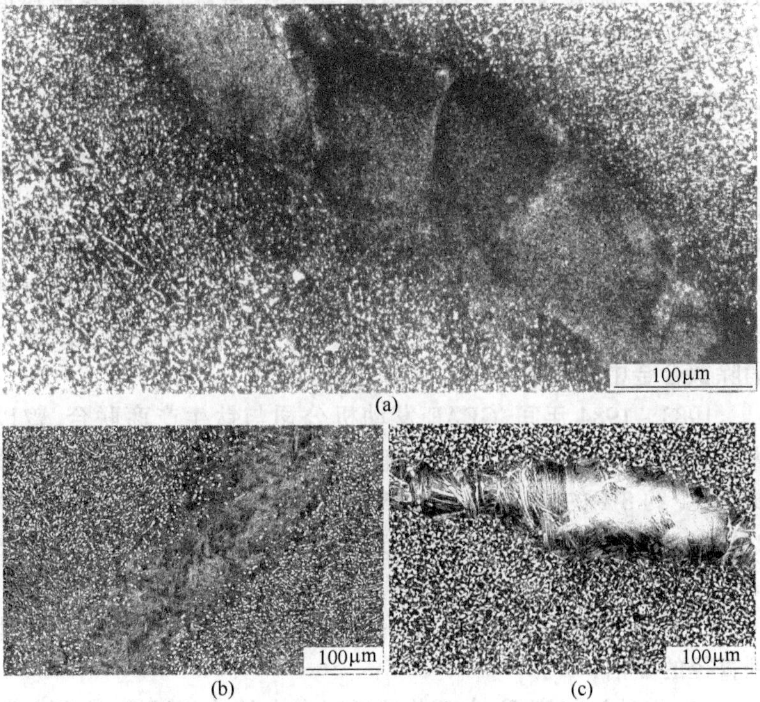

图2-5 各类钛合金典型的β斑点

(a)近β型TB6合金;(b)富β相的(α+β)型SP700合金;(c)TC11合金锻件

示为各类钛合金典型的 β 斑点。研究表明：TB6、TC17 合金等是比较容易出现 β 斑点的，在(α + β)型合金中也能见到 β 斑点。

国内外关于 β 斑点的研究表明：避免出现 β 斑点的措施也因具体合金对出现 β 偏析的倾向性而异，主要是通过选择恰当的中间合金、调整熔化电流强度和铸锭尺寸，实现合理的熔池深度和凝固速度来解决。TB6 和 TC17 是出现 β 偏析比较敏感的合金，但合金有广泛的应用。目前能控制住 β 斑点的经验数据是锭型不超过 ϕ750mm，降低输入功率(200 ~ 225kV·A，而不是 400 ~ 500kV·A)，以实现较低的熔化速率(5 ~ 6kg/min，而不是 8 ~ 10kg/min)和较小、较浅的熔池。

至于富钛偏析则常与不规范的熔炼操作有关，如仅用海绵钛引弧、海绵钛颗粒过大、熔炼参数选择不当、熔炼过程频繁断弧造成熔化不充分等都会引起富钛偏析。

2.1.3 真空自耗熔炼消除夹杂的局限性

真空自耗熔炼(VAR)炉可看做是一个封闭系统，电极材料经过电弧熔化后都进入了铸锭(或成为下一次重熔的电极)，电极材料熔化后在高温段保留的时间很短，温度不够高，不足以使硬 α 和 HDI 充分熔化，也无法将熔池与不熔物分离，从而无法过滤掉硬 α 和 HDI 夹杂。所以，即使采取三次 VAR 熔炼仍然无法完全消除钛合金中的夹杂物。

1983 ~ 1984 年间，GEAE 发动机公司与钛生产商联合，曾以人为引入硬 α 夹杂的方式熔炼 Ti17 合金的工业大锭，结果表明：至少约 8% 的放入直径约 ϕ6. 4mm 的氮化的海绵钛颗粒(氮的质量分数约 12% ~ 15%)被超声波探伤检出。研究结论认为：

(1) VAR 熔炼的熔池深度一般大于铸锭的直径，甚至可能达到直径的 2 倍；

(2) 熔池过热度低，大部分接近于合金的液相温度，小部分区域达到超过熔点约 200℃；

(3)熔炼过程的熔池存在强烈的搅动。

在这样的条件下,任何夹杂物颗粒的熔化既要有高温的要求,又要有足够的时间,否则将再一次被凝固进入铸锭。Reddy 测试 TiN 颗粒在 1650℃ 静止钛熔池条件下的熔解速度,大约为 0.004cm/min。据 Zanner 的分析,直径为 ϕ6.4mm 的 TiN 颗粒,在过热度 83 ~ 110℃(150 ~ 200℉)的钛熔池中分解所需的时间在 15 ~ 21min,这在真空自耗的条件下是很难达到的。

Rudinger 等研究了碳化钨(WC)夹杂物颗粒在真空自耗(VAR)熔炼过程中的熔解情况。经过一次 VAR 熔炼,仅能熔化尺寸为 0.4mm 的颗粒;经过两次 VAR 熔炼,90% 左右 0.6mm 的 WC 颗粒得以熔化;经过三次 VAR 熔炼后,尺寸为 0.6mm 的 WC 颗粒能全部熔化掉,但 0.8mm 及更大尺寸的 WC 颗粒即使经过三次 VAR 熔炼都无法充分熔化。因此,采用 VAR 熔炼工艺想要得到无夹杂的高纯钛合金锭是不可能的,即使采用三次 VAR,熔炼结果也不是很理想。

综上所述,应该从熔炼技术本身的改进来降低钛合金中的缺陷率,实现钛合金的高纯化。冷炉床熔炼技术独特的精炼水平,可以较充分地消除钛合金中的各类夹杂物,缓解长期困扰钛工业界和航空企业的一大难题。

2.2　冷炉床熔炼技术

美国在 20 世纪 80 年代开始进行钛合金新的熔炼工艺——冷炉床熔炼技术的研究、开发与应用。根据热源的不同,冷炉床熔炼设备可以分为两种,即电子束冷炉床熔炼(electron beam cold hearth melting,即 EBCHM)和等离子体冷炉床熔炼(plasma arc cold hearth melting,即 PACHM)。冷炉床示意图如图 2-6 所示。经大量的试验表明,冷炉床熔炼技术消除钛合金的 HDI 和 LDI 夹杂的效果明显。特别是在 1989 年美国 Iowa 州的 Sioux 城事件后,冷炉床熔炼技术开始在美国被广泛承认,并用于实际生产,如 GEAE 发动机公司于 1988 年开始采用冷炉床熔炼加真空自耗电

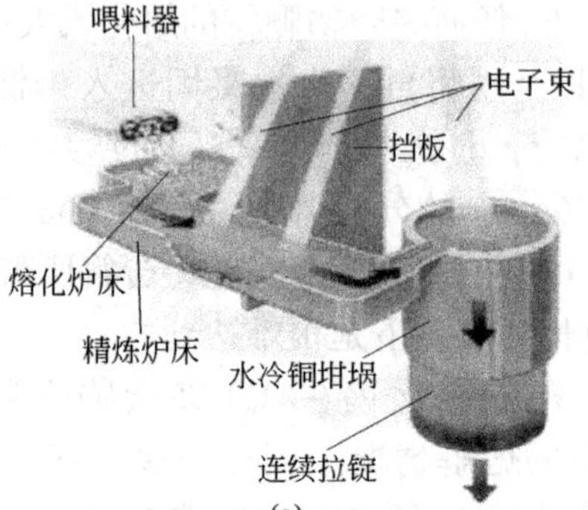

(a)

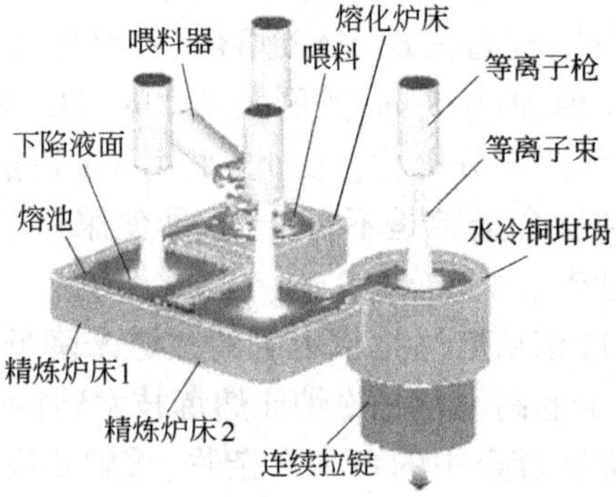

(b)

图 2-6　冷炉床示意图

(a) THT 公司的 C 型电子束冷炉床；(b) Teledyne-Allvac 公司的等离子体冷炉床

弧熔炼（CHM + VAR）技术生产航空发动机关键转子零件用钛合金铸锭。

2.2.1　冷炉床工作原理

电子束冷炉床（EBCHM）和等离子体冷炉床（PACHM）除热源不同外，其结构基本相同，分为热源系统、冷炉床、结晶器、喂料系统、真空系统、水冷却系统、控制系统以及等离子体冷炉床的充气系统。

与 VAR 相比,冷炉床熔炼可以看做是一个开放系统,冷炉床在设计上将水冷铜炉床和坩埚分开,允许输入能量和熔炼速率的独立控制,因此实现了原材料熔化和铸锭熔炼凝固的分离,等离子体冷炉床工作示意图如图 2-7 所示。在水冷铜炉床中,钛合金原料在"B"处经受电子束或等离子束的高温高能轰击,熔化后在冷床中形成熔池,熔池中熔液的保留时间可以自由控制,并在一个或多个室精炼。经过精炼、搅拌后的熔液经"E"处的槽口溢流入水冷铜坩埚中,通过坩埚上方的等离子枪或电子束枪的再次加热和搅拌,凝固后形成铸锭。夹杂物有两种处理模式,一种是夹杂物在熔池中在极高的温度下有充足的时间来熔化,炉床中的熔液可以获得一个非常大的过热度,可以促进高熔点夹杂物的熔解;另一种是因 HDI 与钛液的密度差异较大,HDI 会沉入水冷炉床底部而沉淀在凝壳中。熔池保温时间长,熔液温度高,可以保证钛合金中的合金化元素充分熔解和扩散,且通过在冷炉床和坩埚两级熔炼,铸锭的成分偏析能得以有效地改善。

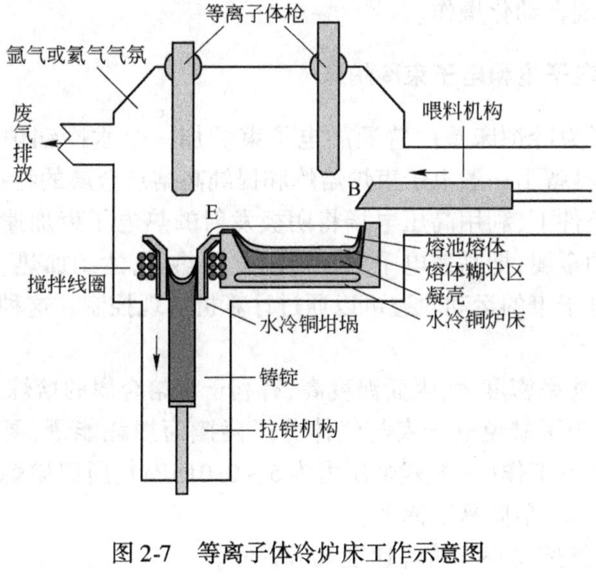

图 2-7 等离子体冷炉床工作示意图

与采用单一的进料方式(压实的电极)和只能得到圆形铸锭的 VAR 熔炼工艺相比,冷炉床熔炼工艺的喂料形式多样,可采用残料、回收料、压制的电极等;根据需要,通过拉锭坩埚的设计,可实现生产多种形状的铸锭,如圆形、方形和矩形。而且冷炉床熔炼采用边熔炼、边搅拌、边凝固拉锭的办法,所以虽然炉床尺寸不大,但所熔炼的合金成分均匀,凝固后拉出的铸锭可以较大。

冷炉床熔炼的优点概括为:

(1)停留在熔融状态的钛合金时间可以单独控制,从原则上说为夹杂物的熔解提供了可能性;

(2)回收料引入的高密度夹杂(如 WC 刀具的碎块、钨极氩弧焊的钨电极头)可以沉淀到凝壳中,保证了铸锭的纯净度;

(3)铸锭的形状可以是圆形,也可以是矩形或扁锭,直接提供轧板用板坯;

(4)冷炉床熔炼可重熔各种形式的回收料,如各种边角料、废旧零件等;

(5)与 VAR 相比,炉室更便于安装各类传感器,掌控过程的变化,实现自动化操作。

2.2.2　电子枪和电子束冷炉床

电子束冷炉床是由普通的电子束炉加一个水冷铜炉床组成的,因此具备了一般电子束炉熔炼和提纯高熔点金属的特点,即在高真空条件下,利用高压电场将阴极发射的热电子束加速并轰击被熔化的金属,把高速电子的动能转化为热能,达到加热、熔融的目的。电子束的运动轨迹可以通过计算机实现控制。这种炉子的特点是:

(1)功率密度大,因而温度高,有利于难熔金属的熔炼;

(2)为了避免电子束与气体分子碰撞而损耗能量,要求在高真空条件下工作(一般残余压力为 5 ~0.015Pa),所以熔炼金属的提纯效果好,杂质易于挥发;

(3)熔炼功率和熔炼速度调节方便。

但其不足之处是：由于真空度高，杂质熔化的同时被熔金属元素也有不同程度的挥发，造成成分的不准确，特别是对高铝、高锰等的钛合金。同时应注意X射线的泄漏，要保护工作人员的人身健康。此外，整套设备投资大。所以目前大部分电子束冷炉床熔炼炉用于钽、铌、铪、钨和钼等高熔点活泼金属的熔炼，用于工业纯钛的熔炼与回收，也用于一些钛合金的熔炼。

以德国LEYBOLD HEREAUS公司制造的1800kW电子束冷炉床为例，该炉总输出功率为1800kW，装备四支600kW的电子束枪，两支用于熔化原材料和精炼，两支用于拉锭。工作状态熔炼室真空度为10^{-1} ~ 10^{-2} Pa，电子枪室的真空度保持在10^{-3} ~ 10^{-4} Pa，原材料投入速度100 ~ 1000kg/h，所拉铸锭截面宽达600mm × 1350mm，铸锭长度可达2600mm，重约10t。该炉于1999年正式投入运行，生产能力为220t/月，熔炼速度提高后，可望达到300t/月。

图2-8所示为电子束枪的结构简图。首先，电流通过丝状阴极，加热块状阴极，电子枪开始工作，块状阴极与被熔物之间的电压最大为40kV，丝状阴极与块状阴极间电压为3kV。一通过电流，块状阴极被激发，向阳极射出电子束。被射出的电子束穿过阳极中心的孔，通过聚焦透镜1、石墨套筒、聚焦透镜2、偏转系统等控制，射到被熔物。

图2-9所示为1800kW电子束冷炉床结构简图。其工作过程为：由振动进给装置投入到炉床内的原料，首先由两支电子束枪进行熔化，其中一支枪专门用于原料的熔化，为手动扫描电子束；另一支枪用于原料熔化并维持炉内熔体温度，按预先设定的曲线对炉内进行自动扫描。炉内原料的熔化速度受振动进给装置的投料速度和射向炉床内原料的电子束大小两方面的影响。试生产时的熔炼速度约为600kg/h，正式生产后约为800kg/h，今后有望能达到并超过1000kg/h。

被熔化的钛液流到炉床中，经炉床流进铸模，在铸模内凝固铸造。为了得到良好的铸锭表面，使用其余的两支枪，各自分担铸模液面的一半，按设定的特性曲线进行全面自动扫描，以控制金属液

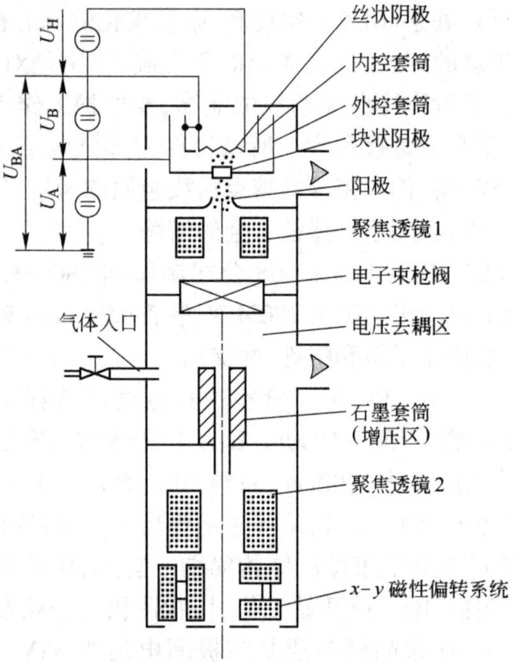

图 2-8　电子束枪的结构简图

U_H—加热电压；U_B—轰击电压(-3kV)；

U_A—加速电压(-35/40kV)；U_{BA}—-38/43kV)

面温度均一,从而控制铸模内的金属凝固。

所用的原材料是海绵钛、回收料(板材边角料、各种旧料、切屑等),目前,回收料使用的比例达到40%。

针对电子束冷炉床熔炼过程中大量易挥发元素的蒸发开展了很多的研究(A. Mitchell 等人)。对于蒸发成分的估算,不能单纯分析在理想熔液中得出的近似结果,而是需要用实验方法来确定。一个最优化的思路是一方面要考虑杂质的熔解和熔质蒸发时间之间的平衡和折中,使熔池表面积、熔液的体积和熔炼停留的时间三者最佳化;另一方面,要考虑蒸发量与合金锭最佳凝固速率的平衡。从总体上说,电子束冷炉床在美国已不仅用于纯钛的回收,也

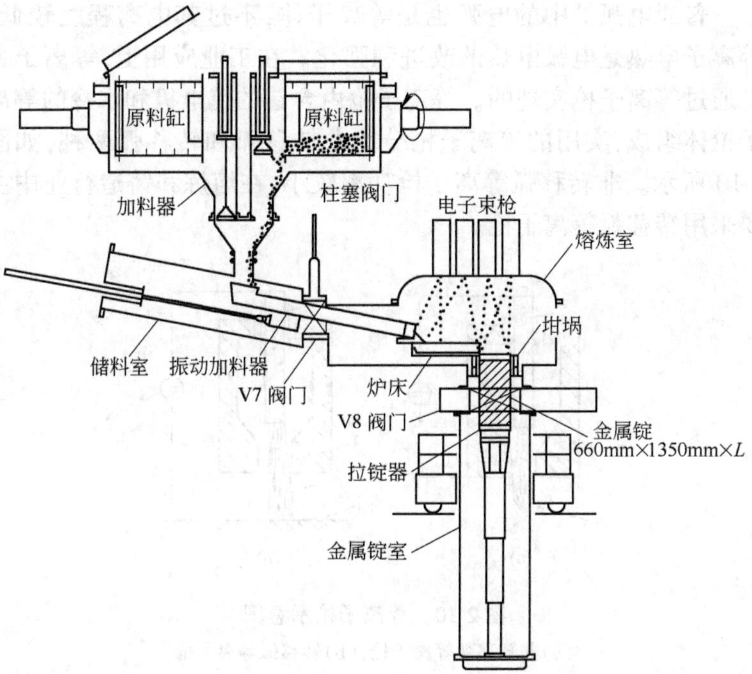

图 2-9 1800kW 电子束冷炉床结构简图

同样成功用于 Ti-6Al-4V 合金锭的熔炼。

2.2.3 等离子枪和等离子体冷炉床

等离子体冷炉床是通过电能转化为等离子弧的能量轰击熔化金属的一种装置。当电流通过气体时,使气体电离,形成等离子弧发出弧光,利用弧光发出的热量熔炼高度活泼的金属或合金。等离子体被称为物质的第四态,是由电子、离子及中性粒子组成。虽然存在正、负电荷,但在整体上等离子体是中性的。形成等离子弧的气体介质一般用氩气,因为氩气的电离功率较小,易于电离,价格比较低廉,在钛合金熔炼过程中又起到保护的作用。但从热效率上说,氦气更是首选的介质,其熔炼速率大约是氩气的 2 倍,但目前在国内,氦气的成本相对要高得多。

普通电弧炉中的电弧也是等离子体，不过其电离程度较低。等离子电热是电弧电热的改进和强化。在工业应用上，等离子弧是通过等离子枪实现的。等离子枪由含钍的钨电极和水冷的等离子枪体组成，实用的等离子枪分为非转移弧和转移弧两种，如图2-10所示。非转移弧等离子枪功率较小，在熔炼和铸造行业中主要采用转移弧等离子枪。

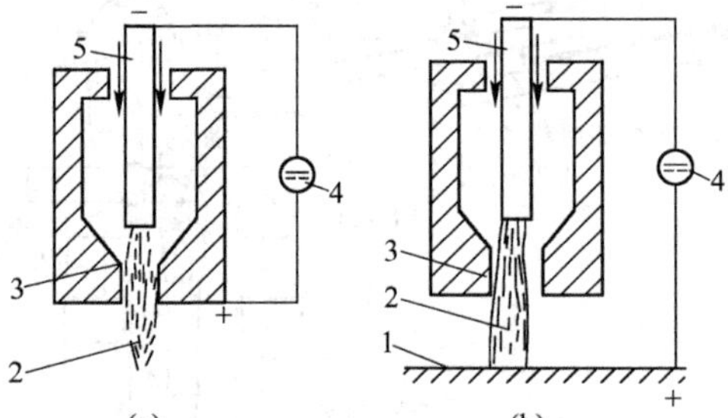

图 2-10　等离子枪示意图

(a)非转移弧等离子枪；(b)转移弧等离子枪

1—被加热材料；2—等离子弧；3—喷嘴；4—直流电源；5—钨或钨钍阴极

工业等离子体熔炼炉系统在生产钛及镍基合金中应用转移弧等离子枪(transferred arc plasma)。因为这些被熔化的合金都是导电的，使用转移弧等离子枪使输入的能量更多地用于熔化金属工件上。高效率地利用电能以获得高的熔化速率，此外，因为转移弧枪仅仅需要一个电极，设备的易损件相对减少和经济。转移弧枪有一个比较宽的功率范围，其功率的范围是弧长和电流的函数。在工业应用中，阴极常设计成水冷空心的阴极，工作介质气体顺着阴极高速流入，在负极的钨棒与正极的工件之间产生等离子弧。空心电极扩大了阴极的工作面，因而增大了气体的电离度。在横向，等离子弧在水冷的喷嘴壁和磁场的作用下向中心压缩变细，从而形成一束能量集中弧柱细长的高温等离子弧，它比自由电弧具有较好的稳定性、较大的长度和较广的扫描能力，因而等离子弧在熔炼和铸造中具有独特的优势，比一般电弧温度高得多。有资料指出，氩弧等离子束中心可达20000℃，而一般电弧最高温度只到6000～7000℃。此外，这种等离子束的流速很高，为100～500m/s，冲击到被加热金属上，可以使金属迅速加热和熔化，这种热能转化的过程与普通电弧基本相同，但其截面较小，长度较长，所以称为压缩型等离子弧。

等离子枪是等离子体熔炼炉的核心部件，而关键是电极的设计和应用，一般分为固定的弧柱和螺旋的弧柱，其中，获得螺旋型的弧柱是最佳的，这种弧柱更为稳定。

美国 Retech 公司设计制造的转移弧等离子枪在长期的生产实践中得到了广泛应用。他们设计的得到螺旋型等离子弧的电极实际上是空心的，并且是无氧纯铜制造的，简单原理如图2-11所示。采用直流高压电源以维持等离子弧柱。等离子枪的主要零件是电极、气环和喷嘴。电极和喷嘴直接由水冷却。气体通过气环如何以螺旋的方式进入电极的端部呢？气环使氩气或氦气呈切线方向注入，形成要求的螺旋气流。而电极是一个带有盲孔的圆形的管。气体的螺旋运动在电极的整个内腔伸展至弧

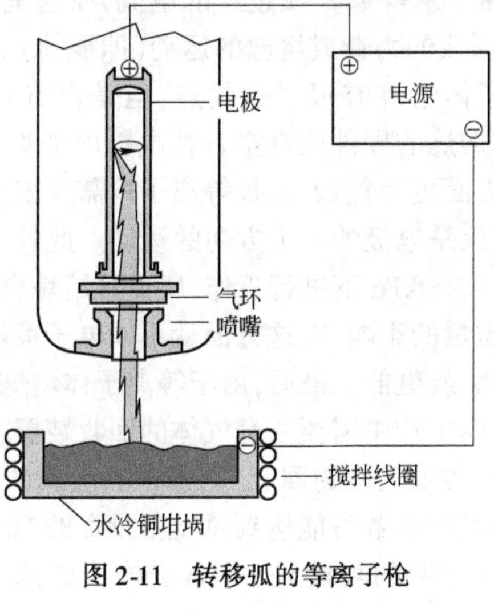

图2-11 转移弧的等离子枪

的终端。这种设计有效地提供了200h以上的电极寿命。这种螺旋运动保证了获得稳定可控的等离子弧柱,并适合于喂入不同形式的原材料,如散料、颗粒状的或块状的原材料。这时弧柱的长短宽窄变化比较大,弧柱能直接打在各种原料上而不发生漂移。

这种螺旋形的等离子弧柱的另一个特点是可以在环境气压很宽的范围内熔化金属,甚至可以在25～300kPa的环境下维持正常工作。在低于101kPa的条件下操作,可改善熔化的效率,而在较高的压力下可以使不同熔化温度的元素有效地合金化,特别是那些蒸气压高的合金元素。

最后,这种转移等离子弧的优点是能够搅拌熔融金属。搅拌功能使操作者可以有效地混合各种合金元素。在有些情况下,等离子弧和磁场的交互作用可以重新定向熔池的形状,在重新定向的熔池中,凝固铸锭的晶粒得到了进一步细化,这是十分有趣和珍奇的物理现象。

搅拌熔融金属的物理机理是这样的:在图2-11中可以看到等离子弧和搅拌线圈磁场的交互作用,磁场是直流线圈产生的,因为熔融金属是携带了从等离子弧过来的电流,在这里电流和磁场正好成90°,这时形成的力造成熔池的运动(即搅拌)。

虽然等离子体熔炼有很多的优点,但是也有它的不足之处。首先,等离子体熔炼的硬件比真空自耗电极电弧熔炼(VAR)或电渣熔炼在机械方面更为复杂,而且等离子枪需要三个方向的运动,而VAR熔炼仅仅是电极的一个方向的运动。此外,由于等离子体熔炼可以在25～300kPa下进行工作,所以其熔炼合金的纯度受到所选用的气体质量的影响,在这方面就不如电子束熔炼,其真空度可达到0.0133Pa或更低。最后,由于等离子体熔炼需要一个连续的气流,在大规模生产中需要一套气体的回收装置,对氦气或氩气进行回收。如能实现气体的回收,则每千克金属的气体成本将明显地下降,这套回收装置可能达到总设备投资的10%～20%。

除了熔炼—拉锭的功能外,等离子体冷炉床也可以实现熔炼—雾化制粉，如图2-12所示。这是英国伯明翰大学IRC实验室装备的等离子体冷炉床的另一种功能。如果把拉锭坩埚改为底注式的坩埚，则可实现离心铸造的功能。这时底部浇注口的打开靠大功率的等离子枪来实现，这是北京航空材料研究院装备的等离子体冷炉床的另一个功能，该设备外观如图2-13所示。

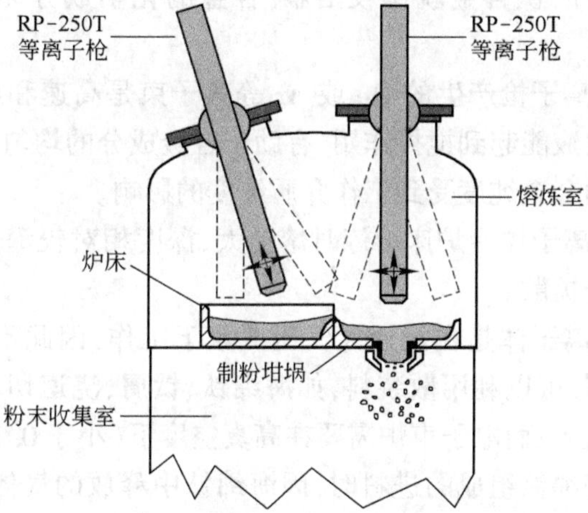

图2-12　等离子体冷炉床的雾化制粉装置示意图

图2-13　PAM525型等离子体冷炉床熔铸炉外观

等离子体冷炉床熔炼具有以下的优点：

(1)等离子体作为热源熔炼钛合金时，等离子枪是在接近大气压的惰性气氛下工作，可以防止 Al、Sn、Mn、Cr 等高挥发性元素的挥发，可以实现高合金化和复杂合金化钛合金元素含量的精确控制；而电子束冷炉床必须在高真空条件下熔炼，因此，熔炼含高挥发性元素的钛合金就比较困难，合金的化学成分无法精确控制。

(2)等离子枪产生的 He 或 Ar 等离子束是高速和旋转的，对熔池内的钛液能起到搅拌作用，有助于合金成分的均匀化，但等离子体熔炼的合金纯度受到工作介质纯度的影响。

(3)等离子体冷炉床熔炼时熔池大、深度相对较深，可以实现熔液的充分扩散。

(4)等离子体是在接近大气压气氛下工作，因此不受原材料种类的限制，可以利用散装料，如海绵钛、钛屑、浇道切块等，也可以用棒料送入；而电子束炉需要在高真空度下(小于 0.1Pa)工作，在熔炼由海绵钛组成的进料时，因海绵钛中释放的气体会使得真空度下降，无法保证电子束枪的正常工作。

2.3 冷炉床熔炼技术的应用

冷炉床熔炼技术在 20 多年的时间内得到了迅猛发展。目前世界上能生产冷炉床的公司主要有四家，即美国的 Retech 公司、Consarc 公司，德国的 ALD 公司和乌克兰的巴顿焊接研究所等。其中，Retech 公司装备了世界上大部分的 PAM 炉子。目前美国拥有世界上大部分的 PAM 炉子，且开发时间早，如 GEAE 发动机公司在 1991 年就与 Allvac 公司采用 PAM + VAR 工艺生产钛合金，用于发动机部件等关键应用领域。经过十几年的大力发展，美国具备了批量生产优质钛合金铸锭的能力，目前装备的冷炉床熔炼能力已占美国钛总熔炼能力的 45%，其中 20% 是采用等离子体冷炉床生产的。单台设备的功率也在提高，如美国 RMI 公司在 2001

年安装了一台 2 支枪的等离子体冷炉床,总功率 1000kW 可生产圆锭和扁锭,质量可达 7000kg。采用 PACHM 一次熔炼生产钛铝铸锭,最大尺寸达 ϕ660mm,质量为 2000kg,挤压和锻造成涡轮盘件。俄罗斯的上萨尔达冶金生产联合体(VSMPO)于 2003 年安装了美国 Retech 公司生产的 8t 级的等离子体冷炉床熔炼炉,如图 2-14 所示。该设备有 5 支等离子枪,功率为 4.8MW,可生产圆锭,也可生产扁锭,圆锭的最大直径可达 810mm,扁锭的最大截面尺寸为 1260mm×320mm,质量可达 8000kg,可直接投入板坯生产,年生产能力预计为 3600t。随着 VSMPO 新的等离子体冷炉床的投产,目前世界范围内等离子体冷炉床的总生产能力每年可达 11kt。

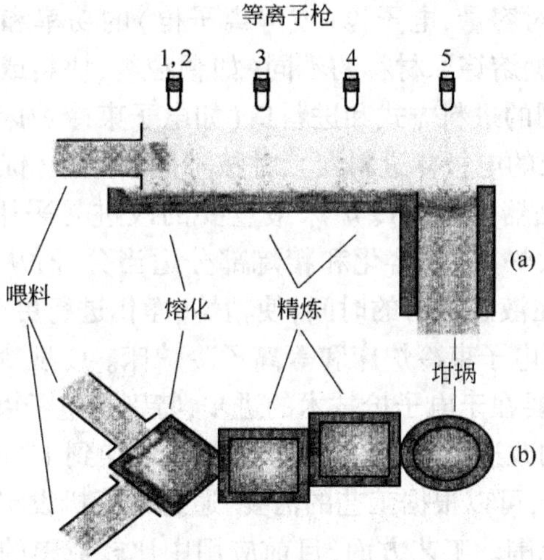

图 2-14　上萨尔达冶金生产联合体的 8t 级等离子体冷炉床示意图
(a)侧视图;(b)俯视图

据资料介绍,采用冷炉床熔炼技术生产的钛合金已经应用于 F/A-18 飞机的 F404 和 F414 发动机上,并将逐步扩大应用于 F-14、F-16 飞机的 F110 发动机、V-22 直升机的 T406 发动机、F-15 和

F-16 飞机的 F100 发动机、B-2 飞机的 F118 发动机及 F-22 飞机的 F119 发动机中。

2.4　冷炉床熔炼技术的发展

冷炉床熔炼技术的开发与应用要求达到两个目标:一是提高钛合金的冶金质量,即成分均匀、无夹杂和控制铸锭组织;二是提高工艺的经济性,简化工艺,广泛使用各种原料和回收料。此外,等离子冷炉床在熔炼高铝、高熔点组元的钛合金方面有不可取代的功能。

20 多年来,冷炉床熔炼无论在设备还是在工艺技术方面都得到了迅速的发展。在结构方面,对于工业生产型熔炼装置,由于技术定位,除了对容量、电子枪(或等离子枪)的功率和数量有不同的选择外,根据熔炼原材料的不同(如颗粒料、块料或压制的电极棒),采用不同的进料方式和进料口(如电子束冷炉床有两个进料斗和一个加长的电极棒进料器),并按不同的产品(锭型),配置不同的铸锭结晶器。但是冷炉床最重要的改进是采用双室(或多室)结构,扩大炉床,把熔化和精炼部分适当分开,从而适当延长金属(合金)在液态停留的时间,使精炼、净化进行更充分,如图 2-6 所示的 C 型电子束冷炉床和等离子冷炉床。C 型冷炉床之所以可能实现,主要在于电子枪技术的进步,特别是电子束的聚束与偏转扫描系统的改进,使电子枪的工作距离增加到 1500mm,扫描频率达到 10kHz,可以根据工艺的需要,通过计算机设定热源的扫描形式和覆盖范围。工艺方面,目前应用中比较成熟的熔炼工艺路线是 CHM + VAR。以充分发挥冷炉床和真空自耗熔炼各自的优点,改善在等离子熔炼过程中可能存在提高惰性气体含量的情况,并改善了铸锭的表面质量。数值模拟方面,为了改进和优化冷炉床熔炼工艺,美国 NCEMT(National Center for Excellence in Metalworking Technology)公司开发了一个冷炉床熔炼模拟 COMPACT 软件系统,该系统可以模拟熔体流动、热量和物质转移、电磁场、等离子束、夹杂物熔化、铸锭凝固和宏观偏析、晶粒长大和微观偏析等。这套模拟系统已转到钛合金的生产商(如 Allvac),以指导实践生产出优异的钛合金铸锭。

同时,正在开发只采用单一的冷炉床熔炼技术。根据目前的研究结果来看,单一的冷炉床熔炼工艺对于航空结构件用钛合金也是可行的。通过减少熔炼次数和炉床熔炼生产扁锭的优势,可以节约加工成本20% ~40%。美国从1989 年3 月到1995 年6 月期间,通过由空军 Man-Tech 项目的资助,进行了单一的 EBM 和单一的 PAM 炉床熔炼技术的研究,结果认为是可行的。如美国 THT 公司采用3.2MW 电子束冷炉床一次熔炼成直径为760mm 的 Ti-6Al-4V 合金锭,铸锭成分均匀,Al、V 质量分数的标准偏差不大于0.15%。

与传统的钛合金相比,钛铝基金属间化合物是非常难以熔炼和加工的。铸态粗晶组织的塑性很差,生产大型钛铝铸锭是一个非常大的挑战。美国 Allvac 公司采用两台等离子体冷炉床(一台炉子为4 枪,总功率为3000kW;另一台为2 枪,总功率为1000kW)尝试了生产小型和大型铸锭,生产的铸锭尺寸可为 ϕ165 ~760mm,质量为200 ~5450kg。

此外,J. A. Silvus 等人总结了 Teledyne-Allvac 公司和 Retech 公司曾经在等离子体冷炉床上进行了以种子形式加入各种夹杂的钛合金熔炼研究,熔制了两个 ϕ200mm ×1000mm 的圆锭,目的是研究高密度夹杂、低密度夹杂在等离子体冷炉床熔炼过程中消除的程度。谨慎地加入的杂质种子包括钽、碳化钨、氮化的海绵钛颗粒和 Ti-6Al-4V 的回收料。基体合金的成分为 Ti-6Al-4V。等离子气体为氦气,炉子的气氛为111kPa。ϕ200mm 锭型经过变形成 ϕ25mm 圆棒,在 X 射线和超声波检查中未发现任何高密度和低密度夹杂。因为对于 ϕ25mm 的圆棒,是很容易通过无损检测方法发现夹杂的。在 X 射线检查冷炉床的凝壳时发现了钽和碳化钨型高密度夹杂的颗粒。钽和碳化钨高密度夹杂在凝壳中的分布位置如图 2-15 所示。未能熔化的高密度夹杂沉积在炉床的凝壳中,纯净的钛液通过浇注槽流入拉锭坩埚,凝固形成铸锭。

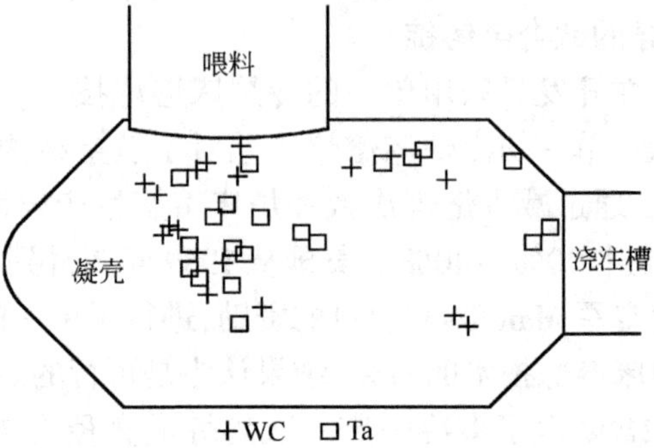

图 2-15　钽和碳化钨高密度夹杂在凝壳中的分布位置

W. R. Chinins 等人为了深入研究等离子体冷炉床熔炼技术和开发航空优质钛合金坯料，正在多方面开展工作：

(1)开发先进的参数测试仪器，如熔化表面高温计、熔池金属深度传感器、工艺气体的化学分析仪；

(2)确定实际的工艺窗口，如杂质种子与工艺参数的关系、炉床熔体保留时间的测量、缺陷跟踪试验等；

(3)工艺的数值模拟工作，并取得了多项的突破。

下篇 钛锻造

3 锻造原理

锻压是利用金属的塑性使坯料在工具的冲击或压力作用下，获得具有一定形状和组织性能的塑性成形的过程。变形锻压生产的优越性在于：它不但能获得机械零件所需要的形状，而且能改善材料内部的组织，提高机械零件的力学性能。

3.1 钛及钛合金的塑性

塑性是一般金属都具有的特征，在锻压加工中，塑性是指被加工材料在外力的作用下产生永久变形而又不破坏其完整的能力，一般又称为工艺塑性。在锻造中，有时用可锻性这一名词来表示金属材料在锻造时的难易程度。当然，衡量锻造加工的难易，除金属塑性和可变形性外，还要考虑变形抗力的大小。

金属塑性是由金属键所决定的。从物理学的观点看，固态金属的外层电子贡献出来为所有原子所共有，原子失去电子后成为正离子，共有了的电子在金属中自由运动，并与正离子之间有相互作用，从而使金属原子结合起来。当金属在原子层间做相对位移时，正离子仍和自由电子保持这种相互作用。金属的很多特性，包括塑性，可以定性地用金属键的概念予以说明。

在实践中，金属塑性一方面取决于材料的金属特性，如晶格类型、化学成分、金相组织。另一方面也取决于变形的工艺因素，如变形温度、变形程度、应变速率、应力应变状态等。

3.1.1 钛的晶体结构

像许多其他同素异构体金属一样，钛能结晶形成不同的晶体结构。它有两种晶体结构，低温下，纯钛和大多数钛合金结晶成接近理想状态的密排六方结构(hcp)，称为α-Ti。高温下，体心立方结构(bcc)的钛很稳定，称为β-Ti，纯钛的β转变温度为822.5℃。α-Ti和β-Ti的晶胞示意图如图3-1所示，图中重点绘出了最密排的晶面和晶向。

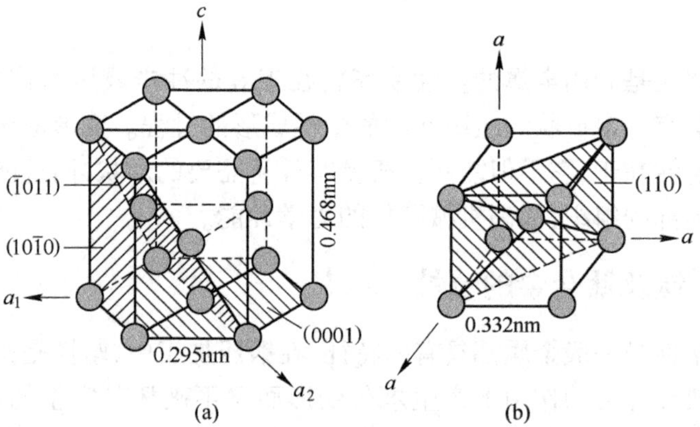

图3-1　α-Ti和β-Ti的晶胞示意图
(a)密排六方(hcp)α-Ti；(b)体心立方(bcc)β-Ti

钛合金的两种不同晶体结构以及相应的同素异构转变温度是其获得各种不同性能的基础，因此非常重要。

塑性变形和扩散速率都与晶体结构密切相关。此外，密排六方晶体结构导致α-Ti的力学性能呈现显著的各向异性。其中，弹性的各向异性尤为明显，钛单晶垂直于基面的杨氏模量为145GPa，而平行于基面的杨氏模量仅为100GPa。

三种金属型晶体结构的特征参数见表3-1。金属塑性变形的容易程度按密排六方(hcp)、体心立方(bcc)再到面心立方(fcc)的顺序逐渐增大，这也是α-Ti的塑性变形能力低于β-Ti的原因。

滑移系的个数(相当于晶格中位错滑移几率数),对于 hcp 结构而言一般仅为 3,而对 bcc 结构而言为 12。滑移系的个数等于滑移面的个数乘以该面上滑移方向的个数。从能量方面来说,这些原子高度密排的晶面和晶向最有利于塑性变形。

表 3-1 三种金属型晶体结构的特征参数

结构类型	单胞内的原子数 N	配位数 CN	致密度 $P/\%$	滑移面 滑移方向 指数	滑移面 滑移方向 个数	单胞内的滑移系	滑移面的原子密度 /%	最小滑移分量 b_{min}/a
hcp (c/a = 1.633)	6	12	74	{0001} ⟨11$\bar{2}$0⟩	1 3	1×3=3	约 91	1
bcc	2	8	68	{110} ⟨111⟩	6 2	6×2=12	约 83	$1/2\sqrt{3}\approx$ 0.87
fcc	4	12	74	{111} ⟨110⟩	4 3	4×3=12	约 91	$1/2\sqrt{3}\approx$ 0.87

滑移面上原子堆积越密集,位错滑移越容易。因此,hcp 点阵原子堆垛密度为 91% 的滑移面应优于 bcc 点阵中堆垛密度仅为 83% 的滑移面。然而,塑性变形所需的能量还直接取决于最小滑移距离。在 hcp 结构中,最小滑移距离 $b_{min}=a$,而 bcc 结构 $b_{min}=0.87a$,a 为各自晶胞的点阵常数。所以,bcc 晶格的塑性变形能力优于 hcp 晶格。

α-Ti 的点阵常数为 $a=0.295$nm,$c=0.468$nm,轴比 $c/a=1.587$,理想 $c/a=1.633$。在 hcp 晶格中溶入间隙原子(如 C、N 或 O)或者溶入原子半径小于 Ti 的置换原子(如 Al),均会稍微提高 α-Ti 的 c/a 值。900℃ 时体心立方(bcc)β-Ti 的点阵常数 $a=0.332$nm。

与理想密排六方结构相比,α-Ti 的 c/a 值的减小增大了棱柱面的间距,这使得棱柱面的堆垛密度较基面有所增大,从而有利于棱柱面上的滑移而不是基面上的滑移。它的棱柱面和基面各有 3 个滑移系,然而各自只有两个是相互独立的,因而只有 4 个独立的滑移系。棱锥面上的滑移不能进一步增加滑移系的数目,因为这种滑移是由一个棱锥面滑移和一个基面滑移所组成的,因而不能看成一个独立的滑移系。然而,根据 Von Mises 准则,金属发生均匀塑性变形时至少需要 5 个独立滑移系。事实上,多晶的六方 α-Ti 极难变形,所观察到的有限塑性是由第二滑移系的附加变形以及可能的机械孪晶所产生的,α-Ti 中 3 个激活滑移系如图 3-2 所示。

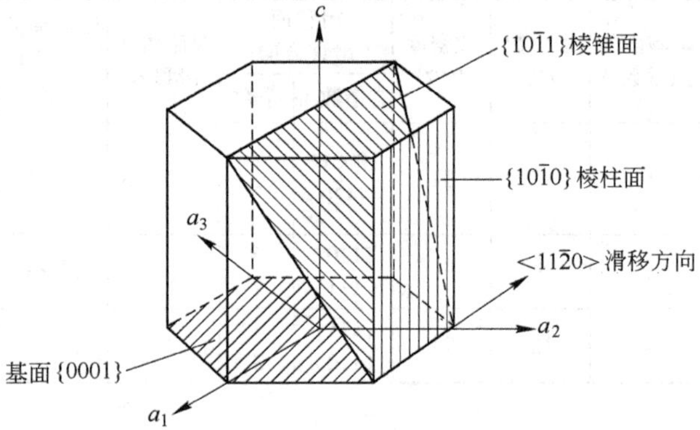

图 3-2　α-Ti 中 3 个激活滑移系

3.1.2　β/α 相转变

钛从 β 相区温度冷却下来时,体心立方 β 相中的最密排面{110}转变为六方 α 相的基面{0001}。α 相中基面的面间距略大于 β 相中相应{110}面的面间距(见表 3-1 中 b_{min}/a)。所以,β/α 相转变会使晶格产生轻微畸变。这会导致 α 相 hcp 中的 c 轴相对于 a 轴轻微收缩,使 c/a 值低于理想密排六方晶格的 c/a 值。

相应地,体心立方 β-Ti 的滑移面与六方 α-Ti 的基面转变及其各自的滑移方向符合以下 Burgers 取向关系:$\{0001\}_{\alpha}//\{110\}_{\beta}$;$\{11\bar{2}0\}_{\alpha}//\{1\bar{1}1\}_{\beta}$。

所以上述的位向关系被称为柏格斯关系。β-Ti 晶胞的 6 个滑移面和 2 个滑移方向为 α 相提供了最多 12 个不同取向,这种取向变化也可以通过金相显微组织反映出来。在尺寸达数微米的初始 β 晶粒内,单个的 α 相层片束按照上述的 12 种取向关系形核并长大,单个层片束内的取向相同。大量(但最多为 12 种)的可能取向导致层片束的取向多次重复,结果形成了一种非常有特色的显微组织。这种显微组织从外观上类似于篮网的编织图案,因而被称为篮网排列组织。

3.1.3 扩散

由于 hcp 的 α-Ti 中原子堆垛密度大,因此,α-Ti 中的扩散比 bcc 的 β-Ti 中的扩散缓慢得多,α-Ti 的扩散系数比 β-Ti 的小几个数量级。

α-Ti 和 β-Ti 的扩散系数受显微组织的影响,从而影响两相的力学性能,如抗蠕变性、热加工性能和超塑性。α-Ti 的体扩散有限,使得 α-Ti 和含 α 相的钛合金的抗蠕变性优于 β-Ti。

低于 β 转变温度时,与时间和温度有关的扩散过程非常缓慢。因此,快速冷却形成非常细小的层片状组织,而缓慢冷却得到粗大的层片状组织。α 相层片的径向扩展方向平行于 β 相的{110}晶面。如果冷速足够大,那么每个层片不仅会在晶界上形核,而且还会在单个层片束的生长前沿形核。

从马氏体相变开始温度以上快速冷却时,bcc 的 β 相通过无扩散相变过程完全转变为 hcp 的 α 相,生成亚稳的针状马氏体组织。

马氏体转变不会产生脆性。但是与 α-Ti 相比,转变后的强度会略有提高。马氏体可以进一步分解成六方形 α′马氏体和斜方形 α″马氏体。在低于 900℃左右淬火过程中可以观察到斜方形 α″马氏体,它具有良好的变形性能。六方形 α′马氏体与 β 相的位向关系类似于 α 相与 β 相的位向关系。由于马氏体转变是无扩散形核过程,因此马氏体组织也具有非常细小的针形篮网排列组织特征。

3.2 钛及钛合金的可锻性和工艺塑性

钛合金的可锻性比钢和铝合金差。各类钛合金的流动应力比 4340 合金钢要高 4 ~5 倍。4340 合金钢(应变速率 $27s^{-1}$)与常用锻造钛合金在应变速率为 $10s^{-1}$情况下的流动应力图如图 3-3 所示。

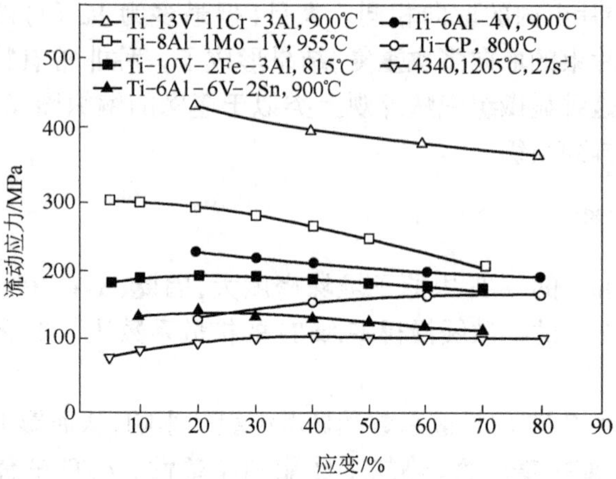

图 3-3 4340 合金钢(应变速率 $27s^{-1}$)与常用锻造钛合金在应变速率为 $10s^{-1}$ 情况下的流动应力图

金属单晶体的塑性变形主要通过滑移和孪晶两种方式进行。滑移是在外力作用下晶体的一部分沿一定的晶面和结晶方向相对于晶体的另一部分产生位移,滑移后晶体各部分的位向仍然保持一致。滑移一般是沿着原子排列最密或较密的晶面并沿着原子线密度最大的方向进行的,这些发生滑移的结晶面和方向分别称为滑移面和滑移方向。滑移面及在其上进行的滑移方向构成滑移系。滑移系的多少在很大程度上决定了材料变形的能力。

在外力作用下,变形首先在那些取向最适宜的晶粒中沿最有利的滑移面进行。位错沿滑移面运动一般不能直接穿过晶界,随着变形过程的进行,在晶界附近聚集的位错越来越多,造成的应力越来越大,如多晶体的晶粒有较多的滑移系,变形则转到抗力较小的滑移系进行。面心立方和体心立方晶体结构的滑移系较多,其多晶体表现出良好的塑性。由于位向不同和晶界的约束,各个晶粒变形的先后不一致,有的晶粒变形大,有的变形小,同一晶粒内变形也不一致,从而导致多晶体变形的不均匀性。

钛和钛合金有两种同素异构体。在低温下,六方晶格组织的 α 相滑移面数目有限,所以塑性变形相对困难,当温度升高时,六方晶格中的滑移面增多，并有一部分六方晶格的 α 相转变成体心晶格的 β 相，所以钛及钛合金的塑性随温度的升高而大大提高。当温度超过相变点进入 β 相区时，金属的组织由六方晶格全部转变为体心立方晶格，这时钛及钛合金的塑性特别高，因此，钛合金一般在热态下进行压力加工。

由于钛合金在高温下与气体有很强的化学亲和力，极容易氧化，在锻压加热过程中，钛合金吸收氧、氢、氮等气体，也容易和碳反应。不但使钛合金工艺塑性降低，而且使材料的性能恶化，其中氢的影响最大。因此，加热中应注意防止污染。

从有关的塑性图可以看出，铸态钛合金只有有限的塑性，经过变形后的材料，塑性大大提高。

变形程度和应变速率对钛合金的工艺塑性有很大的影响，在速度为 9m/s 的落锤和 0.003m/s 的液压机上对铸态 TA3 合金做镦粗试验的结果表明，锤上镦粗的允许变形程度大于 45%，而液压机上镦粗的允许变形程度则可达 60%。

部分钛合金的工艺塑性图如图 3-4 ~ 图 3-17 所示。

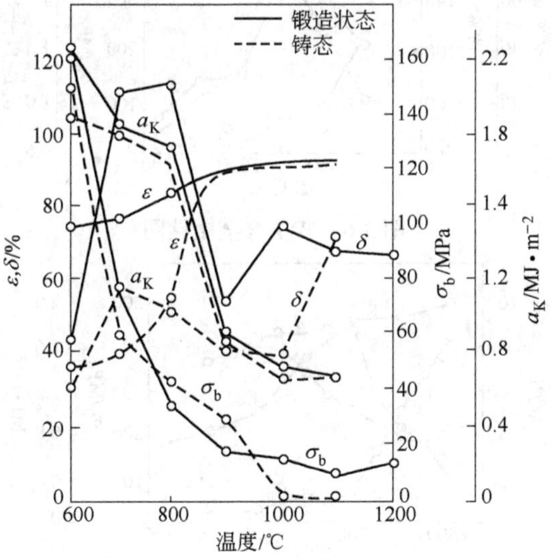

图 3-4 TA1 合金的工艺塑性

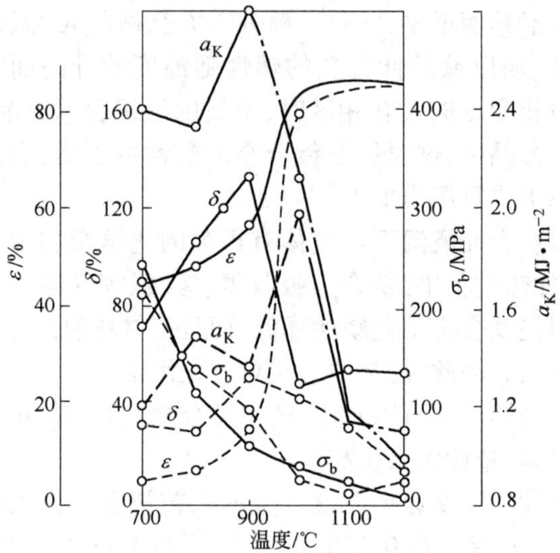

图 3-5　TA6 合金塑性图

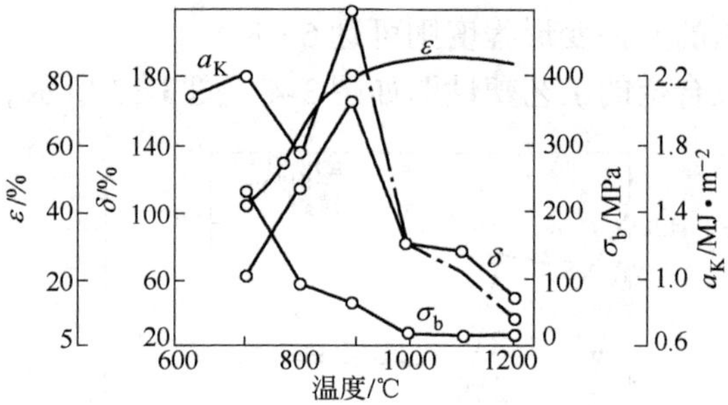

图 3-6　TA7 合金塑性图

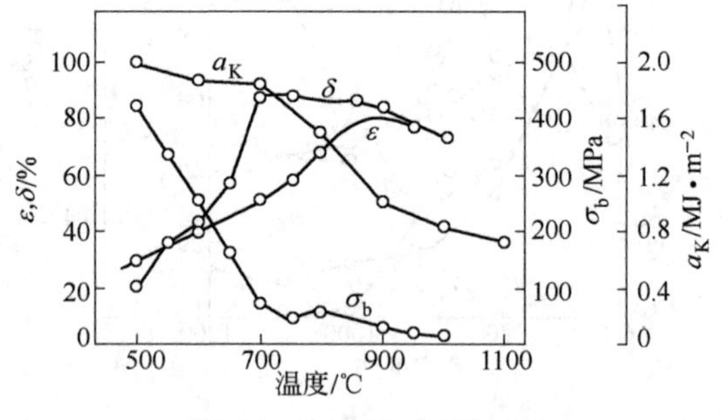

图 3-7　TC2 合金塑性图

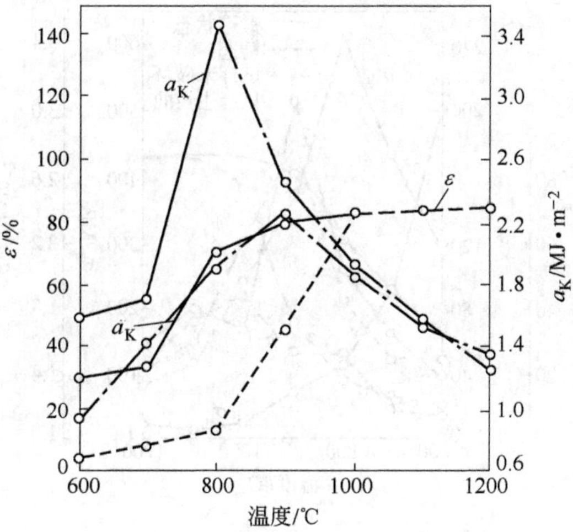

图 3-8 TC4 合金塑性图

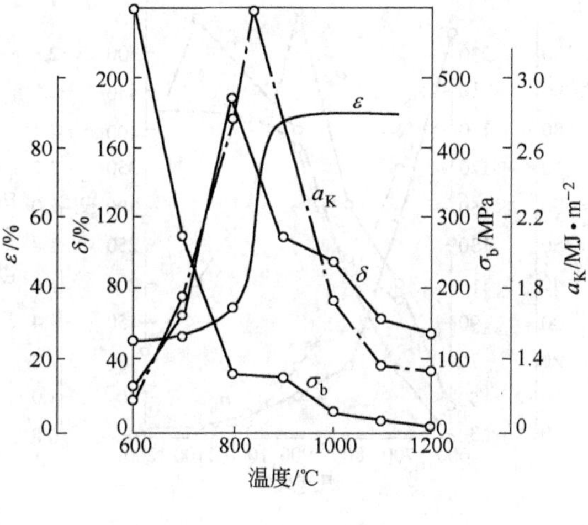

图 3-9 TC5 合金塑性图

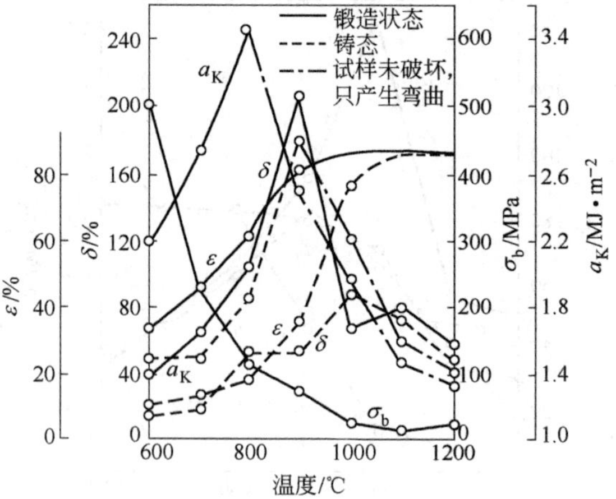

图 3-10　TC6 合金塑性图

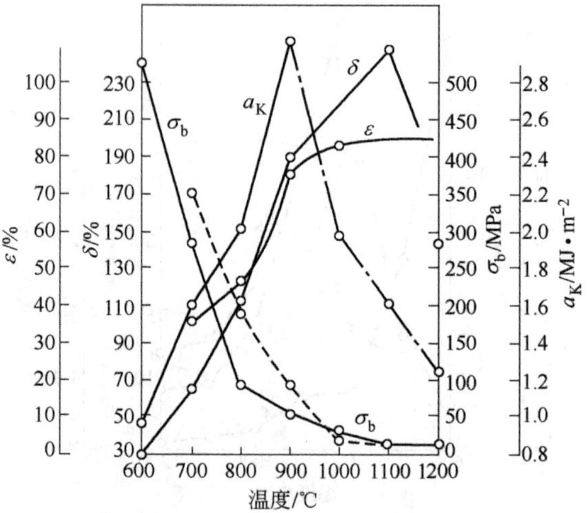

图 3-11　TC8 合金塑性图

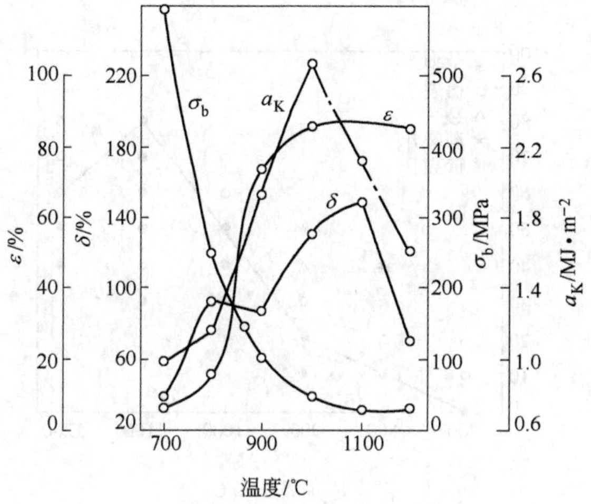

图 3-12 TC9 合金塑性图

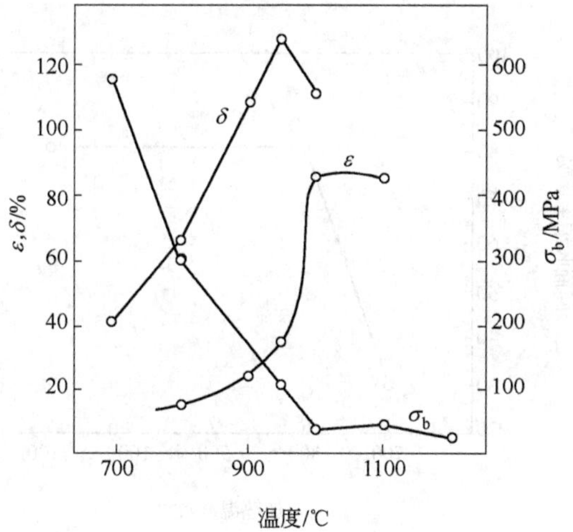

图 3-13 TC18 合金塑性图

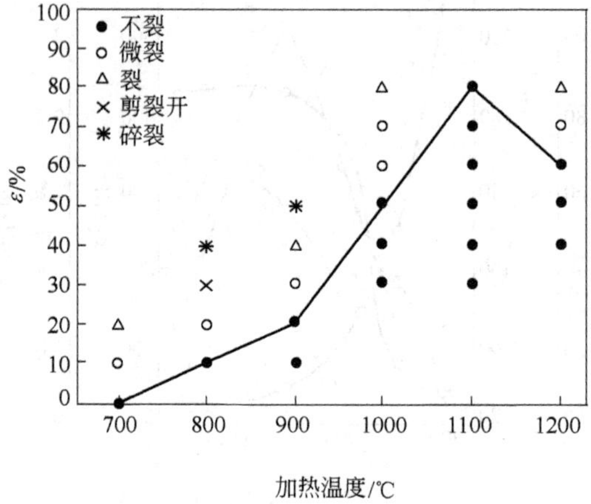

图 3-14　TC11 合金(铸态)塑性图

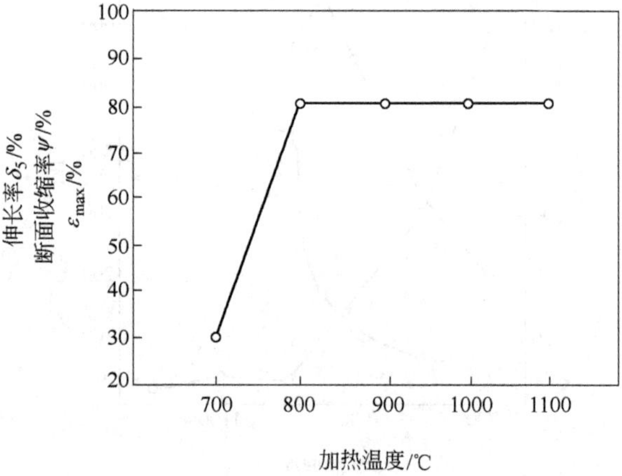

图 3-15　TC11 合金塑性图

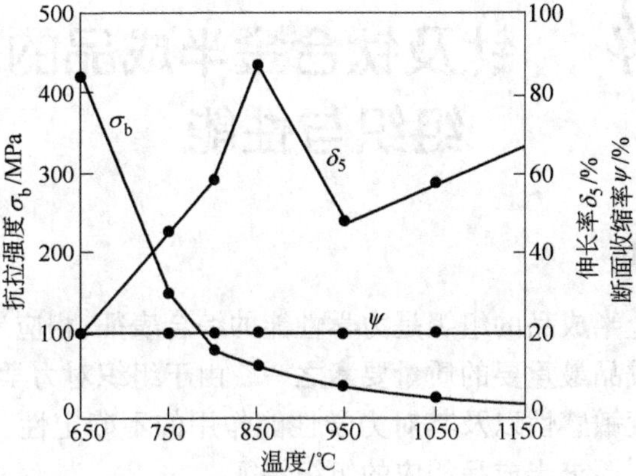

图 3-16 TB8 合金工艺塑性

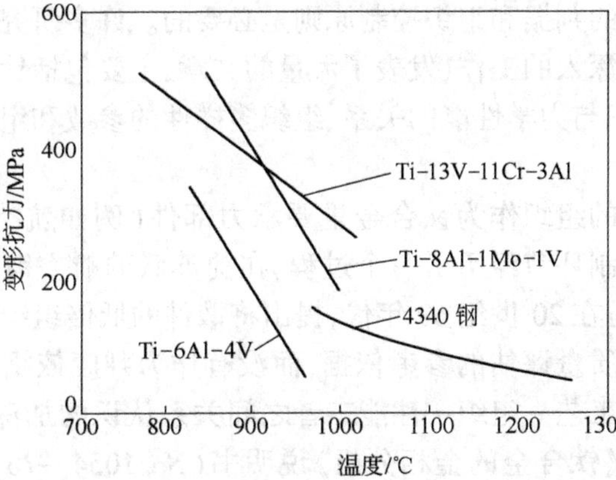

图 3-17 变形温度对三类钛合金和 4340 合金钢的变形抗力的影响

4 钛及钛合金半成品的组织与性能

4.1 概述

钛合金半成品的组织是力学性能的综合表征，相应地，它也是钛合金半成品最重要的质量要素之一。由于组织对力学性能的影响具有高度敏感性以及其对力学性能作用的不确定性，因此有必要研究不同要求半成品相应的组织特征。

钛合金半成品的组织又与其相应的热工艺路线有着明显的因果关系和遗传性。就钛合金组织的复杂性和多样性来说，尤其是对(α+β)两相钛合金，从总体概念上研究显微组织的结构要素对于建立组织的判据和组织控制原则是必要的。许多研究人员在这方面开展了深入的工作，发表了大量的文章，主要包括钛合金组织的分类、组织与力学性能的关系、组织多样性的参数和组织评价方法等。

半成品的组织作为钛合金重要承力部件(例如航空产品)质量的重要控制环节经历了一个过程，在前苏联的航空锻件技术要求中，开始是在20世纪60年代，提出将锻件的低倍组织和显微组织作为锻件质量评估的参考依据，而没有作为判废依据。随着对钛合金的热工艺—组织—性能三者之间关系认识的加深，1976年正式提出了《钛合金的金相分析》说明书(No. 1054—76)，提供了10级低倍组织评级图，(α+β)合金、近α合金、α合金和BT22、BT16的显微组织评级图，将钛合金锻件的组织判据列为锻件技术条件的必测项目和产品判废的重要依据之一，不同合金类型(例如近α合金、(α+β)合金、近β合金)、不同产品(如叶片、盘件等)有了不同的组织标准和典型的组织照片。工业发达国家的航空锻件也相继明确了“可接受”和“不可接受”的组织要求。

俄罗斯 B. K. Алексаноров 和 H. Ф. Аношки 等人的研究结果指出:组织类型及其参数对钛合金力学性能的影响比合金化元素和杂质含量波动的影响更加强烈。对于退火 BT3-1(TC6)和 BT9(TC11)合金,在化学成分固定的情况下,随着组织因素的变化,抗拉强度 σ_b 波动的最大值可达 180MPa,伸长率 δ 达 15%,断面收缩率 ψ 达 45%,冲击韧性 α_{ku} 达 50J/cm^2,断裂韧性达 60MPa·m$^{\frac{1}{2}}$,光滑试样的疲劳极限达 150MPa,持久强度和蠕变强度(σ_{100}^{450} 和 $\sigma_{0.2/100}^{450}$)达 80~120MPa。钛合金力学性能对于显微组织类型和参数以及热处理制度如此高的敏感性,一方面造成了工艺上的困难,另一方面使得一个合金可望获得各种不同的强度、塑性和使用性能的匹配。

在生产实践中,人们通常通过肉眼或低倍(10~35 倍)来观察钛合金半成品截面的宏观组织,通过高倍(100~500 倍)来观察截面的微观组织,以判定半成品的组织。下面对钛合金半成品的宏观和微观组织分别予以讨论。

4.2 变形钛合金的低倍组织及其评定方法

钛合金半成品、锻件或零件的低倍组织检查是为了评定在整个坯料或零件中组织的类别和均匀性,并显露冶金缺陷和化学成分偏析等。在典型的技术条件中,都明确表示对低倍检查的要求为:低倍组织不允许有肉眼可见的裂纹、折叠、气孔、金属或非金属夹杂物、偏析、缩尾及其他肉眼可见的冶金缺陷。除此之外,还必然要讨论低倍试片的组织特征,如清晰晶、模糊晶、晶粒度以及晶粒不等轴程度等,下面讨论钛合金半成品低倍试片的 3 个组织参数。

俄罗斯相关的技术文件认为,描述和评定钛合金低倍组织有 3 个主要参数,即评定晶粒大小(级别)D_M、晶粒的不等轴程度 K_D 和基色(Тональности)或对比度 T。

4.2.1　晶粒大小 D_M

低倍组织晶粒度的图像取决于晶粒的晶体学位向与入射光线的关系。当晶粒度尺寸达到人眼的分辨能力（100 ~ 150μm）时，这些组织要素在低倍组织中是可以看见的，如原始 β 晶粒和 α 集束基本上属于这种可见要素。应该强调的是：钛合金组织中的低倍晶粒和显微晶粒不总是相同的，并且可能有很大的尺寸差别。研究结果表明，这些要素的尺寸有以下 3 种可能性（见图 4-1）：

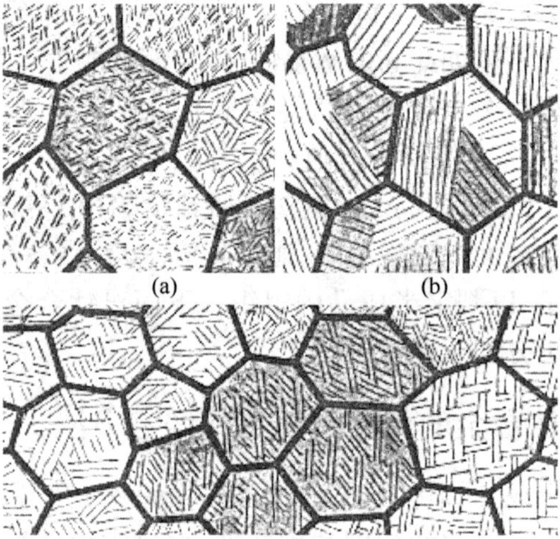

图 4-1　显微组织要素对低倍组织中显露的晶粒尺寸的影响示意图
(a) $D_M = D_\beta$；(b) $D_M < D_\beta$；(c) $D_M > D_\beta$

（1）在低倍组织中观察到的晶粒尺寸与显微组织中 β 晶粒大小是一致的（$D_M = D_\beta$）——当 $d \leqslant (100 \sim 150)$ μm，d 为 α 集束尺寸；

（2）观察到的低倍组织中的晶粒尺寸小于显微组织中 β 晶粒大小（$D_M < D_\beta$）——当 $d > (100 \sim 150)$ μm；

（3）观察到的低倍组织中的晶粒尺寸大于 β 晶粒大小（$D_M >$

D_β)——当在相邻 β 晶粒间的边界上的晶体学位向差别较小时($\phi<10°$),这时两个或几个晶粒在低倍组织中被误视为是一个粗大的晶粒。在所有情况下,β 晶粒越细小,在低倍组织中显露的晶粒也越细小。通过对比低倍 10 级标准评级图(见图 4-2)可以对低倍晶粒进行评定。

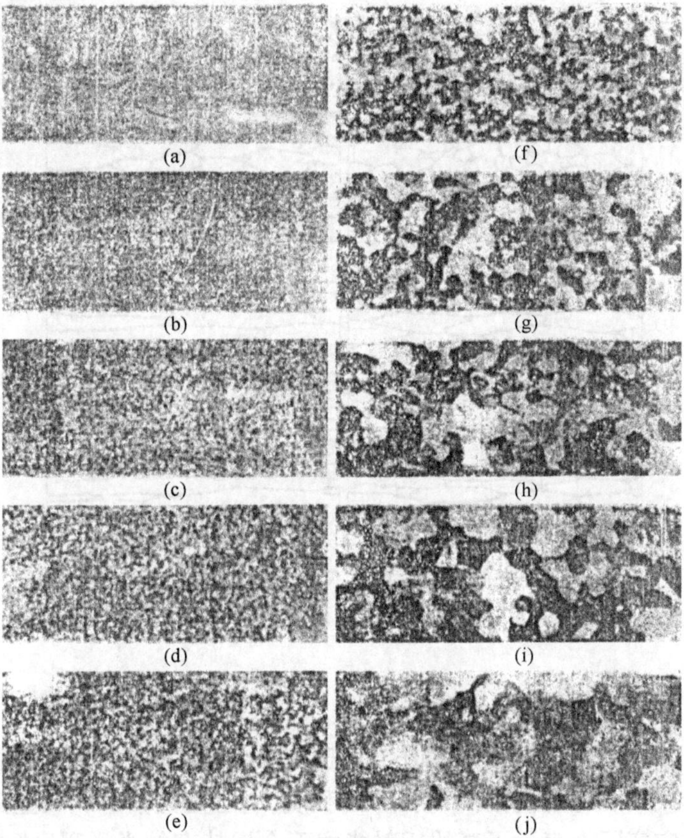

图 4-2 低倍试片晶粒评级图

4.2.2 晶粒的不等轴程度 K_D

在 β 区和(α+β)区温度下的变形会引起晶粒形状的变化,

当低倍组织处于平行作用力方向的平面时,等轴形状的晶粒变成了椭圆体的形状。因此,在检验低倍组织时,在评定晶粒大小的同时还应评定晶粒纵向和横向尺寸的不等轴程度。为了进行评定,可以利用标准图片进行对比的方法,这种方法就是将被检验的低倍组织与图 4-3 所示的标准图片评级图进行对比。

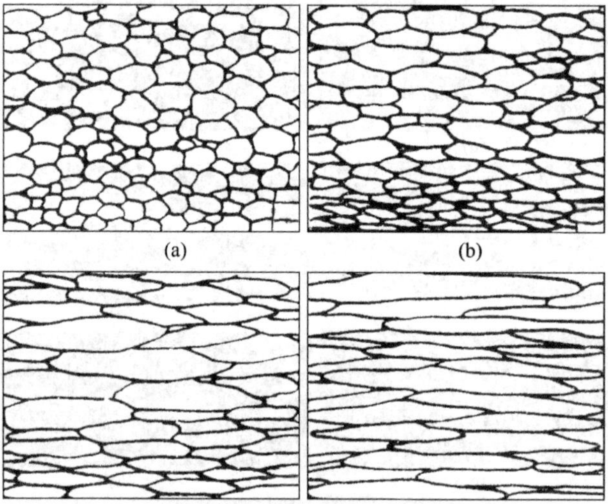

图 4-3　低倍组织中晶粒不等轴程度评定用评级图
(a)$K_D=1.5$;(b)$K_D=3$;(c)$K_D=5$;(d)$K_D=10$

4.2.3　基色 *T*

基色即图形对比度,即区别低倍组织的完全光泽(清晰晶)、光泽模糊和完全模糊(模糊晶)的程度,它也是低倍组织的重要特性。它实际上表示了高的反射能力下金属持有的光泽程度(在可见光谱部分的反射系数超过 0.7)。当入射光线的角度、低倍组织的组织要素与人眼呈合理的反射角度时,就能看到这些组织呈清晰晶,如前所述,这些组织要素就是原始 β 晶粒和 α 集束。当被观察的低倍表面旋转时,组织的图像会发生变化,另有一批与入射光线符合反射条件的组织要素被观察到，这些晶粒又成为清晰晶。

在(α+β)区温度变形后，由于多边形化和再结晶过程的发生，导致在一个原始 β 晶粒范围内产生的晶粒和亚晶粒取向不同，使反射光漫散，光泽程度降低，即模糊度增加。由于上述过程伴随着片状组织变成球状组织，所以基色实际上还与 α 片层的球化程度 C 有关。因此，从总体上说，钛合金低倍组织的基色主要取决于 β 晶粒(α 集群)尺寸和 α 片层的球化程度。大量的研究工作概括了显微组织、低倍组织的级别与基色的关系，如图 4-4 所示。

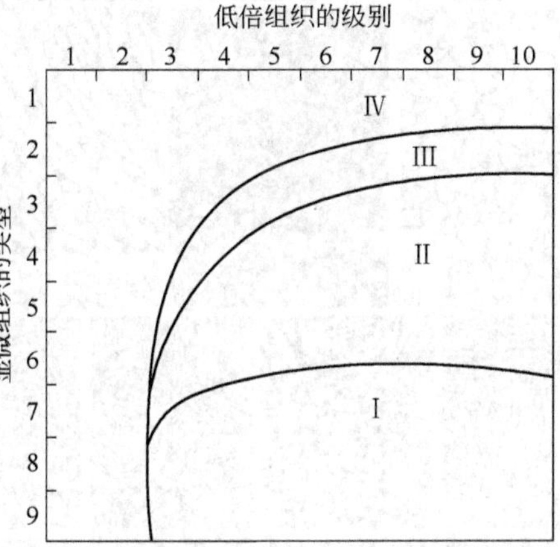

图 4-4 低倍组织基色图

Ⅰ—完全光泽的(清晰的)晶粒；Ⅱ—主要是光泽的(半清晰的)晶粒；
Ⅲ—主要是模糊的(半模糊的)晶粒；Ⅳ—模糊的晶粒

图 4-4 中低倍组织的级别是 10 级评级图(见图 4-2)。显微组织类型中组织球化的程度是按 ГОСТ 190197—89《钛合金自由锻、模锻盘和轴类锻件通用技术条件》中的 9 类标准的编号，如图 4-5 所示。其中，类型编号的增加意味着 α 球化程度的降低，片状化程度的增加。关于该图谱的详细介绍参见第 4.4 节。

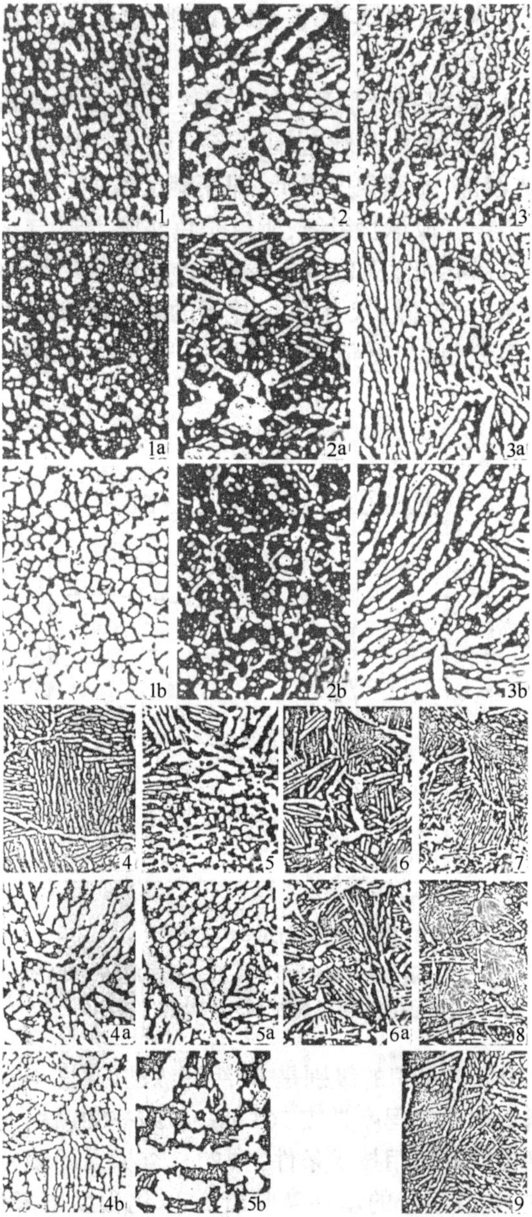

图 4-5　ГОСТ 190197—89 中的 9 类显微组织类型图

在低倍组织基色图4-4中示出了4个等级：

Ⅰ——完全光泽的低倍组织(清晰晶)。旋转低倍试片时，这种组织中所有的晶粒轮流进入反射位置而呈现光泽，这些同时呈现光泽的晶粒数量约为低倍试片面积的40%～50%，对应于β退火的常见低倍组织。

Ⅱ——主要是有光泽的混合低倍组织(半清晰晶)。旋转低倍试片时，这种组织中大约60%～80%的所有晶粒轮流呈现光泽，而同时呈现光泽的晶粒数量为低倍试片面积的30%～40%。

Ⅲ——主要是模糊的混合低倍组织(半模糊晶)。旋转低倍试片时，这种组织中只有不大于20%～40%的所有晶粒轮流呈现光泽，而在一个固定位置时，其面积不大于10%～20%的所有晶粒是可见的。

Ⅳ——模糊低倍组织(模糊晶)。低倍试片在任何位置这种组织都不存在呈现光泽的晶粒，这就是一般说的α相充分等轴又细化的低倍组织。

从低倍组织基色图4-4中可以看出：当β晶粒尺寸大于100～150μm时，在片状或球状化程度小的过渡显微组织情况下，观察到低倍组织有光泽的基色。当球化程度高($C\geqslant70\%\sim80\%$)的过渡显微组织情况下，低倍组织才能呈完全模糊。与此同时，当β晶粒尺寸小于100～150μm时，在片状和任何一种过渡组织情况下，低倍组织都能呈模糊状。基色是混合的低倍组织，对应的是α集束加不同程度等轴α化的过渡显微组织。

从低倍组织基色图4-4应该得出的并已经用于完善半成品生产工艺的一个重要且有实际意义的结论是：原始组织越细小，越可以在较小球化程度下确保对于大部分半成品品种所要求的低倍组织模糊基色(当$D_\beta=2000\sim3000\mu m$，则球化程度$C\geqslant80\%$；当$D_\beta=1000\sim1500\mu m$，则球化程度$C\geqslant70\%$；当$D_\beta=300\sim600\mu m$，则球化程度$C\geqslant60\%$)。相应得出：细化原始组织意味着有可能减小在(α+β)区温度下所要求的变形程度(见图4-6)。从图中也可以看出：在相同的变形程度$\varepsilon\approx40\%$时，当$D_\beta=400\mu m$，材料球化程度$C\approx50\%$；当$D_\beta=1000\mu m$，球化程度$C\approx30\%$；而当$D_\beta=$

3000μm,球化程度 $C<20\%$。

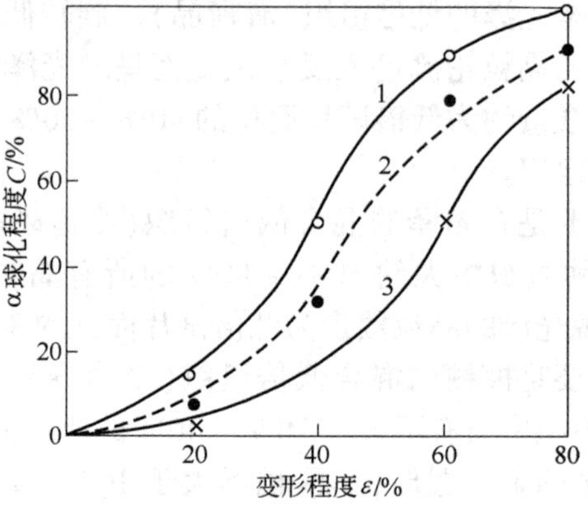

图 4-6　原始组织对 BT3－1(TC6)合金镦粗坯料组织中 α 片层球化程度的影响

1—$D_\beta=400\mu m$;2—$D_\beta=1000\mu m$;3—$D_\beta=3000\mu m$

值得指出的是,图 4-4 表明,低倍呈清晰晶时,对应的显微组织未必是全片状组织,也可能是等轴或双态类型组织;低倍呈模糊晶时,显微组织未必全是等轴晶,也可能是片状或双态组织类型,所以在钛合金低倍组织和显微组织之间不存在简单的一一对应关系。因此,对半成品或零件是否具有允许的低倍组织的质量判断,除了检查各种缺陷的情况外,应该与显微组织检查的结果结合起来综合判定。

综上所述,为了全面地描述钛合金半成品的低倍组织,必须利用 3 个参数:晶粒度、晶粒的不等轴程度和基色,对其中每一个参数都应进行定量评定。

4.3　钛合金半成品显微组织的多样性与分类

钛合金特别是(α＋β)两相钛合金,显微组织的多样性与 β→α 相变和再结晶密切相关。多样性表现为 β 晶粒的大小、α 析出相的形貌与尺寸、不同形貌 α 析出相的体积分数、α 相与残余 β 相的体积分数比例以及不同亚稳相的可能性。要描述和理解钛合金这些复杂的显微组织的必要条件之一是要对不同类型显微组织进行统一的分类,有统一的科学术语,以及从物理学角度来定义显微组织的结构要素。

俄罗斯的 M. Y. Brun、N. A. Anoshkin 和 G. V. Shakhanova 等人的研究认为,钛合金显微组织分类的原则是初生 α 相(primary α,α_p)颗粒的形态。未经任何变形的初生 α 相显示的是无畸变的平直片层,而再结晶和球化过程的 α 相则类似于等轴球状。根据这个观点,他们把($\alpha+\beta$)钛合金半成品的显微组织分为 3 类:片状组织、球状(或等轴)组织、片状－球状组织(双态组织,作为片层向球状过渡的过渡组织的代表,在性能上具备片状和球状两类组织性能的良好匹配),如图 4-7 所示。

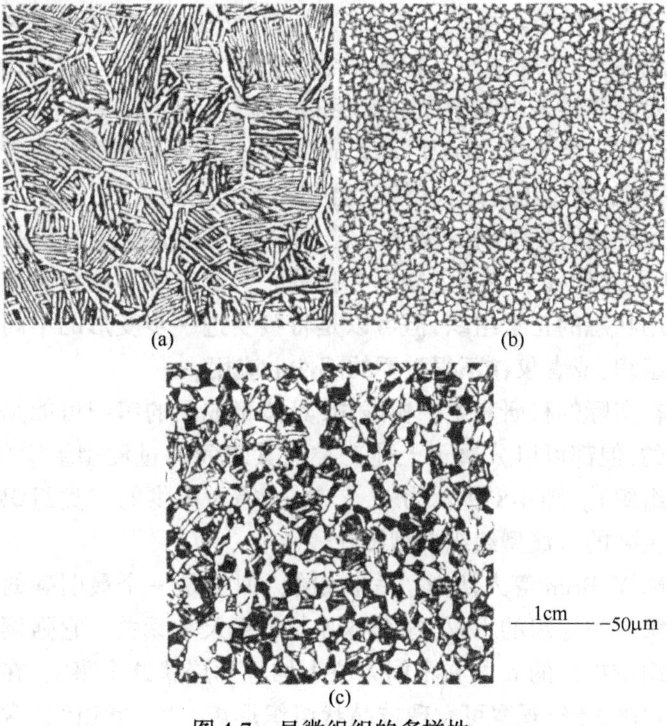

图 4-7 显微组织的多样性

(a)片状组织;(b)球状组织;(c)双态组织

片状组织的半成品具有高的强度、断裂韧度(K_{IC})和高的热强性,但削弱了塑性。为了获得满意的塑性,β 晶粒尺寸 D 不应超过 100 ~ 200μm。与之相反,球状组织塑性和疲劳性能好,但强度和断裂韧度比片状组织要低。α 颗粒尺寸为 2 ~ 4μm 的球状组织具有高的塑性和相当高的强度。钛合金的双态组织具有各种力学性能的良好匹配。双态组织综合了片状组织和球状组织的性能。当 β 晶粒度为 20 ~ 40μm(即再结晶 β 晶粒——SERB)时,等轴 α 相体积分数为 10% ~ 30%,具有良好的综合性能。因此,以上组织的共同特征是细小的晶粒。一般认为双态和球状组织在形态上的区别在于等轴 α 相体积分数小于 50% 时为双态组织,而大于 50% 时为等轴组织。

钛合金的铸态组织一般为粗大的片状组织,这意味着生产变形半成品时,必须将 β 晶粒细化至原来粒度的 1/1000 以下,另外,还需要改变铸造组织中晶内 α 相的形貌。

还有一类组织,即工厂退火的组织,是指那些在两相区较低温度下锻造,经过工厂退火(较低温度的不完全退火)后的半成品组织。这种组织的片状 α 得到一定的变形但没有完成再结晶的转变,所以片状 α 有明显的变形和扭曲。这类组织不应该是重要锻件使用状态的正常组织,但可以是将接受进一步变形的中间半成品的组织,或者仅在不很重要的部件上应用。

在实际的科研和生产实践中,具体半成品的组织可能是千变万化的,但都可以分属于上述三类及其之间的过渡型组织(包括双态组织)。图 4-8 所示为 M. Y. Brun 等人提供的三类组织及其各种主要的过渡型组织典型图片。

M. Y. Brun 等人认为,“片状组织”似乎是一个最明确的用以描述第一类组织的术语,这个称呼与组织尺寸无关。它强调在这类组织中析出的 α 相在不同方位上均呈片层状这个事实,在高倍下(>1000 倍)观察可发现枝晶状组织形貌。“球状组织”常用一个不完全严格的“等轴组织”这个术语来描述,而实际上这类组织

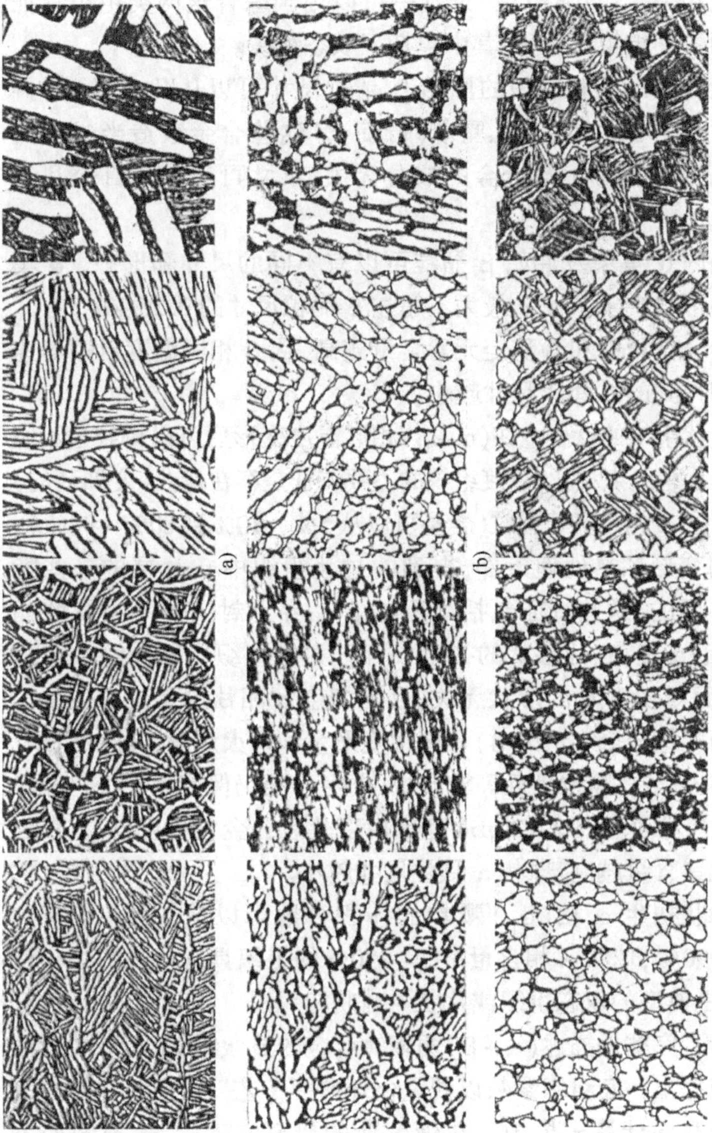

图 4-8 (α+β)钛合金典型组织
(a)片状组织;(b)过渡组织;(c)球状组织

中的 α 相并不是等轴状的，"片层"和"球状"组织直接与析出的 α 相形貌相关。"过渡组织"是唯一可以用于综合这两类组织特征之间的各种组织的通称，其中包括了双态组织。

钛合金的片状组织的原始 β 晶粒尺寸可以从几十微米(再结晶后)至几毫米甚至几厘米(铸锭)。这些合金锻造半成品的典型 β 晶粒实际上与合金的成分无关，尺寸可以达几百至几千微米。

晶内 α 集束及原始 β 晶粒可以有不同的尺寸和形态。α 集束最小可以小于 10μm，最大不超过 β 晶粒尺寸的 0.25～0.3 倍。

合金化程度和 β 稳定元素含量越高，从 β 相区温度以中等速度冷却得到的 α 集束尺寸越小。

片状组织的钛合金在(α+β)相区温度变形后可以得到过渡组织。和片状组织相比，过渡组织的主要特征是存在弯曲(变形后的)片状初生 α 相和球状颗粒(含量可以从 5%～10% 到 80%～90%)。不同的变形和热处理条件，得到的过渡组织中 α 片层的一些特征是不同的，这些特征包括了原始 β 晶界上封闭但不连续的晶界 α 相、α 集束、片层状的初生 α 相。过渡组织中的次生 α 相呈片状，而与初生 α 的形状无关，且与初生 α 相片层无位向关系。

两相钛合金在(α+β)相区大变形量和退火后得到球状组织，初生 α 相(α_p)颗粒呈近等轴形貌，次生 α 相仍保持片层状。球状 α 颗粒尺寸可以在 2～20μm 范围内变化。合金化程度越高，β 稳定化元素含量越高，球状 α 颗粒尺寸越小。

球状初生 α 相(α_p)颗粒的体积分数可以从 5%～10% 到 80%～90%，球状 α 相含量 10%～30% 的组织具有良好的综合性能，这是典型的双态组织或片状-球状组织。

为了完整地描述(α+β)两相钛合金的显微组织，对不同类型的组织提出一套组织参数以便量化地研究工艺—组织—性能的关系以及开展计算机模拟。在俄罗斯的研究文献中，一般做如下定义：

(1)片层组织的组织参数。1)原始 β 晶粒尺寸 D、不等轴度 K、再结晶程度 λ;2)α 集束尺寸 d;3)初生和次生 α 相片层厚度 b_1、b_2;4)不同的 α 相体积分数 γ_α。

(2)过渡组织的组织参数。除上述片层组织的参数外,还包括:1)不同 α 集束中 α 片最大畸变角度 φ;2)球化程度 C 和球状 α 相颗粒尺寸 b_1。

(3)球状(等轴)组织的组织参数。1)球形初生 α 相(α_p)颗粒尺寸 b_1;2)次生 α 相片层厚度 b_2;3)不同形貌 α 相体积分数 γ_α。

在实际工作中,采用定量金相来测定如此多的组织参数是非常费劲的。因此,M. Y. Brun 等人提出了一套绘制的参照图谱进行视觉的直接对比。用与组织参照图比较的方法代替直接测量的方法来分析组织,在一定程度上降低了一些精度(误差为 10% ~ 15%),但它的优点是简便可行,而且节省时间。

把(α+β)钛合金显微组织分为三大类的观点与 20 世纪 60 年代美国人提出的、现在仍被普遍引用的分为四类组织的观点(见图 4-9,即魏氏组织、网篮组织、双态组织和等轴组织)并没有明显的矛盾,而是更为宽泛和接近实际(所谓网篮组织和双态组织都是包括在过渡型组织之内,魏氏组织是借用了钢的金相学名词,用片层组织更恰当)。而分为四类的具体典型组织也常常随合金和工艺而有所变化。

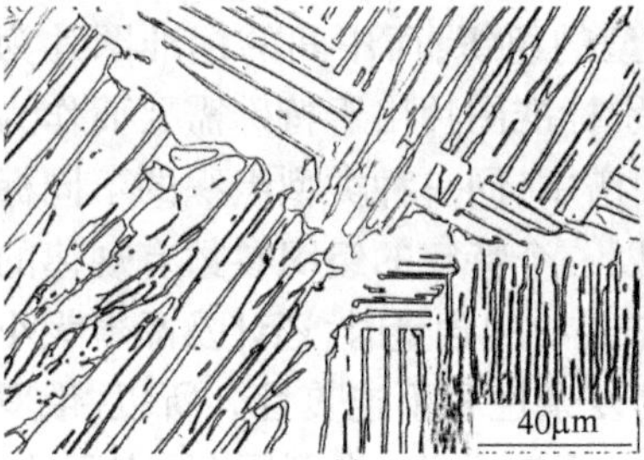

(a)

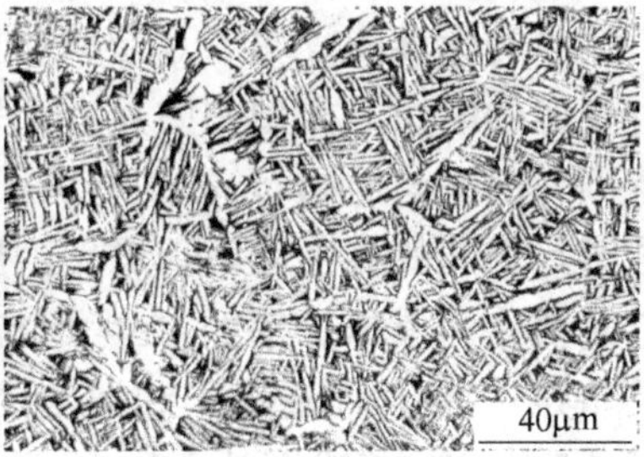

(b)

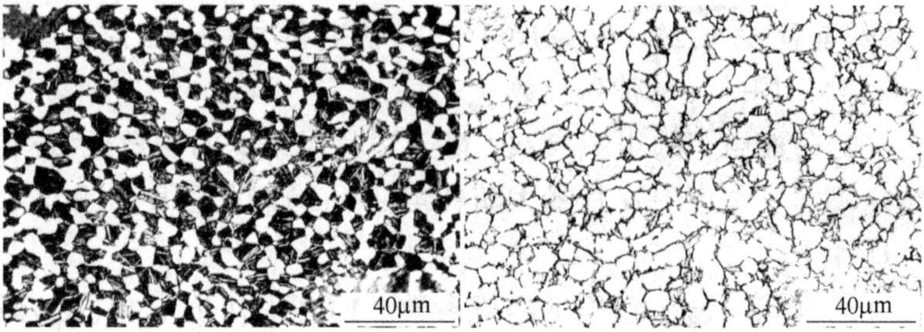

(c)　　(d)

图 4-9　钛合金典型的四类显微组织

(a)魏氏组织;(b)网篮组织;(c)双态组织;(d)等轴组织

4.4　半成品显微组织评定

显微组织代表局部区域的金属组织。α、近 α、(α + β)合金和 β 合金半成品显微组织有代表性的类型一般列于相应技术文件的标准图片评级图中,这些评级图(或称类型图)在批量产品检验中用于判定允许和不允许的组织。半成品的实际组织可能与这些标准图片在组织的结构参数和尺寸、各种相的体积分数是有一些区别的,但从组织类别上不失为判别锻件显微组织允许和不允许的依据。

在俄罗斯现行显微组织类型图中,选择标准图片时主要考虑:(1)引起塑性和疲劳强度下降的 α 相片层化程度的增加;(2)原始 β 晶粒的粗化。在所有显微组织类型图中,前几个编号的标准图片基本上都属于球状类型的组织,而 α 相片层化比较弱;最后几个编号的标准图片属于片层状类型的组织;而中间的标准图片为过渡型的组织。类型图中只有个别标准图片出于特殊需要而作为特例列出。与此同时,在现行的图谱中,同一种类型组织的不同标准图片之间的差别通常很难做到以一个特定的组织参数有规律的定量变化为依据。例如,在考虑初生 α 的含量时,还计及晶粒大小及晶界 α 等,从而造成组织评定的复杂性和不连贯性。所以,俄罗斯的显微组织标准图片不称为“分级图”,称为“类型图”更实际些。

此外,各类组织有各自相对应的性能特点,有的突出塑性、抗疲劳性,而有的突出抗断裂性能等,不是简单的一个比另一个更好的关系,因此,称“类型图”是恰当的。具体锻件的显微组织允许与不允许应根据设计对性能和组织的要求,在技术条件中具体规定。

也有专家认为:至少同一类型不同牌号的标准组织图谱基本上是相同的,所以由以一定的定量特征相区别的按规律分布的一套标准图片组成的评级图可以被同类合金所共用。

在 ГОСТ 190197—89(见图 4-5)中提供了这样的分类图,其基础是最大程度地按照显微组织特点、组织参数按顺序的变化和与实践中可控制的变形和热处理主要参数的关系来排列的。这些参数包括:在(α+β)变形和热处理条件下析出的球状和过渡组织的α片层球化程度(图谱横向,如1,2,3,…)、初生及次生α相体积分量的相互关系(在图谱的纵向,如1,1a,1b;2,2a,2b;…)、在β变形或热处理时获得片状组织的原始β晶粒尺寸和α片层厚度等加以排列制成,通常还考虑α集束的大小等因素。

4.5 (α+β)钛合金的热机械加工工艺

生产实践和理论研究表明,钛合金半成品的组织和性能具有明显的工艺敏感性和遗传性。半成品的质量不仅仅决定于某一具体工序,还与加工的历史过程有密切的关系。热机械加工工艺(thermo-mechanical processing, TMP)是以获得锻件所要求的组织和性能为目的,把铸锭至锻件的各个关键工序进行系统地设计与控制而形成的热加工技术,其中包括相变、加热、变形量、冷却速度及热处理工艺路线等。R. Tricot 认为:只有为了改进产品的组织和性能而对应变和温度进行有目的优选和严格控制的热工艺才可称为热机械加工工艺。这个概念比单一地讨论一道热处理或变形对组织的影响更显成熟和全面。比较把 TMP 理解为“形变热处理”的看法显然有更新的内涵。

由于生产钛合金半成品所采用的热机械加工工艺路线是一个多工序的过程,包括在β和(α+β)相区温度连续的加热和变形、变形后的冷却和最终热处理。在这么复杂的加工过程中，组织的设计取决于对不同工艺参数（温度、应变量、应变速率、冷却速度）变化机制的深入了解。

热机械加工的概念无论在俄罗斯或者欧美都已普遍采用，并有比较统一的认识，这是建立在对钛合金的工艺—组织—性能系统全面认识基础之上的。特别是对钛合金的关键件和重要承力件的制造具有重要的技术意义，对于大型、特大型结构件尤为如此。

本节讨论（α + β）两相钛合金半成品的热机械加工工艺。G. Lütjering（德国）、J. C. Williams（美国）等人认为：对于上述不同组织类型的各类锻件可以通过系统地改变热机械加工工艺路线来实现。这个工艺路线可以归纳为下面 4 个部分，即：钛铸锭的均匀化处理（homogenization）与开坯（breakdown）；变形（deformation）；再结晶（recrystallization）；退火（annealing）。下面讨论获得全片层组织、双态组织、全等轴组织和工厂退火组织等各类锻件的热机械加工工艺（TMP）路线。

4.5.1　全片状组织

G. Lütjering 和 J. C. Williams 认为：获得各种类型组织锻件的过程都可以用 TMP 的加工路线图来描述。（α + β）钛合金得到片层组织的热机械加工（TMP）工艺路线示意图如图 4-10 所示。

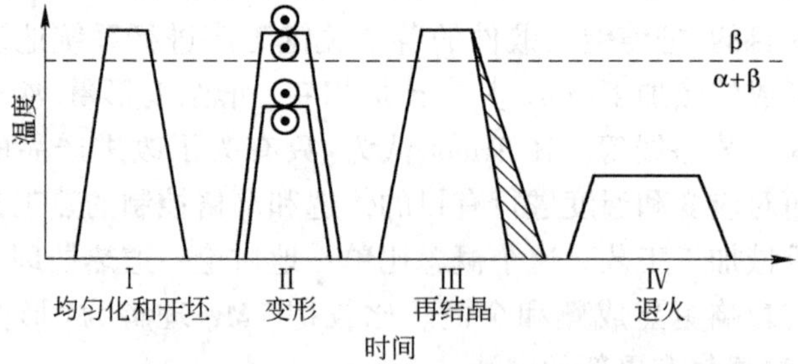

图 4-10　（α + β）钛合金得到片层组织的热机械加工（TMP）工艺路线示意图

工序Ⅰ为均匀化处理和开坯。一旦钛合金铸锭熔炼完成后，一般在锻造之前都要进行一次在 β 区的均匀化退火，这对于成分复杂的合金和容易偏析的合金有着积极的意义。但是，不是所有的钛合金生产商都愿意采用均匀化退火工艺，也不是对所有钛合金都必须进行均匀化退火的。应该强调的是，均匀化退火对消除高密度夹杂物(HDI)和Ⅰ型硬 α 夹杂物(LDI)是没有作用的。均匀化退火的温度一般为 β 转变温度 T_β 以上 200～450℃，保温时间在 20～30h。铸锭开坯是钛铸锭破碎铸造组织、改善塑性、提高加工性能所必需的工序，一般开坯温度为 T_β 以上 100～250℃，变形程度 ε 为 28%～38%，锻造比至少在 1.4～1.6。

全片状组织很容易获得，只要在最终工艺路线中进行 β 退火处理即可(即 β 再结晶，图 4-10 中的工序Ⅲ)，所以这种组织常称为 β 退火组织。关于工序Ⅱ，β 退火之前的变形可以是锻造、轧制等，在 β 区或$(\alpha+\beta)$区加工均可，工业上一般第一次变形在 β 区变形，可以充分利用 β 区的低流动应力，然后再在两相区进行变形，这样可以避免产生大的 β 晶粒。最后的 β 退火处理通常是在 T_β 以上 30～50℃，以控制 β 晶粒度，尺寸一般为 600μm 左右。

β 退火的冷却速度十分重要，因为从 β 区冷却的速度决定了：(1)α 片的宽度；(2)α 集束的尺寸；(3)β 晶粒边界 α 相的厚度。这 3 个参数多随着冷却速度的提高而减小。

图 4-11 所示为 Ti6242 钛合金从 β 相区以不同冷却速度冷却得到的显微组织，包括金相和透射电镜照片。图 4-11(a)和图 4-11(d)所示为缓慢冷却，冷却速度为 1℃/min，炉冷；图 4-11(b)和图 4-11(e)所示为一般的工业化冷却，冷却速度为 100℃/min，较厚的锻件或厚板的强制冷却，薄截面锻件的空冷组织；图 4-11(c)和图 4-11(f)所示为冷却速度为 8000℃/min，小截面(≤10mm)情况下水淬的组织。

对于 Ti-6Al-4V、Ti6242 等两相钛合金，通常在冷却速度大于 1000℃/min 时冷却才有可能变成马氏体组织。

α 集束的宽度、α 片层的厚度都因为冷却速度的加快而变小，

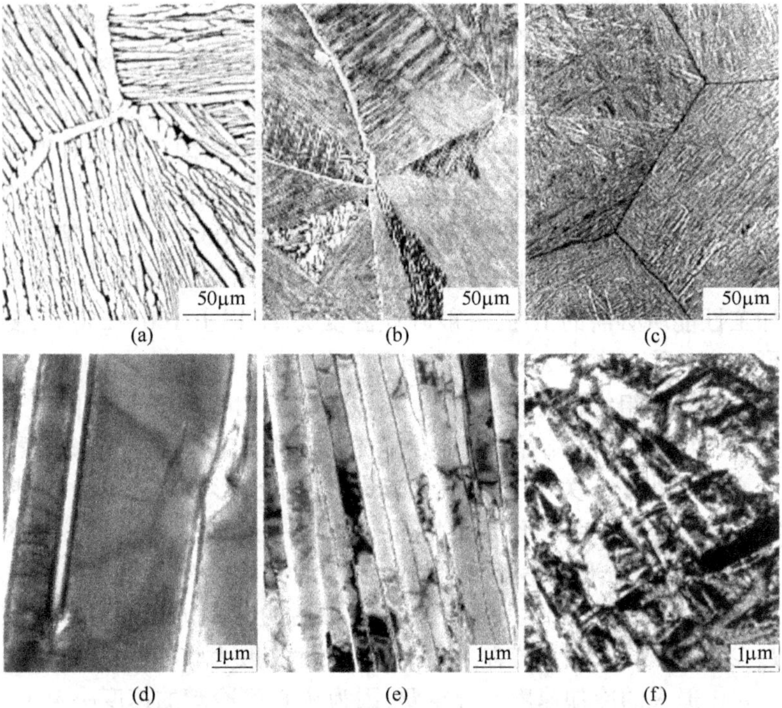

图 4-11　Ti6242 钛合金从 β 相区以不同冷却速度冷却得到的显微组织
(a),(d)1℃/min;(b),(e)100℃/min;(c),(f)8000℃/min

但是,在慢速冷却 100℃/min 增加到 8000℃/min 冷速时,α 片层的厚度将由 5μm 剧烈地减小至 0.2μm(这时为马氏体 α′的平均值)。在 1℃/min 冷却时,α 集束几乎为半个 β 晶粒度(约 300μm);100℃/min 冷速时 α 集束约 100μm(见图 4-11(b));当冷却由 100℃/min 提高到 8000℃/min 时,α 集束改变成马氏体片的厚度。这种剧冷得到的马氏体组织经过退火才能成为细的片状(α+β)组织。

三种冷速下 β 晶粒边界的连续 α 相清晰可见,这说明即使在非常快的冷却时也是不可避免地存在连续晶界 α,但晶界 α 的厚度差别很明显。应该指出:Ti-6Al-4V 合金慢冷时 α 集束中单个 α 片的厚度几乎与连续晶界 α 的厚度相当。

工序Ⅳ为退火。这时退火温度比退火时间更为重要,因为温度决定了强化 α 相的 α_2 相(即 Ti_3Al)是否会析出和溶解。例如:Ti-6Al-4V 合金的 α_2 相溶解温度约为 550℃,如果在 500℃ 退火(时效),将会在 α 相中析出 α_2 相,所以选择最终退火温度为 600℃或更高的消除应力退火是合理的。此外,还应考虑到 β 再结晶退火的冷却速度,在第Ⅳ步时会在 β 相中析出次生的 α 相。在约 700 ~ 850℃温度范围内,可能存在的马氏体组织转变成细小片层的(α + β)组织。对于 Ti-6Al-4V 合金,许多实践经验认为,采用 800℃/h 空冷的退火工艺可以得到很细的片状(α + β)组织。

另一种全片状组织是所谓的 β 加工获得的(β processed)。对(α + β)合金来说,在工业生产中这种工艺应用相对较少,但对 β 合金来说是很普遍的工艺,如图 4-12 所示。其中,第Ⅲ步的再结晶处理完全省略了,所以组织是非再结晶的状态,如图 4-13 所示。

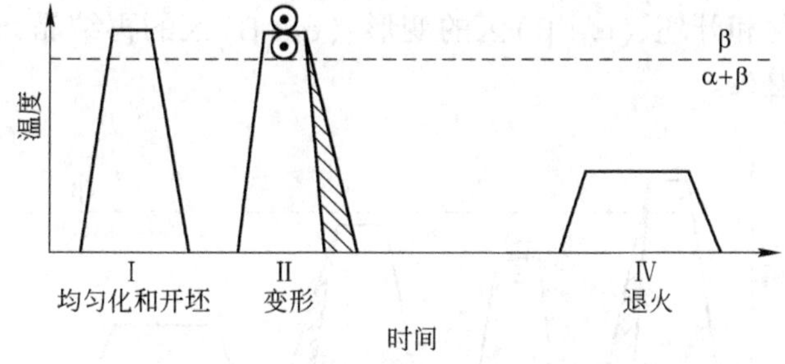

图 4-12 (α + β)钛合金得到全 β 加工组织的热机械加工(TMP)工艺路线示意图

第Ⅱ步的关键工艺参数是在 β 区变形的温度、应变速率和时间,以及变形后的冷却速度。

这种未进行 β 再结晶处理的优点是 α 集束的尺寸比较有限,晶界 α 相一般已被破碎,或变形的 β 晶界呈锯齿形貌,β 加工的 α 片厚度并不明显地小于 β 热处理的 α 片。

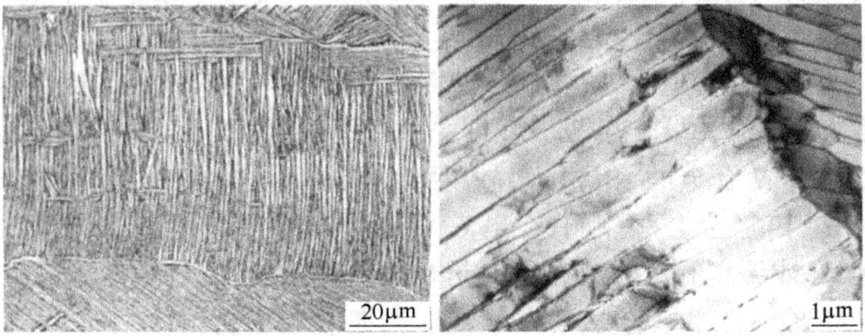

(a) (b)

图 4-13 Ti6242 钛合金在 β 区加工得到的显微组织

(a)金相组织照片;(b)透射电镜照片

4.5.2 双态组织

获得双态组织(或称为球状 - 片状组织)锻件的热机械加工工艺路线如图 4-14 所示,其工艺路线同样分为 4 个部分,即 β 区的均匀化和开坯、(α + β)区的变形、(α + β)区的再结晶、时效或去应力退火。

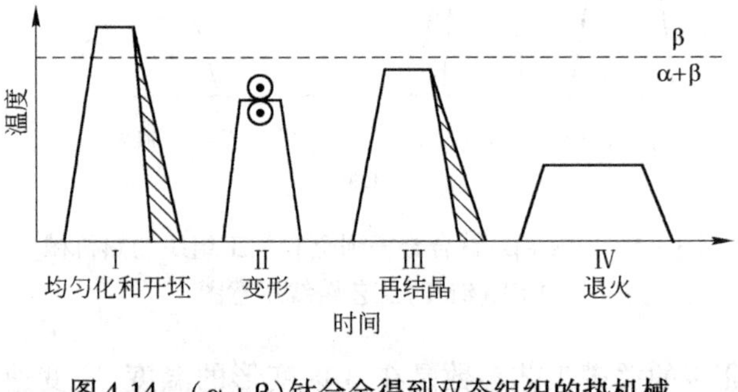

图 4-14 (α + β)钛合金得到双态组织的热机械加工(TMP)工艺路线示意图

该工艺的关键工艺参数是在铸锭 β 区开坯后的冷却速度,如前所述,这个冷却速度将决定 α 片的宽度。这种片状的 α 在第 Ⅱ

步将得到变形,在第Ⅲ步将得到又一次再结晶,所以从工序Ⅰ得到的原始的α片的宽度将与后来的等轴α的尺寸有直接的关系,图4-15所示为IMI834钛合金在工序Ⅰ的β区加工后以不同冷却速度冷却并经工序Ⅱ和Ⅲ后得到的显微组织。从图4-15中可以清楚地看到,图4-15(a)中等轴初生α相(α_p)约为40μm,(b)中的等轴α_p约为20μm,而α_p的体积分数约为13%,片状α的宽度几乎是相同的。

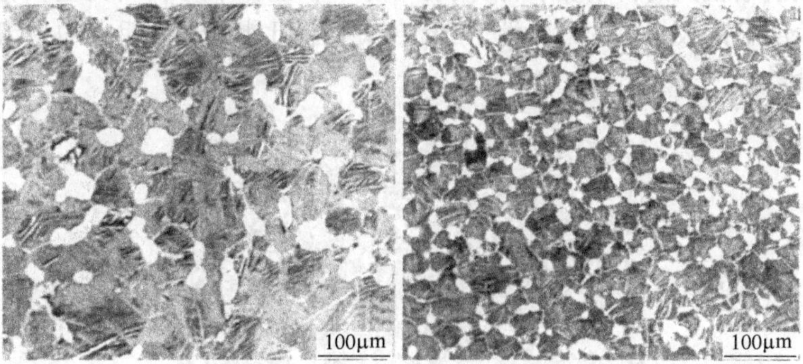

(a) (b)

图4-15 IMI834钛合金按图4-14加工图工序Ⅰ的β区以不同速度冷却并在完成工序Ⅱ、Ⅲ、Ⅳ后得到的双态组织
(a)双态组织1,慢的冷却速度;(b)双态组织2,快的冷却速度

工序Ⅱ为变形。半成品在(α+β)区的塑性变形是该热机械加工工艺路线中的关键工序,由工序Ⅰ的冷却得到的片状α在(α+β)相区接受塑性变形,这种塑性变形应该是越大越好,但是至少有足够的能量积累以便α和β相在工序Ⅲ能得到完全的再结晶。在工序Ⅱ的变形中,密排六方结构的α相和体心立方结构的β相发展了织构,它们将影响到再结晶的组织和力学性能。

工序Ⅲ为再结晶退火。这一步中最重要的参数是温度,温度将决定再结晶后等轴初生α相(α_p)的体积分数。α_p大都分布在β晶粒的三角晶界处。对双态组织来说,α_p的体积分数和尺寸大小是最重要的显微组织特征，一般情况下，β 晶粒尺寸约等于 α_p 之间的距离。再结晶退火的时间只要能足以使孤立的等轴 α_p 晶粒形成就足够了。

生产实践表明：在过高再结晶温度下停留过长时间，再结晶 β 晶粒也可能出现聚集长大，如图 4-16 所示，会明显降低强度和塑性。发生了聚集长大的 β 晶粒的显微组织虽然保留有一定量的等轴初生 α 相（α_p），显示了两相区变形的基本特征，但同时存在较清晰粗大的再结晶 β 晶界，有时每个 β 晶粒中的 β 转变组织有着明显的较一致的方向性，在低倍试片上可能表现为粗大的半清晰晶。

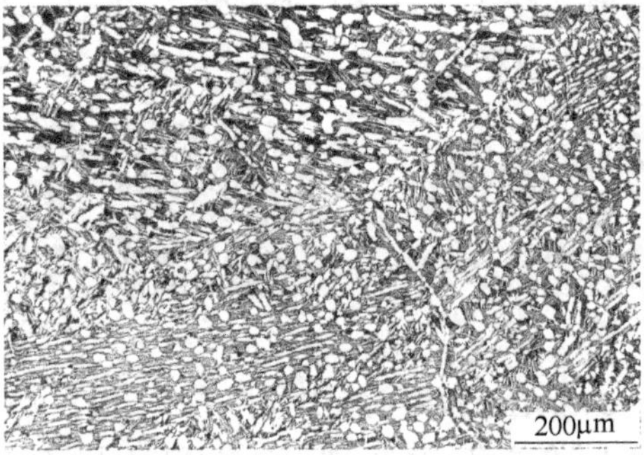

图 4-16　TA15 钛合金粗大的再结晶 β 晶粒

再结晶退火温度下，强 α 稳定元素（如 Al、O）或强的 β 稳定元素（如 Mo、V）将会分别向 α 相和 β 相扩散，以至于从再结晶温度冷却时在 β 晶粒中形成 α 片，如图 4-17 所示，它们有较低的浓度（Al、O），在工序Ⅳ中有可能析出 α_2 相质点。

在双态组织中，从两相区再结晶退火的冷却速度主要影响各个 α 片的宽度，而 α 集束的尺寸和晶界 α 的长度很大程度上取决于 β 晶粒的尺寸。在通常的工业生产的冷却速度范围内，如 30 ~ 600℃/min，双态组织中 α 集束尺寸与 β 晶粒度差不多。在较低的冷却速度下，α_p 的大小和含量将有所增加。

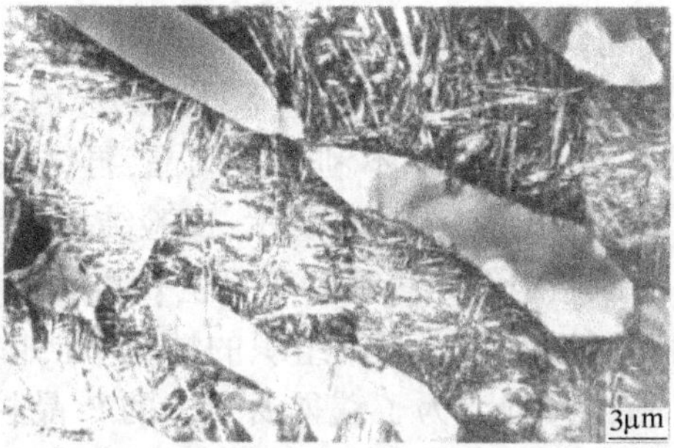

图 4-17 Ti-6Al-4V 合金在 950℃处理得到双态组织的再结晶机制

M. Brun 等人认为:对于双态组织,(α+β)区变形的目的是为了获得具有等轴 α 和转变组织的细小 β 晶粒,$D_β$ 约 20~40μm,α 片厚度约为 1μm。为了达到这个目的,(α+β)区变形前的坯料应是已经完成了一次完全再结晶的 β 细晶组织;并有必要规定晶内组织,特别是 α 片的厚度,这是对工序Ⅰ的基本要求。

在(α+β)区的晶粒细化取决于存在等轴 α 颗粒时 β 晶粒的再结晶。α 颗粒数量增加时,可以促进新 β 晶粒的形核并避免其长大,所以在给定的加工规范下,晶核长大达到平衡成为稳定的晶粒(尺寸记为 $C_β$)。新的 β 晶粒在 α 颗粒之间长大。如果 α 颗粒数量太多,以至于 α 颗粒之间的距离 $b_β$ 小于 $C_β$,在相当合适的加工制度下,常常不会发生 β 相的再结晶。

$$b_β/C_β \geqslant 1$$

这是存在等轴 α 颗粒时 β 相发生再结晶的一个重要条件。而 $C_β$ 的大小仅仅受变形和退火规范的控制,与原始组织无关。$b_β$ 值在(α+β)区变形之前由金属的组织确定。为了 β 相的再结晶,α 颗粒的数量和颗粒之间的距离是非常重要的,而 α 相的体积分数则不那么重要。在含有相等体积分数 α 相的情况下,根据 α 颗粒的尺寸,$b_β$ 可以在很大范围内变化。

为加快 β 相的再结晶,α 颗粒的数量应尽可能地多,同时颗粒

间的距离不小于 C_{β}。

一个坯料的组织中，α 颗粒之间的距离可以相差 10 倍以上，这是在（α + β）区内 β 相再结晶严重不均匀的原因之一。这类组织中，原始过分细小片层组织不利于再结晶，再结晶 β 相的体积分数不会超过 30%，如图 4-18（a）所示；试验结果表明，当 α 片厚度 $b_1 = 3.5\mu m$ 的原始组织是最适合于发生 β 再结晶的，如图 4-18（b）所示，在含有更粗大晶内原始组织的情况下（如 $b_1 = 5\mu m$）会形成粗大的 β 晶粒，因此，为了获得所要求的 β 晶粒度的双态组织的半成品，不仅要特别控制原始组织（β 晶粒度），而且还要控制坯料组织的晶内组织。

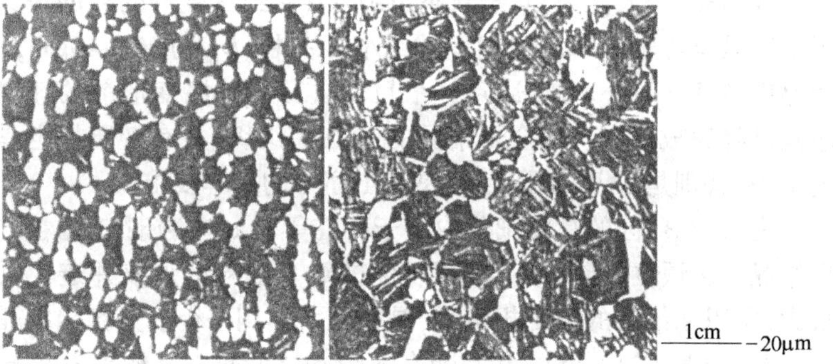

(a)　(b)

图 4-18　不同原始组织获得的 BT8 钛合金的双态组织

（$T_D = 970℃$；$\varepsilon = 75\%$；$\dot{\varepsilon} = 1s^{-1}$）

（a）$b_1 = 2\mu m$；（b）$b_1 = 3.5\mu m$

4.5.3　全等轴组织

有两种工艺路线可以获得全等轴组织的半成品，第一种工艺如图 4-19 所示。

这个工艺路线与双态组织的工艺路线一样，工序Ⅲ再结晶处理的温度高至再结晶温度以上。但如果再结晶退火后冷却速度足够小，在冷却过程中仅仅发生初生 α 晶粒的长大，而 β 晶粒中没

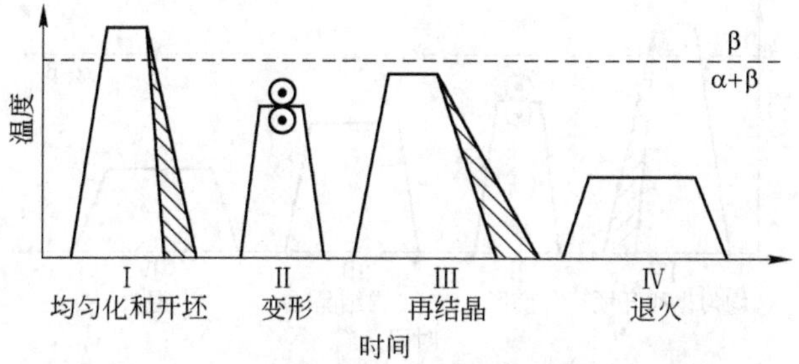

图 4-19 (α+β)两相区从双相再结晶温度慢冷得到全等轴组织的 TMP 工艺路线

有形成片状α,这时形成了稳定平衡的β相,分布在α晶粒的三角晶界处,如图 4-20 所示,这时α晶粒度将很大,一般比快冷的双态组织中相应的初生α相大很多。

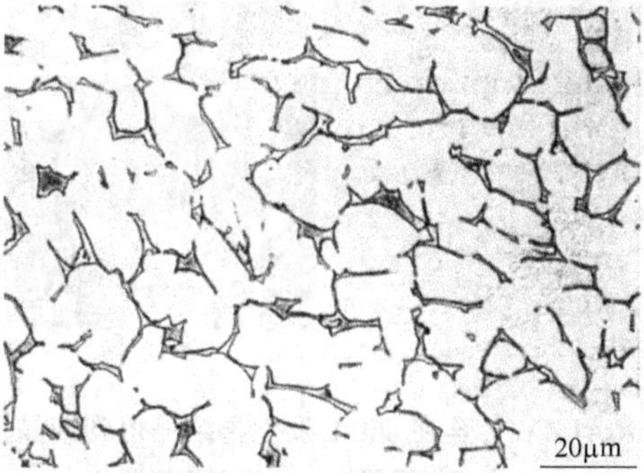

图 4-20 Ti6242 合金从双相再结晶退火温度慢冷得到的全等轴组织

第二种工艺路线是工序Ⅲ在较低的温度下发生再结晶。在这个温度下,足够高变形的片状α是在再结晶工序中直接再结晶形成平衡的全等轴组织,如图 4-21 所示。这种低温再结晶工艺得到的α颗粒较第一种工艺要细小得多。例如,Ti-6Al-4V 采用 800℃

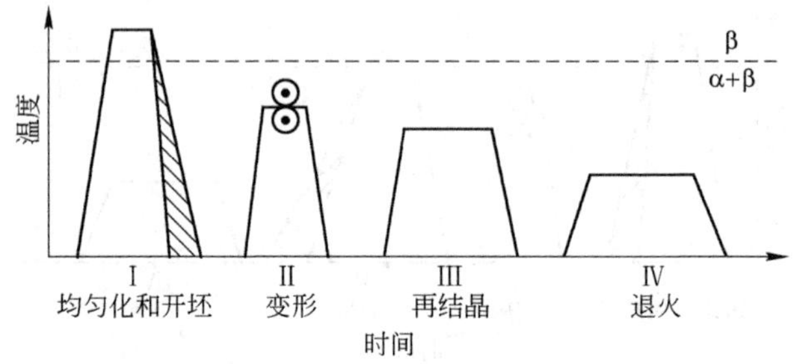

图 4-21　在低温下发生再结晶得到(α + β)钛合金全等轴组织的 TMP 工艺路线

退火，在实验室可以批量地得到全等轴组织，α 颗粒尺寸约为 2μm，图 4-22 所示为在透射电镜下能清楚观察到的细小等轴 α 晶粒。

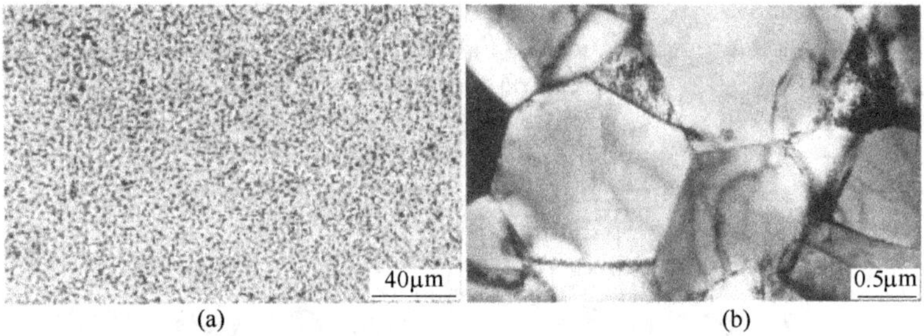

图 4-22　Ti-6A1-4V 合金在 800℃发生再结晶得到细晶全等轴组织
(a)金相组织照片；(b)透射电镜照片

应该强调的是，对于第二种工艺方案，工序 I 从开坯结束后的 β 区快速冷却是获得全等轴组织的必要条件。在最后退火(工序 Ⅳ)温度下，无论是对于低温再结晶退火还是慢冷的再结晶退火工艺，将在 β 相中形成二次 α 相。

还应该指出的是，全等轴组织可以通过简单的热处理改变为双态组织，及根据需要的等轴初生 α 相(α_p)的体积分数确定在两相区的温度处理和以足够快的冷却速度从 β 相中析出 α 片。也有人认为将双态组织变成全等轴组织也是可能的。这时双态组织的合金必须在(α+β)区加热到足够高的温度,使全部 α 片溶解于 β 相中,然后必须以足够小的冷却速度进行冷却,允许 α_p 长大。当然,应该看到改变组织的每次热处理后,α 晶粒和 β 晶粒都将明显长大。

4.5.4 工厂退火组织

工厂退火组织是一种很普遍但又很少定义和讨论的一种组织,它是一种省略了工序Ⅲ——再结晶退火的热机械加工工艺路线,如图 4-23 所示。因此,工序Ⅱ变形过程的细节内容(一火或两火加热、第二次加热的时间、变形后的冷却速度等)决定了半成品的显微组织,特别是变形程度。因为在大多数情况下,变形工序的细节没有受到客户或最终用户的控制,这些具体的细节中不同生产商之间甚至在不同批次之间是变化的,是不严格的,所以工厂退火条件通常是没有确切定义其组织的。Ti-6Al-4V 合金工厂退火得到显微组织的一个例子如图 4-24 所示,这个组织已经发生了相当多的再结晶,在图 4-25 中,工厂退火组织显示出经过变形的片状组织。这时的最终退火工序的温度高于 α_2 相的溶解温度,所以这一工序只是一个消除应力退火而已,也没有 α_2 相的析出。

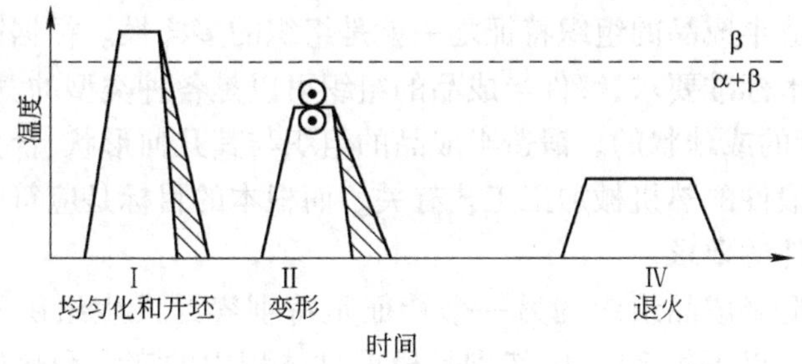

图 4-23 (α+β)钛合金工厂退火处理的 TMP 工艺路线

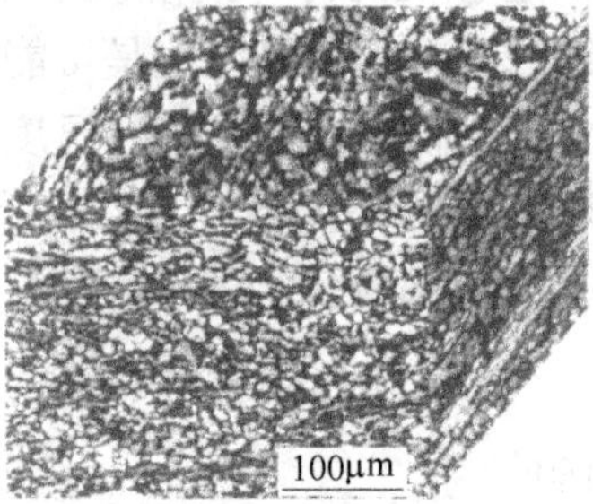

图 4-24　Ti-6Al-4V 钛合金板材工厂退火后的显微组织

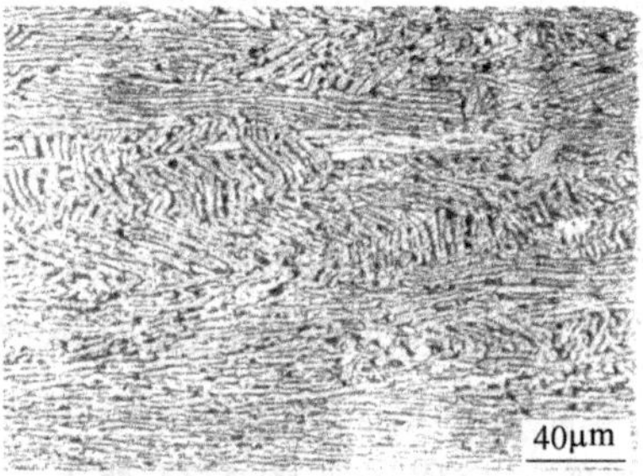

图 4-25　钛合金轧制板材工厂退火后未发生完全再结晶的显微组织

4.6　锻造半成品的组织特征和不均匀性

锻造半成品的组织特征之一就是组织的多样性。根据锻件规定的技术标准要求，锻件半成品的组织可以是各种类型的，如片状的、过渡的或球状的。锻造半成品的组织与其几何形状、合金成分和制造锻件的热机械加工工艺有关。而根本的目标是应符合设计对钛零件的要求。

锻造半成品组织的另一个特征是特别容易发生组织不均匀性。这可以用每个锻件，特别是模锻件体积内的变形和热处理参数的明显不均匀来解释，与化学成分差异无关。$(\alpha+\beta)$钛合金锻造半成品低倍和显微组织不均匀性主要形式有:区域不均匀性、带状组织、岛屿状不同晶粒度、年轮状组织、波纹状组织、斑状组织和粗大 α 相析出等。

4.6.1 区域不均匀性

区域不均匀性可分为正向和逆向两种。最常见的是由于坯料金属在高度方向上不均匀流动引起的区域不均匀性。正向的区域不均匀性的特点是在锻件表层难变形区金属接近原始坯料的组织,而在锻件截面中心的大变形区或过渡区域为经过变形的过渡状组织或球状组织(见图 4-26(a))。而锻件逆向的不均匀性正相反,锻件中心是比表面更大的晶粒,接触模具的难变形区是接近原始坯料的球状或过渡状组织(见图 4-26(b))。这些区域的相对大小与模锻件的形状以及锻造工艺有密切的关系。像叶片锻件,在大变形区可能成为局部的剧烈流线的狭窄变形区(见图 4-27)。

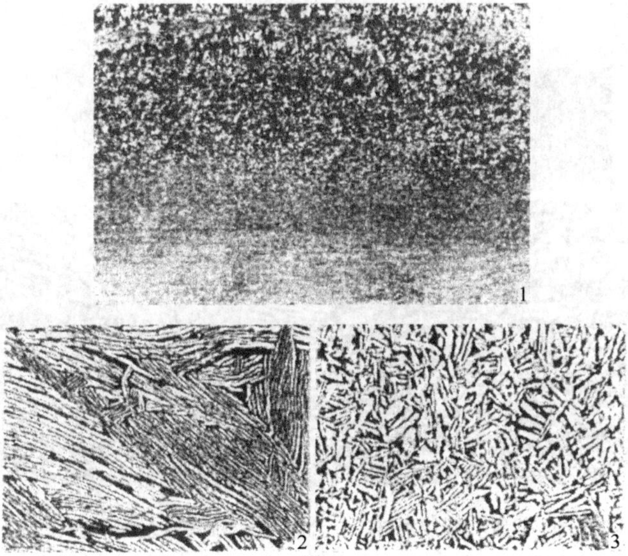

(a)

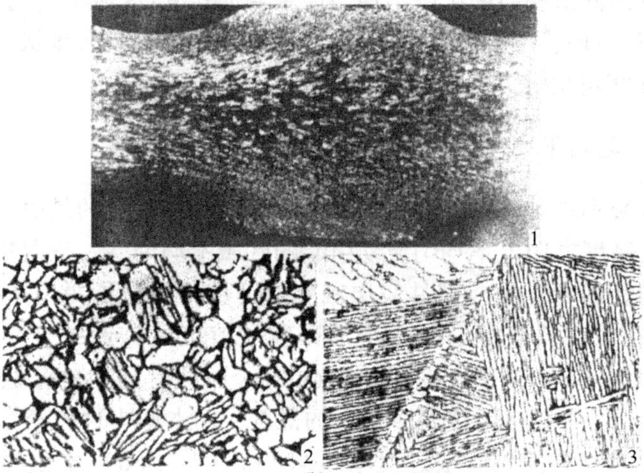

(b)

图 4-26　具有正向和逆向区域不均匀性的 BT9 合金盘模锻件低倍组织和显微组织

(1 为低倍组织;2 为表面区域的显微组织;3 为中心区域的显微组织)

(a)正向;(b)逆向

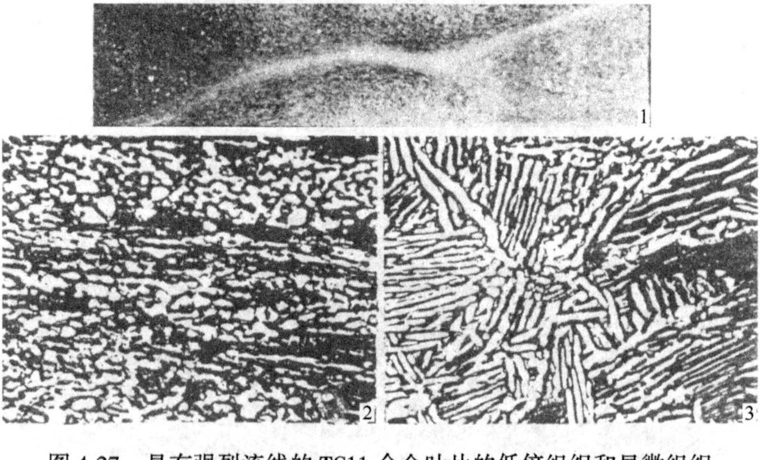

图 4-27　具有强烈流线的 TC11 合金叶片的低倍组织和显微组织

(1 为低倍组织;2 为表面区域的显微组织;3 为中心区域的显微组织)

4.6.2 带状组织

带状组织是一种以拉长晶粒带的形式出现在等轴晶粒的背景上的一种组织(见图 4-28)。这种组织在沿单个方向变形的半成品(厚板、薄板、管材)纵向界面中经常观察到。带状组织通常分布在半成品的截面积的大部分区域,不像叶片锻件的剧烈应变带那样局限于狭窄区域。

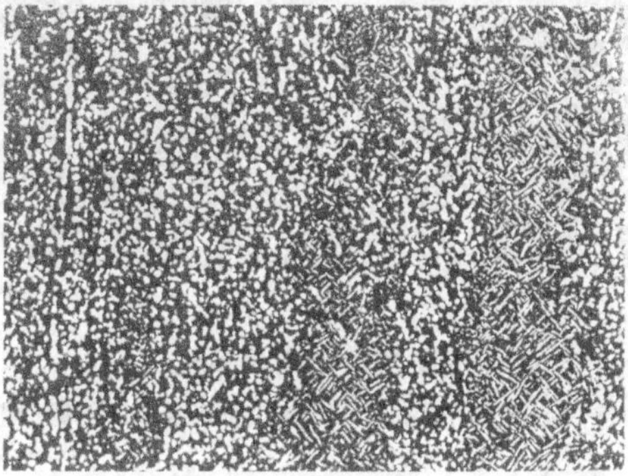

图 4-28 在(α + β)区温度下变形后的 TC6 合金模锻件(横截面)的带状组织

根据与变形温度有关的低倍组织的基色和显微组织类型不同,带状组织又分为 β 和(α + β)带状组织。在 β 带状组织中,拉长的和等轴的晶粒相互交替,具有有光泽的基色,而它们的显微组织是片状的。在(α + β)带状组织情况下,带状的基色与围绕它们的组织具有更大的光泽程度,而显微组织的区别是带状区具有更小的球化程度。

4.6.3 岛屿状晶粒

岛屿状晶粒是低倍组织局部不均匀性的又一种形式,在模锻件的低倍组织试片上,岛屿状晶粒常常以个别晶粒或几组晶粒的形式存在,明显大于基体背景晶粒(不小于 3 ~ 4 个标准评级图等级)(见图 4-29)。这种粗晶粒通常由若干块组成,并且由一组较小晶粒组成,这些较小晶粒由于对比度差别不显著,因此很难区分。粗化的合成晶粒的形状是不确定的。按照基色,它们与基体背景实际上可能没有区别。

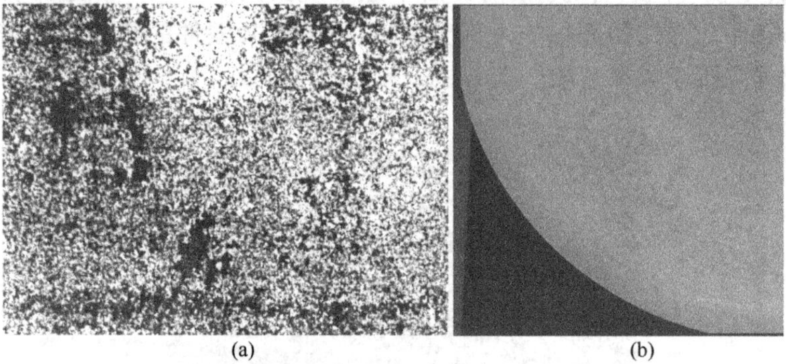

图 4-29　岛屿状晶粒

(a)TC6 合金模锻件低倍组织;(b)TA15 合金锻件低倍组织

研究结果表明:上述这些特殊的组织,包括逆向的区域不均匀性、带状组织、岛屿状不同晶粒度等具有相同的本质。它们的共同特点是在细小晶粒背景上存在着反常粗大的晶粒。这一现象的基本原因是因为剧烈变形形成了明显的变形织构,造成再结晶现象可能被阻滞。会使得因织构造成的晶体学位向接近的个别晶粒发生再结晶而形成大晶粒。这种合成的晶粒的形状和尺寸取决于金属具有接近晶体学位向的区域的形状和大小。因此,带状组织、岛屿状大晶粒度通常具有扁平盘状或接近盘状的形态。

4.6.4　云纹状组织

云纹状组织一般发生在平行于锻件表面的低倍组织试片上,形如纤维状或螺旋状的花纹,如图 4-30 所示。其特点是存在反常粗大的弯曲的 β 晶粒,而晶内组织基本上为过渡型组织,此时,拉长的 β 晶粒和 α 集束能形成纤维状组织。研究表明,云纹状组织

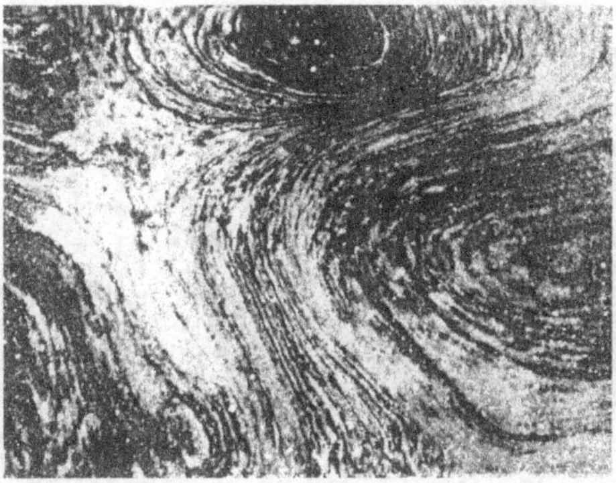

图 4-30 TC6 合金盘模锻件的云纹状低倍组织

是由于经过大量变形而未再结晶的反常粗大 β 晶粒造成的。在这种情况下,云纹状组织和岛屿状不同晶粒度具有相同的本质。最有可能形成云纹状组织的原因是在个别盘锻件和叶片锻件模锻时金属发生云纹状的流动。由于这种原因,反常的粗大 β 晶粒获得了空间弯曲和相互交织的纤维形状。当切割平行于锻件表面时就观察到云纹状的组织形貌。

4.6.5 年轮状组织

年轮状组织是钛合金锻坯及锻件低倍试片经过腐蚀后呈现出的同心的、明暗交替的酷似树木年轮状的波纹。图 4-31 所示为 TC11 钛合金棒料中发现的年轮状组织。它貌似在钢中发现的层状偏析和方形偏析。虽然年轮状组织低倍时对光线的反射差别很大,但显微组织却没有很明显的差别。年轮状组织的存在破坏了锻件组织的整体性和连续性,会影响钛合金锻件的使用。

美国《ASM Handbook》第 9 卷中提供了两个取自不同炉号的 Ti-6Al-2Sn-4Zr-2Mo 钛合金坯料的年轮状组织的例子(见图 4-32),该组织是经过(α + β)区锻造的坯料上发现的,并认为有少量的成分波动。这种组织在自耗熔炼(VAR)的钢中也有发现,并对高周

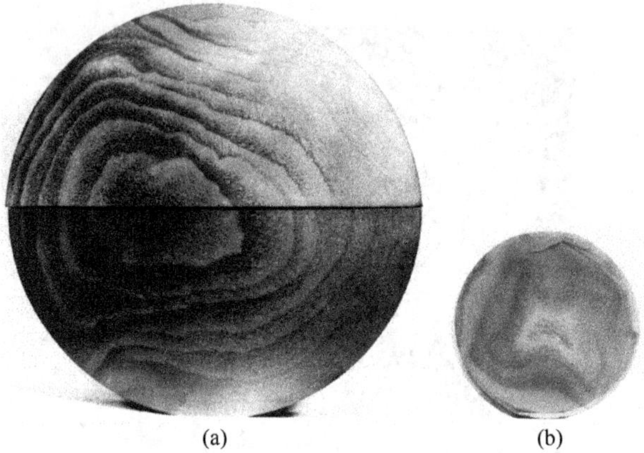

图 4-31　TC11 钛合金棒料中发现的年轮状组织
(a)ϕ100mm 棒材;(b)ϕ38mm 棒材

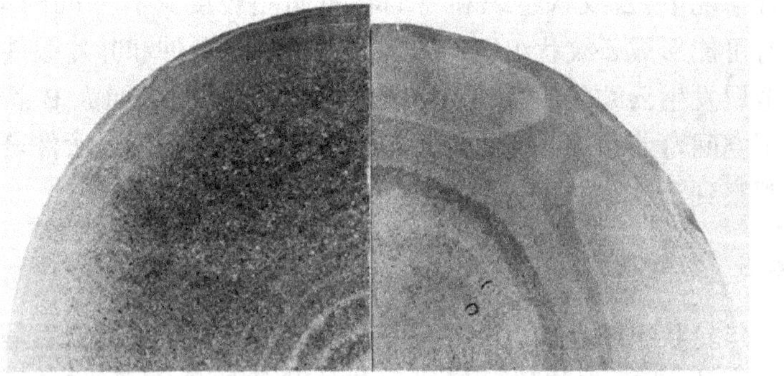

图 4-32　Ti-6Al-2Sn-4Zr-2Mo 合金($\alpha+\beta$)两相区加工坯料上发现的年轮状组织

和低周疲劳性能稍有降低作用,所以对于宇航材料,如 300M 高强高韧钢(轴类和起落架用材料)和 M50 钢(齿轮钢)的某标准技术要求中有明确的限制。该标准按严重程度把年轮状组织分为 5 级(A ~ E 级),其中,A、B 级为可接受的组织,C、D 和 E 级为不可接受的组织。俄罗斯的 ГОСТ 10243—75《钢低倍组织的试验和评定方法》标准中也有类似的报道。欧洲钛技术委员会的标准中

(ETTC3)列出了有关年轮状组织的 7 张标准图片(D1 ~ D7),认为 D1 ~ D4 为可接受的组织,D5 ~ D7 为严重的年轮状组织,硅含量有很小的变化,显微组织与基体没有明显区别。还可根据使用对象的不同来判定组织能否接受。

产生年轮状组织的原因可能有两个:

(1)与真空自耗熔炼(VAR)过程有关。年轮组织的圈圈画出熔炼期间存在的固液相间不同成分的界面。在钛合金铸锭熔炼过程中,由于熔炼电压和电流的波动而影响铸锭的结晶速度,当熔炼电流突然增大时,熔池中的温度迅速升高,结晶速度降低,致使熔池中已凝固的固液界面又发生重熔,这就使液固相界面产生二次结晶,同时,结晶速度的变化也会影响合金元素在液固相界面处的平衡分配过程,造成在熔池的液固界面上形成与熔池形状相似的偏析层。电参数波动次数越多,形成的偏析层也越多。

(2)与变形有关。在两相区较低温度下多火次小变形时,每次均未锻透,未发生充分的再结晶而形成反常不均匀组织,这与锻造工艺参数及锻造加热保温时间等有密切关系。

4.6.6 粗大的 α 相析出

以上讨论的低倍和显微组织中的各种组织不均匀性,有些在低倍组织中比在显微组织中更清晰。与其不同的是还有一种 α 相粗大析出,通常是在具有片层形状 α 的显微组织中观察到的,而在 α 片层显著球化的组织中很少遇到,如图 4-33 所示。在片状和过渡型组织中,α 相粗大析出经常是在靠近原始 β 晶粒边界处出现的。可以以较宽的(达到 10 ~20μm)晶界 α 镶边的形式出现(见图 4-33(a)、(b))。它们同样可能分布在 β 晶粒内部,包括几个完整的 α 集束群,并且其横向尺寸可达到 100 ~320μm(见图 4-33(c))。在过渡型和球状组织中,通常会遇到以拉长的(长度达到 300 ~500μm)、宽度为 5 ~25μm 条带(称为面条组织)形式出现的粗大析出(见图 4-33(d))。

有资料报道,电子显微镜研究、微区 X 射线结构分析和显微

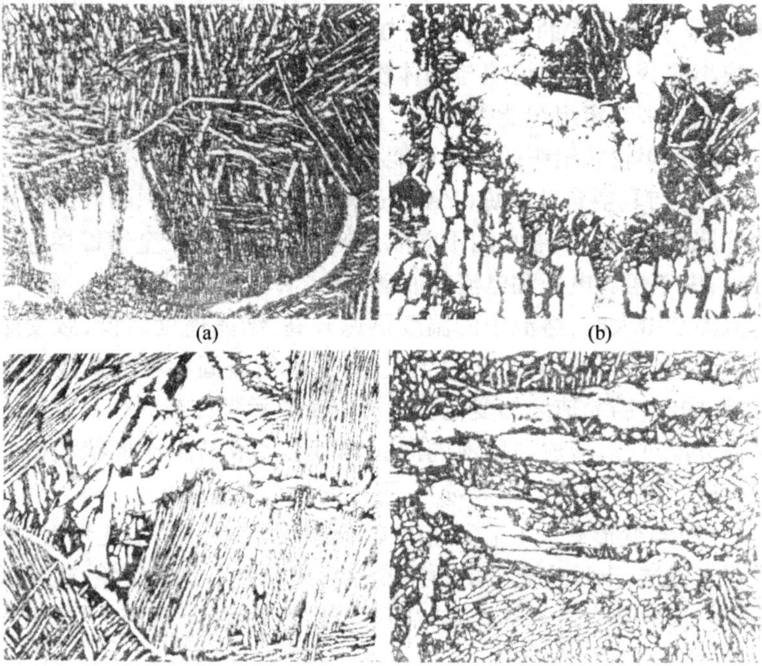

(a) (b) (c) (d)

图 4-33 TC6 合金模锻件组织中的 α 相粗大析出

硬度测量中,未曾发现 α 相粗大析出组织在成分和性能方面有实质性的差异。因此可以设想,α 相粗大析出不是任何反常的形成物,与正常 α 相只是尺寸上有区别。根据一些研究工作的数据,它们的出现是由于晶内和靠近边界的 α 相析出有着显著的空间各向异性以及它们取向的多方案性(多可能性)造成的,只是金相试样的平面以不同角度切割 α 相晶粒的缘故。在锐角情况下($\varphi \leqslant 5° \sim 10°$),观察到的 α 片状析出厚度可能很宽(≥10 倍),超过了真实的厚度。换句话说,α 相粗大析出是相表面与试样平面以小角度切割的那些 α 片层的切口(截面)。靠近晶界的和晶内的 α 相析出平面的截面尺寸以及发现它们的概率会更大些。因此,在大型锻件半成品组织中会较经常地观察到α相粗大析出。

因为在所有析出的α相中靠近晶界的是最长的,所有最粗的α相也经常分布在原始β晶粒边界上。在球状和过渡型组织中遇到的α相条带状形成物(见图4-33(d)),是析出的初生α相聚集合成的,它是在(α+β)区变形后由于对球化具有高度的稳定性,因此仍保留着长条状。这通常与不正常的热工艺有关,如长时间高温加热而变形不够充分。它对力学性能是有影响的,在国内外的重要钛合金承力锻件技术标准中,对这种长条的初生α是有限制的,如不得长于0.75mm。

在钛合金半成品中出现的上述种种组织不均匀的现象,均是由于不均匀变形——再结晶造成的。此外,还存在着冶金缺陷和化学成分不均匀造成的各种反常组织和缺陷,如金属与非金属夹杂、成分偏析、缩孔和疏松等。从总体上说,目前已有的关于钛合金组织的认识,能确保足够深入地理解组织的基本要素、多样性的原因及在变形和热处理过程中的变化规律性。这就是制定能控制半成品组织、获得所要求的组织类型、优化组织参数的尺寸、提高半成品体积内均匀性的工艺的理论基础,另一个基础是有关组织对钛合金力学性能的影响。

4.7 锻造工艺对半成品组织和力学性能的影响

钛及钛合金锻件的组织和力学性能主要取决于锻件的热机械加工工艺(TMP),即变形温度、变形程度、变形速度、锻后的冷却速度和热处理等工艺参数。钛及钛合金锻件不同于压力加工方法制成的其他合金的半成品,其组织和力学性能不太均匀和稳定,这主要是由于钛和钛合金本身的工艺特点有关。因此,为了满足锻件或模锻件达到高质量的要求,控制热机械加工工艺参数要比其他金属的压力加工方法更为困难些。

4.7.1 变形温度的影响

各类钛合金对变形温度都非常敏感。

变形温度是决定锻件或模锻件组织和力学性能的主要因素之一。变形温度或温度范围的选择除了考虑提高合金的可锻性和减小变形抗力之外,更重要的是考虑保障锻件或模锻件应具有满足设计所要求的良好综合力学性能和相应的组织。

铸锭开坯或大型毛坯的初次锻造,一般采用 β 区温度的锻造,以提高合金的塑性和减小变形抗力,使铸造组织得到充分而均匀的变形,获得细晶低倍组织。

后续锻造或模锻工序,特别是最后一道工序的变形温度,则要根据对锻件或模锻件组织和力学性能的要求及毛坯的原始组织和工序的变形程度确定。

变形温度对(α + β)钛合金力学性能的影响十分明显,如图 4-34 所示。当变形温度高于 β 相变温度时(即 β 锻),钛合金锻后便具有粗大的 β 晶粒。变形温度越高,β 晶粒越大,塑性指标(断面收缩率和伸长率),尤其断面收缩率的降低特别明显,这就形成所谓钛合金 β 脆性。而且强度指标(缺口试样抗拉强度、光滑试样抗拉强度和屈服强度)分散度加大,如图 4-34 中抛面线所示。当变形温度低于 β 转变温度时,为(α + β)两相区锻造,钛合金锻后便具有细小的晶粒组织,塑性随变形温度的降低而增高。在低于 β 转变温度下进行塑性变形时,钛合金将获得良好的塑性和强度。

此外,由图 4-34 还可以看出,在 β 转变温度以上进行锻造时,钛合金锻后的冲击韧性和断裂韧性高,但分散度大;高温持久强度和高温蠕变抗力增加,但高温持久强度的分散度大。而室温光滑试样的疲劳极限则随温度(高于 β 转变温度)的升高而急剧下降,室温缺口试样疲劳极限以及高温光滑和缺口试样的疲劳极限,则随着温度的升高具有更大的分散度。

4.7.1.1　β 区塑性变形

在 β 区进行塑性变形并冷却后组织的变化如图 4-35 所示。合金在 β 相区进行塑性变形时,组织的形成过程由晶粒和晶内组织形成阶段两部分组成。在 β 区塑性变形时,随着变形程度的增

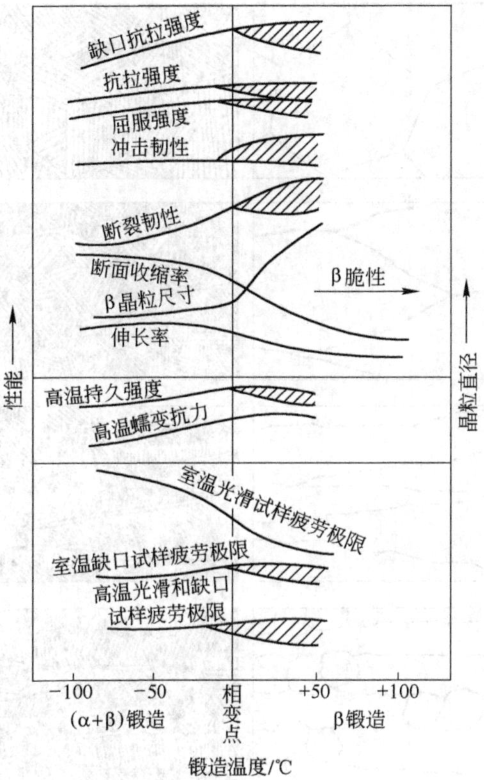

图 4-34 变形温度对(α+β)钛合金的β晶粒大小和力学性能的影响

大,β晶粒沿着金属流动的方向被拉长并压扁,然后首先在原始β晶界上形核和发展再结晶,使β晶粒细化;当原始β晶粒边界上再结晶的新β晶粒长大并互相接触时,这时获得了β晶粒的最细晶粒度。如果温度仍在β相区,则将开始发生聚集再结晶,可使β晶粒长大,甚至超过原尺寸。

当合金在β转变温度以上结束变形后,在冷却的过程中,温度降至β相变温度时,便发生β→α转变,沿原β晶粒的边界上首

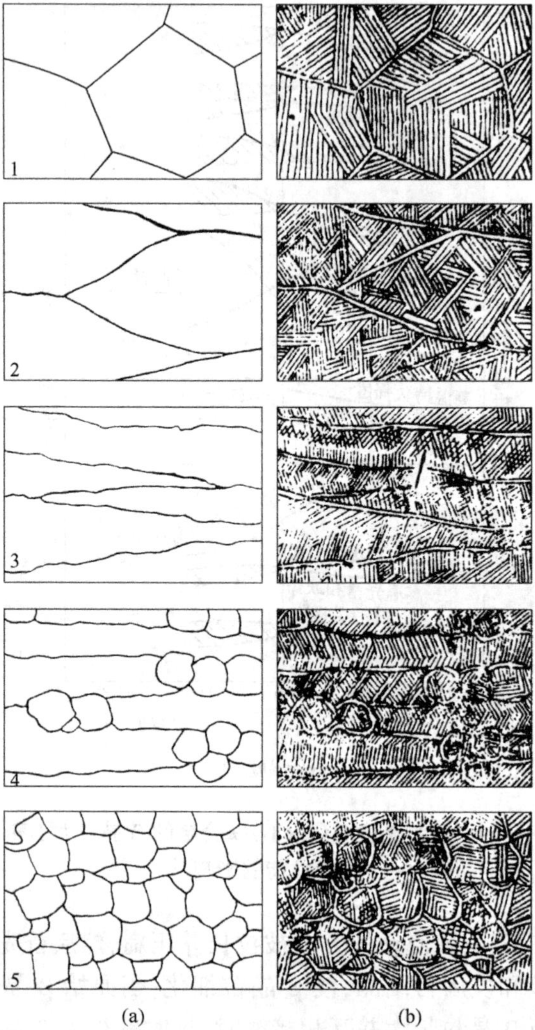

图 4-35　(α + β)钛合金在 β 区塑性变形和冷却后片状组织形成示意图

(a)β 转变前的组织特征；(b)β 转变后的组织特征

1～5—各种代表性组织特征

先析出片状的α相,然后沿晶内依不同位向析出呈交叉、平行排列的片状α相,图4-35(b)所示为在β区不同程度变形后冷却至β转变温度以下的各种组织形态,即形成所谓魏氏组织或称为全片状组织。魏氏组织是造成钛合金室温下的低塑性或β脆性以及其他性能指标变化的原因。β区再结晶细化β晶粒的机理如图4-36所示。β区塑性变形后的冷却是非常重要的,因为加快冷却速度将有利于得到较细小的β晶粒、较薄的晶界α和晶内的α片组织,对进一步细化组织有利。

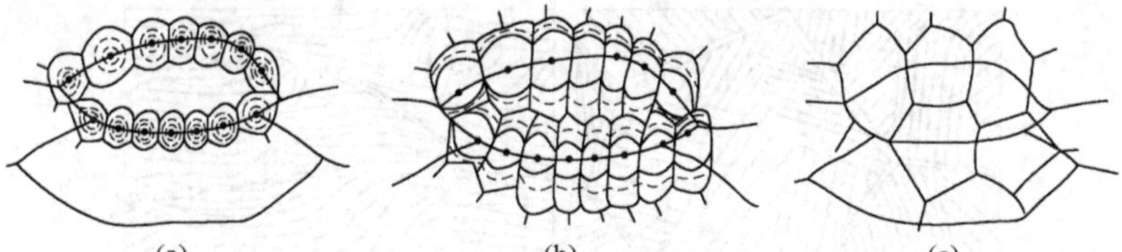

图4-36 在β区再结晶时合金晶粒组织的变化示意图
(a)β再结晶的形核开始发生在变形的β晶界上;(b)β新晶粒长大,直到与对面晶界上的新晶粒接触,形成最细的β晶粒$D(D=D_i(1\text{-}\varepsilon))$;
(c)单向锻轧变形伴随有强烈的变形织构,而出现再结晶晶粒的粗化,这一现象一般发生在变形大于50%~60%

4.7.1.2 (α+β)区塑性变形

(α+β)钛合金在低于β转变温度(即(α+β)区)下进行塑性变形或在β区开始塑性变形,于(α+β)区结束塑性变形,可以得到室温塑性和强度指标良好配合,克服β脆性。同时,室温光滑试样的疲劳极限随晶粒尺寸的减小(或变形温度的降低)而提高,室温缺口试样疲劳极限、高温光滑和缺口试样的疲劳极限也保持较稳定的水平。但合金的断裂韧性、高温强度指标则随变形温度的降低而下降。

图4-37所示为具有片状组织的合金在(α+β)区塑性变形时形成的不同类型的组织。与β区塑性变形不同,在(α+β)区进行塑性变形的过程中,β晶粒边界的α相和晶内的片状α相同时

发生变形；晶界 α 相和片状 α 相同时被压扁并沿金属流动方向被拉长和破碎，晶界和晶内的 α 相的差别逐渐消失。在经过大于 60% ~70% 的变形后，便不再遗留片状组织的迹象。如果在两相区提高温度和变形程度，合金发生充分再结晶，而且 α 相的再结晶比 β 相的再结晶来得快。再结晶后的晶粒呈球状，称为初生等轴 α 晶粒（α_p），如图 4-37 中 5、6 所示。这时的组织为等轴的初生 α 和片状的由（α + β）相间组成的 β 转变组织。随着变形程度和温度的不同，可以形成各种形态的过渡组织或双态组织。

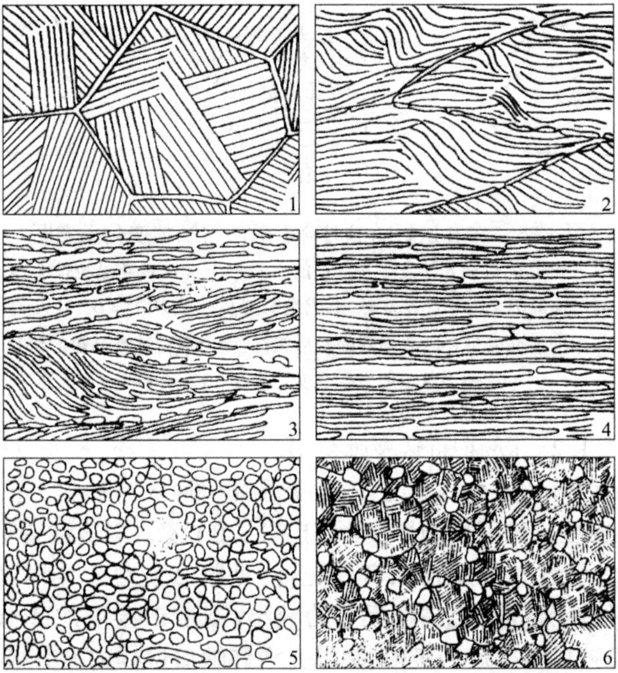

图 4-37　（α + β）钛合金在（α + β）区塑性变形过程中组织形成示意图
1 ~4—变形程度增大时的组织变化；5，6—变形温度升高时的组织变化

在（α + β）区塑性变形后，合金显微组织中初生等轴 α 相和 β 相含量的比例将严重影响合金的力学性能。变形温度（在（α +

β)区内)越低,初生等轴α相含量越多,β转变组织含量越少。

初生α相含量对TC4钛合金室温和高温力学性能的影响如图4-38所示。初生α相含量对室温拉伸强度指标(抗拉强度σ_b)影响不大,但对拉伸塑性指标(伸长率δ、断面收缩率ψ)影响较明显,特别是断面收缩率ψ。初生α相含量在20%~80%范围内,断面收缩率ψ始终保持在40%以上;当初生α相含量低于20%时,断面收缩率ψ开始下降;若初生α相含量低于10%,断面收缩率ψ便会低于一般技术条件所要求的30%。因此,为了保证拉伸塑性指标不至于过低,初生α相的含量应控制在20%以上。缺口敏感性(σ_b^H/σ_b)与初生α相含量没有明显的关系;冲击韧性α_k与初生α相含量之间同样没有明显的关系。而初生α相含量对高温力学性能的影响则表现为:高温持久和蠕变强度均随初生α相

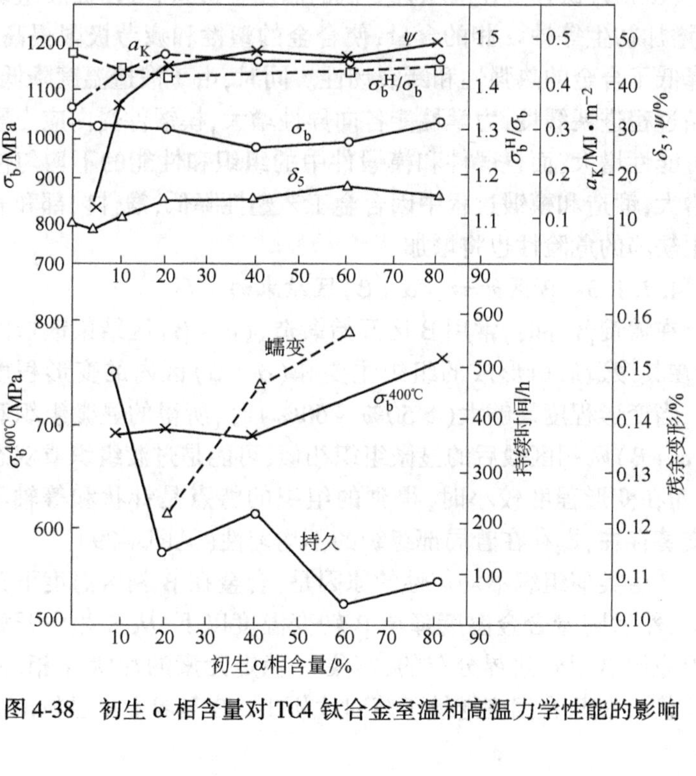

图4-38 初生α相含量对TC4钛合金室温和高温力学性能的影响

含量的增加而明显下降，这是由于片状 α 相比等轴 α 相具有更好的持久和蠕变强度的缘故。400℃的拉伸强度与初生 α 相含量之间没有明显的规律性；疲劳性能则随初生 α 相含量的增加和尺寸的减小而提高。

许多研究结果都表明，(α + β)钛合金的强度、塑性、热强性和疲劳等性能要得到最好的配合，显微组织中等轴初生 α 相含量和片状（针状）α 相含量之比应控制在（20% ~ 30%）：（80% ~ 70%），即双态组织。为了得到这种组织，最后一到两火的锻造加热温度必须控制在低于 β 转变温度 10 ~ 30℃，但是，要稳定地保证在这样的变形规范下进行锻造，特别在制造形状复杂的模锻件时，只有在等温条件下和在准确测知 β 转变温度时才能实现。在一般锻造条件下，为了避免组织粗化，宜略微降低锻造温度。

(α + β)钛合金在两相区更低的温度下锻造，可以促成组织细化，增加初生等轴 α 相的含量，使合金的塑性和疲劳极限提高，但却降低了合金的热强性和断裂韧性。同时，由于锻造温度降低，再结晶过程进展缓慢，力学性能各向异性增大，模锻件受内应力影响的可能性增大，而且锻件和模锻件中的组织和性能的不均匀性也将增大，锻造和模锻过程中因合金工艺塑性降低，锻件内部和表面产生缺陷的危险性也将增加。

4.7.1.3　β 区开始、(α + β)区结束的变形

在铸锭开坯时，常用 β 区开始锻造、(α + β)区结束锻造的方法，在其锻造后所形成的组织主要和(α + β)区内的变形程度有关。当变形程度足够大（ >50% ~60%）时，所得的显微组织和一般(α + β)两相区锻后的显微组织相似，可能是过渡组织或双态组织；而在变形程度较小时，得到的组织的特点是针状和等轴状 α 相交替存在，即存在着局部组织的不均匀性（见图 4-39）。

产生类似组织不均匀性的原因是：合金在 β 相区温度下开始变形，然后随着合金温度降至 β 转变温度以下，从 β 相中开始析出沿原始 β 晶粒边界分布的、富集 α 稳定元素的片状 α 相，而晶内片状 α 相只在温度继续下降时才析出。β 晶界上早已析出的片

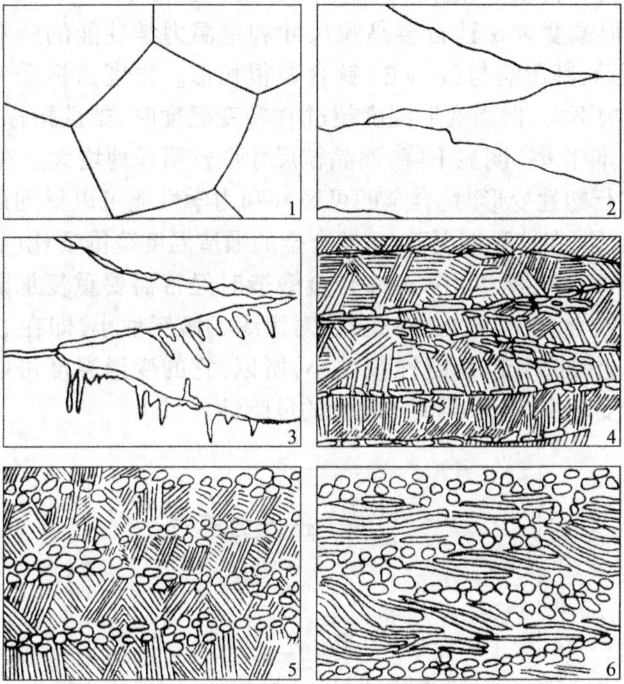

图 4-39 在 β→α+β 温度下进行塑性变形时组织形成示意图
(1~6 表示在 β 和(α+β)区组织变化顺序)

状 α 相在(α+β)区的温度下受到了很大的塑性变形,因而比晶内片状 α 相锻得透,也更早发生再结晶,成为球状的 α 晶粒。若再结晶来不及进行,则这部分组织呈细小片状结构,比晶内针状结构还要细小。

在(α+β)区锻后所得显微组织和在 β 区开始锻造、(α+β)区结束锻造所得显微组织有差别,主要是由于(α+β)区锻造,全部 β 晶粒都得到了相同的变形,而在 β 区始锻、(α+β)区终锻时,β 晶粒各个部分的变形量不同。还应着重提出的是:跨相变温度的锻造在重复进行第二次跨相变温度锻造时,第一次的变形效果被明显削弱了,没有叠加的效果。这是因为第二次加热时又发

生了一次 β 再结晶，这是与(α＋β)区的重复变形的不同之处。

变形温度对 α 钛合金晶粒尺寸和室温力学性能的影响如图 4-40 所示，其影响与(α＋β)钛合金很相似。强度指标受变形温度的影响不大，但当变形温度超过 β 转变温度时，塑性指标(断面收缩率、伸长率)明显下降，而晶粒尺寸也较明显地增大。在(α＋β)区进行塑性变形时，合金的可锻性和力学性能可以得到最好的匹配，但是，在这种情况下，α 钛合金的锻造温度范围要比(α＋β)钛合金窄得多，所以，在 α 钛合金锻造时经常需要重复加热。考虑到 α 钛合金比(α＋β)钛合金对组织的敏感性小，即在 β 转变温度以上锻造引起 β 脆性倾向小，所以，它的变形温度可以稍高于 β 转变温度，且不会带来较大的危险性。

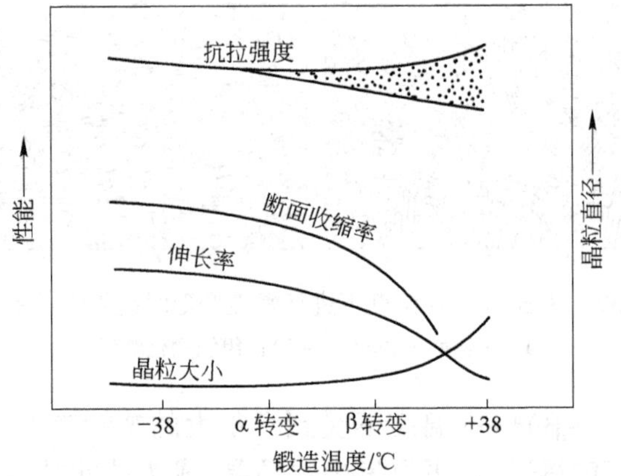

图 4-40　变形温度对 α 钛合金晶粒尺寸和室温力学性能的影响

α 和(α＋β)钛合金的变形结束温度(终锻温度)应高于合金的再结晶温度，并受其工艺塑性的限制。

β 合金不同于 α 和(α＋β)钛合金。前者是在淬火、时效状态下应用，而后者主要用于退火状态。变形温度(锻造温度)对 β 合金力学性能的影响不仅取决于组织变化，而且取决于时效时 β 相分解产物的形状与尺寸。因此，锻造温度对时效状态下 β 合金力学性能的影响比淬火状态的大。

所以,β钛合金要得到良好的强度和塑性的配合,必须在再结晶温度或稍低于再结晶温度下进行锻造。在高于再结晶温度下锻造后,由于α相主要沿晶界析出,便出现强度特别是塑性和冲击韧性下降的现象。

β合金的变形结束温度(终锻温度)与α和(α+β)钛合金一样,都受其工艺塑性的限制。

4.7.2 变形程度的影响

变形程度对钛合金锻件组织和力学性能的影响随变形温度的不同而不同。

有关资料中介绍,TC6合金铸锭在高于β转变温度(1050℃)锻造时,随着变形程度的增大,低倍组织的变化规律是:变形程度为15%时,铸态组织未破碎;变形程度为30%时,铸态组织轻微破碎,略呈纤维状;变形程度为60%时,呈明显的纤维状,但还留有较清晰的铸态组织;只有当变形程度增大至80%时,才呈细小纤维状组织,但还留有铸态组织的痕迹。

TC6合金锻坯或轧坯再进行锻造时,随变形程度的增大,低倍组织改善的程度也增大。变形程度由15%增大至25%时,低倍组织便由纤维状过渡到均匀细晶组织;变形程度不小于50%时,可得到更为细小、均匀的低倍组织。

变形程度和变形温度对TC6合金低倍晶粒度的影响如图4-41所示。原始显微组织为片状的TC6合金,其低倍晶粒度级别在700～1200℃的温度范围内随变形程度的增大而减小;变形程度一定时,则随变形温度的升高而增大。当合金的原始显微组织呈等轴状时,在β转变温度以下进行塑性变形,变形程度和变形温度对低倍晶粒度级别无影响,仅当变形温度高于β转变温度时,低倍晶粒度级别才随变形程度的增大而减小,随变形温度的增高而加大(见图4-41(a))。在这种情况下,为了降低低倍晶粒度级别,必须加大变形量。

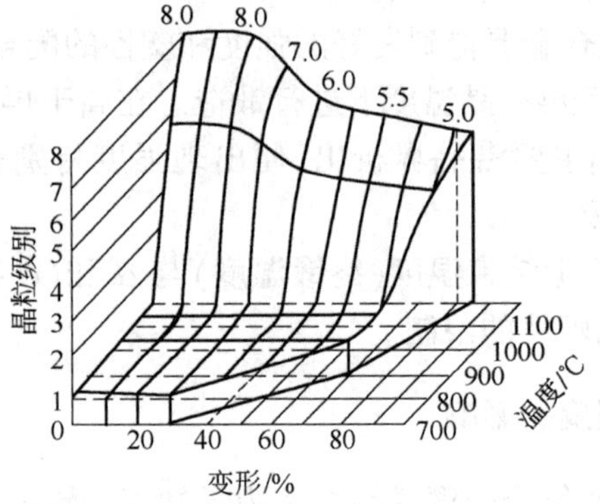

(a)

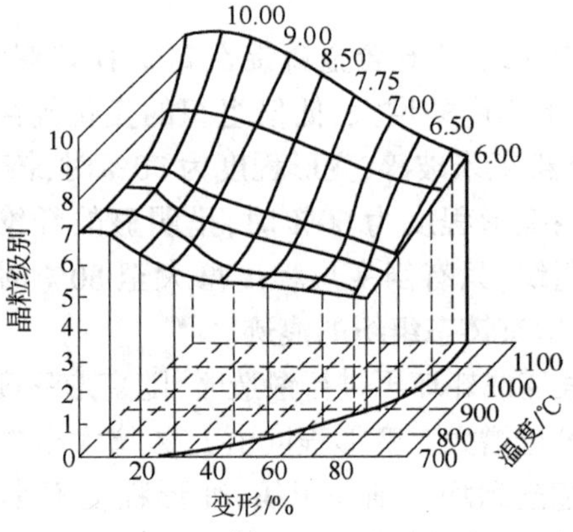

(b)

图 4-41 变形程度和变形温度对 TC6 合金低倍晶粒度的影响

(a)原始组织为等轴组织;(b)原始组织为片状组织

对 TC6、TC8 和 TC9 等合金的再结晶研究表明,当变形程度大于 85%时,晶粒可能粗化,即在再结晶图上出现峰值。而且当各个晶粒晶轴方向趋于一致时,还可能形成织构,再结晶图上出现第二个峰值,这是由变形温度高、位向一致的晶体相互吞并长大的聚合再结晶过程造成的。

多种钛合金变形程度对高低倍组织的影响研究大致可归纳

为:钛合金组织的明显细化要在变形程度大于30% ~40%时才开始。要使得粗晶片状组织充分细化并将其转变为球状组织,变形温度必须位于两相区内,而且变形程度应不小于60% ~70%。变形程度太小会形成介于片状和等轴状组织之间的各种形态的中间过渡组织。在高于β转变温度下进行变形时,变形程度也要足够大,这样才能有效地细化β晶粒。并且,变形温度越高,为得到细晶组织所需的变形程度也越大。但是,如果合金在β区变形之前先在(α+β)区进行塑性变形,那么在β区变形时,只要在不太大的变形程度(30% ~40%)下便可以使组织得到很大程度的细化。其原因在于,经过(α+β)区锻造的合金储备了充分的变形能和更多的位错,再在β区变形时,发生一次再结晶,使得在β区变形对合金的晶粒细化更为有效。

但是,在β转变温度以上锻成的模锻件中,往往达不到上述晶粒细化的效果。原因在于模锻件尺寸大,金属在β区的温度下停留的时间过长。特别是在模锻件的难变形区内,一般都出现粗晶组织,因为这些部位变形程度小,没有产生一次再结晶,而原晶粒却发生剧烈长大。

变形程度的改变不仅影响到晶粒度,而且也对晶内针状(片状)组织有影响,变形程度增大会使晶内组织得到细化。与变形温度的影响一样,变形程度影响最明显的是在(α+β)区的温度下,因为这时有α相存在,而α相经受了塑性变形。随着变形温度的提高,变形程度的影响减小。

在(α+β)区的温度下,变形程度的变化对力学性能尤其是塑性的影响要比在β区的更为显著(见图4-42)。在β区塑性变形时,变形温度的提高会使变形程度对力学性能的影响减小。

生产上选择工艺过程各阶段的变形程度时,与选择变形温度一样,首先考虑锻件和模锻件的质量要求;其次,要考虑到变形程度、毛坯的组织、锻件和模锻件的尺寸及形状等。

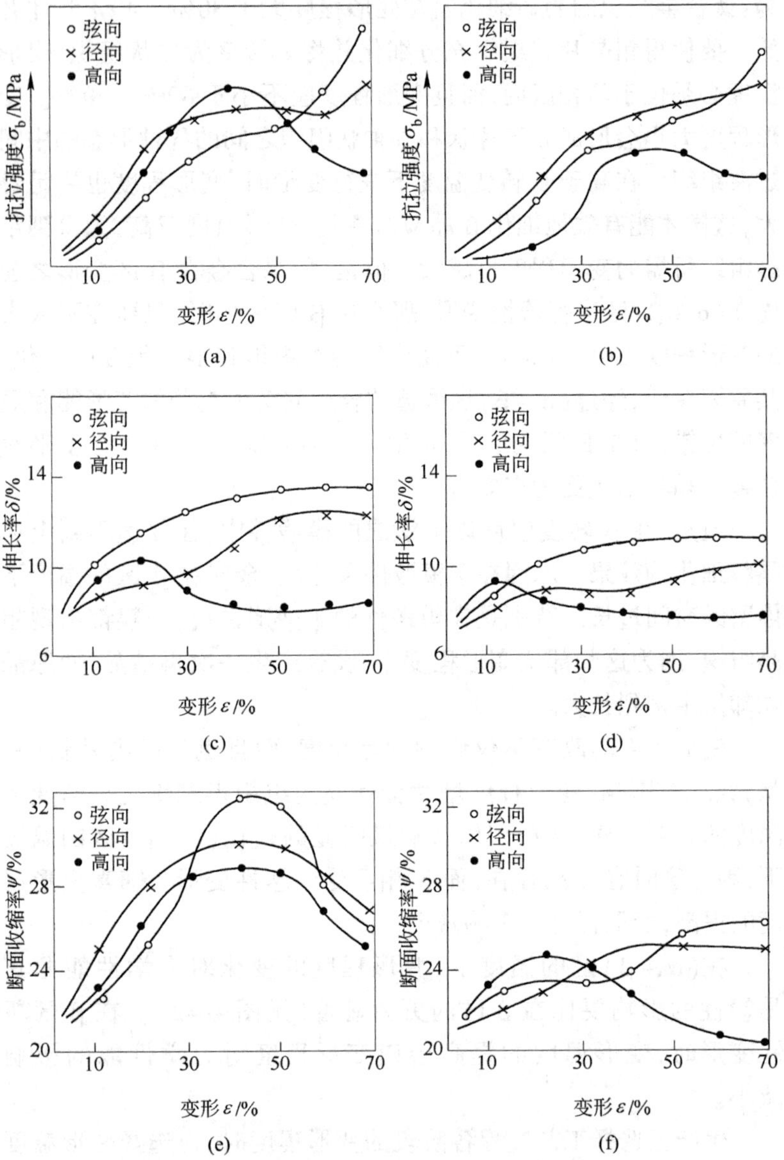

图 4-42　TC6 钛合金的力学性能和变形程度的关系

(a)～(c)960℃镦粗；(d)～(f)1050℃镦粗

4.7.3　变形速度的影响

钛合金可在锤和压力机上进行自由锻和模锻。两种锻造设备锻成的压气机盘与其他锻件的质量比较表明，两者的组织和力学性能是相近的。这说明锻造时模具的运动速度在 0.5～0.8m/s 到 6～8m/s 的范围内，变形速度对锻件的质量是没有显著影响的，但是，钛合金锻造还是希望采用变形速度较小的压力机。其主要原因在于锤上锻造时，变形热效应大，金属过热的危险性大，因而可能引起组织粗大和塑性下降。锤上锻造变形速率大，常常来不及发生再结晶，造成变形抗力上升和组织的不均匀。

锻造时热效应的大小和金属的温度、锻造速度和锻造比的大小有关。据资料报道：TC6 钛合金在 940～950℃用 50%～60% 变形程度锻造时，因热效应引起的温升为 40～60℃；变形程度减小到 20%～30% 时，热效应引起的温升降至 10～20℃，而变形程度增大到 80%～90% 时，热效应引起的温升则要达到 100～140℃。在锤上模锻工字形截面的钛合金锻件时，由于热效应，锻件辐板部位的温度要比凸缘部位高 100℃。在锤上锻造时，热效应引起的锻件局部温升有可能超过 β 转变温度，因此，在这些部位上便会形成局部粗晶组织(局部过热)，并降低锻件的室温塑性和疲劳强度，而且力学性能很不均匀。

为了避免锤上锻造和模锻时毛坯的局部过热，可以将锻造温度降低或通过轻击来进行模锻，锻造温度的降低会引起金属的变形抗力增大、要求用大吨位的设备和模具型槽磨损加剧。若采用轻击势必会使毛坯与模具的接触时间延长，毛坯表面迅速变冷，需要重复加热，从而延长毛坯在炉内的停留时间，引起锻件表面 α 层的增厚，降低合金塑性和零件的持久强度，而且降低劳动生产率。

压力机锻造不同于锤上锻造。首先，压力机上锻造时合金部分地发生了再结晶，所以所需的变形力约比锤的要小 30%～

40%，因而在压力机上可以在较低的温度下进行锻造。其次，压力机上锻造时，可以通过调节变形速度，使热效应产生的热量和模具导热引起的热损失基本上互相抵消，因而在压力机上锻造时，可以保证足够均匀的变形条件。但是，压力机上锻造的主要缺点在于，热金属和模具的接触时间较长，毛坯上的难变形区较大，而这些部位往往带有未锻透，类似于原始坯料的组织。

图4-43所示为液压机和高速锤上锻出的TC4合金同样锻件的力学性能比较。在815～1093℃范围内，随着锻造温度的升高，除了压力机和高速锤锻出的锻件锻态屈服强度稍有下降外，锻造温度对两种设备锻出的锻件的锻态和热处理态的抗拉强度以及热处理态的屈服强度无显著影响。经过热处理的锻件强度指标都比

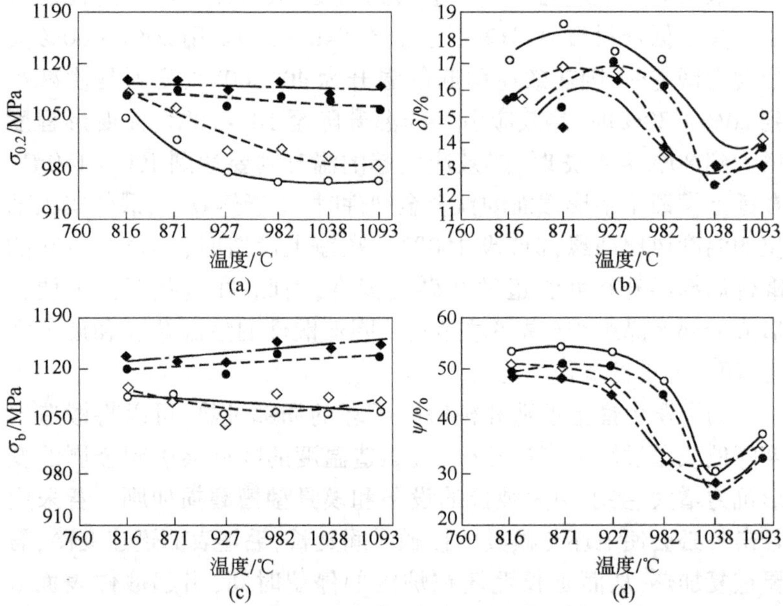

图4-43　TC4钛合金力学性能和锻造温度、变形速度的关系

（热处理制度：930℃/1h，水淬+600℃/4h，空冷）

—○—高速锤锻态锻件；—◇—液压机锻态锻件；

—●—高速锤锻热处理态锻件；—◆—液压机锻热处理态锻件

锻态的高,压力机锻成的锻件强度指标比高速锤的略高。而两种设备锻出的锻件的塑性指标(伸长率和断面收缩率)则随锻造温度的升高而降低,在大约1010~1038℃时,塑性指标降至最小值,然后在1093℃又显示出有些增高。高速锤锻成的锻件的塑性指标比液压机上锻的略高。塑性指标最低点的温度为1010~1038℃,此温度恰在该合金的β转变温度(998℃)以上。所以,塑性指标的下降主要是β锻脆性的反映。

由以上比较可见,变形速度对钛合金锻件力学性能的影响,当变形速度从0.102m/s(液压机模具工作速度)提高到14.5m/s(高速锤模具运动速度)时并未发现有很大的改善,所以变形速度的影响不太显著。

4.7.4 锻后冷却的影响

钛合金锻件和模锻件锻后通常均采用空冷。但是,锻件或模锻件在β区的温度下锻后若经水淬,则其退火状态下的塑性指标和其他一些力学性能比空冷加退火的要高。锻后快冷使合金力学性能提高的原因是β晶粒细,β晶粒内α相细化且呈针状,β晶界上片层α相变薄。但是,快速冷却并非对所有钛合金的力学性能都有利,例如,对Ti-2.5Al-7.5Mo-1Cr-1Fe合金((α+β)合金),在β区温度下变形后则要采用缓冷,因为这种合金的合金化程度高,组织中α针很细,要使其达到平衡状态并使α针加粗到最优尺寸,就必须采用缓冷;而对合金化程度较低的合金,如TC6、TC9、TC4等合金,在β区温度下变形后,要使快冷显出其效果,必须把冷却速度控制在一定的范围内,如果冷却太快,组织中α针尺寸可能细小到小于最优尺寸,这可能会大大降低塑性,另外,快冷还会使β相一次再结晶受阻,从而使锻件上保留有粗晶组织。正因如此,在生产上常出现截面尺寸大于25~30mm的模锻件,当锻后水冷再经退火后,其塑性提高,而在截面厚度较小的模锻件上,塑性却降低的现象。所以,在选择β锻造后的冷却制度时,应考虑到金属的组织和晶内结构。

4.8　显微组织对半成品力学性能影响的讨论

当热机械加工工艺(变形工艺和热处理)制度改变时,在钛合金,特别是两相钛合金半成品中能够获得的组织是多种多样的,根据现有理解的组织方面的知识,有可能预测相应半成品的性能,通过优化组织能够使钛合金半成品的力学性能和零件的工作能力达到最佳状态,因而半成品组织优化研究是非常有意义的,解决该课题的一个必要条件是确定组织对力学性能各种指标影响的规律性。

国内外学者在这方面开展了大量的研究工作,作出了杰出的贡献,在一些出版物中讨论了各种不同观点,其中包括评述性的。在现代观念的水平上讨论组织对力学性能的影响至少包括下列几个方面,即:(1)组织类型影响的规律性;(2)组织参数影响的规律性;(3)相成分影响的规律性;(4)化学成分影响的规律性等。

4.8.1　显微组织类型对半成品性能的影响

钛合金的显微组织的两种极端类型是球状(等轴)和片状组织。正是这些组织类型决定着相应合金不同的力学性能可能的变化范围。

在球状(等轴)组织情况下,这些合金,特别是两相钛合金具有最高的塑性、瞬时强度、冲击韧性和抗高周疲劳能力。片状组织主要能够确保更高的热强性、断裂韧性和抗裂纹扩展能力。

组织类型的变化对不同性能指标的变化程度是不同的。它们对组织的不同敏感性主要取决于变形过程和不同力学性能试验方法中的断裂特点。塑性指标受组织的影响最大、最明显。片状组织时($\alpha+\beta$)钛合金的断面收缩率比球状组织降低70% ~80%(相对比较),相对伸长率的减少可能达到40% ~50%。特别应该指出,在不同组织情况下,相对伸长率和断面收缩率的均匀变形部分的数值差别只有10% ~15%。片状组织主要塑性损失是发生在断裂极限塑性的集中变形部分(颈缩)。这说明,具有上述组织类型的(α+β)合金中进行光滑试样拉伸试验时的塑性差别和相应真实抗拉强度差别,主要是由断裂过程发展中的差别决定的。

与塑性和真实抗拉强度指标不同,表示材料拉伸变形开始阶段的变形抗力($\sigma_{0.001}$、$\sigma_{0.01}$、$\sigma_{0.1}$)和变形强化速率(模量)等参数,以及瞬时拉伸强度对组织都不是太敏感。如 BT3-1、BT9、BT8 和 BT25y 等(α+β)钛合金,两种组织经过相同热处理后的瞬时拉伸强度水平的差别不超过 10% ~15%,而在薄片状晶内结构的具体情况下($d \leqslant 10 \sim 15\mu m$,$b \leqslant 1 \sim 1.2\mu m$),片状组织具有比球状组织更高的瞬时拉伸强度。

带缺口($r = 0.1 \sim 0.5mm$)试样的拉伸试验与光滑试样的试验不同,对 BT3-1、BT9、OT4 等合金,所有试验结果的带缺口的拉伸强度与光滑拉伸强度之比值(σ_b^H/σ_b)都超过 1,这证明这些合金的两种组织类型对缺口都不敏感。而球状组织缺口试样的塑性降低比片状组织更大(前者为70% ~90%,后者为50% ~60%)。由于这个原因,球状组织对缺口试样断面收缩率与光滑试样断面收缩率的比值比片状组织时的小 2.0 ~2.5 倍(前者为 0.11 ~0.25,后者为 0.25 ~0.50)。

因为缺口的影响与裂纹生成所必需的功的变化(减小)有关,而没有反映裂纹扩展所需要的功,可以认为(α+β)钛合金的片状组织光滑试样与球状(等轴)组织的相比,较低的塑性和较低的断裂抗力是由裂纹的较早产生决定的,这已经得到证实。而在缺口条件下,球状组织的塑性性能失去了相对于片状组织的优越性,可能只是与断裂功中裂纹扩展起作用的那部分功增大有关,这部分功与裂纹生成功不同,在片状组织情况下,裂纹扩展需要更大的功。

在按标准($r = 1.0mm$)进行动态弯曲试验时(冲击试验),球状组织在大多数情况下比片状组织具有更高的断裂功(冲击韧性)。(α+β)钛合金的组织类型变化时,冲击韧性的变化可能达到 40% ~50%。然而,当缺口锐角越尖锐时,球状组织与片状组织相比,在冲击韧性水平方面的优越性逐步减小,并且从一定的缺口半径开始片状组织占有优势。

当缺口半径减小时，所有研究关于不同组织的合金，在静力弯曲试验中的断裂功有着相类似的变化，从而推论球状（等轴）组织的特点是具有最大的抗裂纹生成能力，而片状组织具有最大的抗裂纹扩展能力。

正如所描述的那样，对于钛合金的持久强度（σ_τ）和蠕变抗力（$\sigma_{0.2/\tau}$）更可取的是片状组织，而不是球状（等轴）组织，然而，只有在超过 300 ~ 400℃ 温度后，持久和蠕变性能的优势才能发挥出来。在较低温度下，球状组织能够保持实际上与片状组织相同或更高的热强性（见表 4-1）。这可能是由于在较低温度的低速蠕变条件下，球状组织材料比片状组织具有更高的屈服极限。

表 4-1　具有球状组织和片状组织的 BT9（TC11）钛合金轧棒的持久强度和蠕变抗力（缺口半径 $r = 0.15$mm）

组织	t/℃	σ_b /MPa	σ_b^H /MPa	σ_{100} /MPa	σ_{100}^H /MPa	σ_{1000} /MPa	σ_{1000}^H /MPa	$\sigma_{0.2/100}$ /MPa
球状	300	950	1260	890	1310	880	1300	670
	500	820	1140	610	950	540	700	280
	550							150
片状	300	900	1240	890	1160	880	1150	660
	500	840	1160	630	970	590	750	400
	550							250

在上述两种组织类型的情况下，BT9（TC11）合金缺口试样的瞬时和持久强度比值（σ_b/σ_b^H、$\sigma_{100}/\sigma_{100}^H$、$\sigma_{1000}/\sigma_{1000}^H$）都大于 1，这表明它们在热强试验条件下对缺口不敏感。在 300℃ 时，球状组织的 σ_{100}^H 和 σ_{1000}^H 与片状组织相比具有足够明显的优越性（11% ~ 12%），而在 500℃ 时，球状组织却低于片状组织（2% ~7%），这证明这时在片状组织中导致材料脆化的过程发展更慢。

因此，研究过的合金中具有片状组织的与球状组织的相比有更高的持久强度和抗蠕变性，但并不是在所有温度条件下都能体现出来的。在较低的温度下,球状组织能确保高的热强性,然而在实践中,由于在这些温度下热强性能总的水平较高,就显得没有特别的意义。

组织对(α+β)钛合金的高周和低周疲劳抗力的影响也是不一样的,这与加载方式、循环基数、试验温度和应力集中系数等有关。对BT9、BT3-1和BT25y合金轧制和挤压棒材的研究结果表明,在$f=30\sim50$Hz的高周疲劳试验(弯曲)时,球状组织的光滑试样在室温下以$N=5\times10^6\sim1\times10^7$周为基数的疲劳强度$\sigma_{-1}$比片状组织试样高22%~27%(100~160MPa);而当以$N=2\times10^7$周为基数时,其差别为11%~16%(60~100MPa)。

当试验温度提高到500℃时,球状组织材料的疲劳极限降低更为显著,显然,这是由于在这个温度下球状组织具有更低的蠕变抗力,导致球状组织的优越性发生不同程度地降低,甚至片状组织占有某些优势。

缺口对钛合金的疲劳极限σ_{-1}有很大的影响。缺口的应力集中在循环加载条件下导致断裂抗力的降低。对BT9(TC11)钛合金轧棒的研究结果表明,球状组织时σ_{-1}值的相对降低比片状组织更大(见图4-44和表4-2)。采用缺口半径较大的试样时($r\geqslant0.25$mm、$K_t\leqslant3.35$),保持球状组织的优越性不小于12%~15%,而采用较小的缺口试样时($r=0.10$mm、$K_t=4.6$),片状组织能确保更高的疲劳极限。

表4-2 显微组织对BT9(TC11)钛合金轧棒高周和低周疲劳性能的影响

组织	高周疲劳时的σ_{max}/MPa (光滑试样:$N=1\times10^7$周)		低周疲劳时的σ_{max}/MPa (缺口试样:$K_t=2.48$,$N=5\times10^4$周)	
	R① $=0$	$R>0$	$R=0$	$R>0$
球状	380	510	360	450
片状	340	580	420	540

① R为应力比。

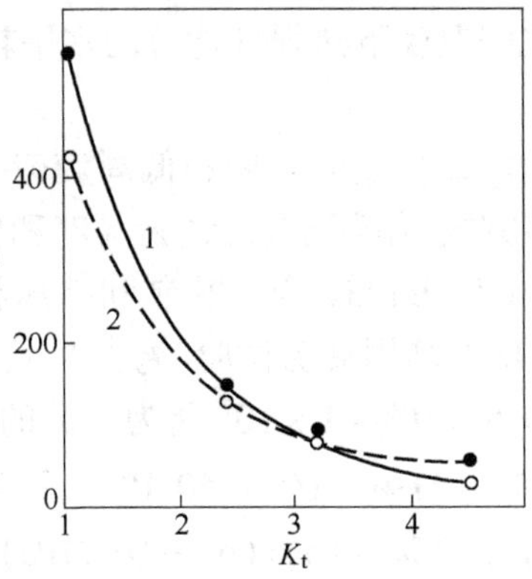

图 4-44　组织和缺口应力集中系数 K_t 对 BT9(TC11)合金轧棒疲劳极限 σ_{-1}($N = 5 \times 10^6$ 周)的影响

1—球状组织;2—片状组织

BT9(TC11)合金光滑试样在对称加载循环条件下($R = 0$、$N = 1 \times 10^7$ 周)的高周疲劳试验如同旋转弯曲疲劳试验时那样,表明球状组织具有优越性,然而,这种优越性只有 40MPa(见表 4-2),而在旋转弯曲疲劳试验时的优越性等于 120MPa。在非对称加载循环($R > 0$)即同时有静载荷($\sigma_{静} = \sigma_{min} = \sigma_b/4 = 270$MPa)条件下的类似试验中,片状组织试样具有更高的疲劳极限水平。在 BT3-1(TC6)合金的模锻件上也有相似的结果(在 $N = 1 \times 10^8$ 周、$K_t = 2.5$,$\sigma_{静} = 100$MPa 的条件下,球状组织和片状组织 σ_{max} 分别为 80MPa 和 100MPa)。很明显,这是由于施加静拉伸载荷加速了裂纹的发展,片状组织中裂纹发展比在球状组织中更加困难。

概括地说,片状组织具有比球状组织更高的抗断裂特性水平,如图 4-45 所示。当试验温度较低、试验时间较短、应力集中较小、交变应力水平较高、静应力水平较低,也就是说裂纹生成过程的作用较大时,球状(等轴)组织更可取。反之,当试验温度较高、试验时间较长、应力集中较大、交变应力水平较低和静应力水平较大时，也就是说蠕变过程和裂纹扩展对变形和断裂的贡献较大时，片状组织更能满足使用性能的要求。这也说明，对于不同用途的半成品，考虑到零件结构(应力集中的大小)、决定零件工作能力的基本参数、温度－时间和其他使用要求，有必要对希望使用的组织做出选择。此外，为了更有效地利用合金的“组织强化”的可能性，必须考虑到组织参数对力学性能的影响。

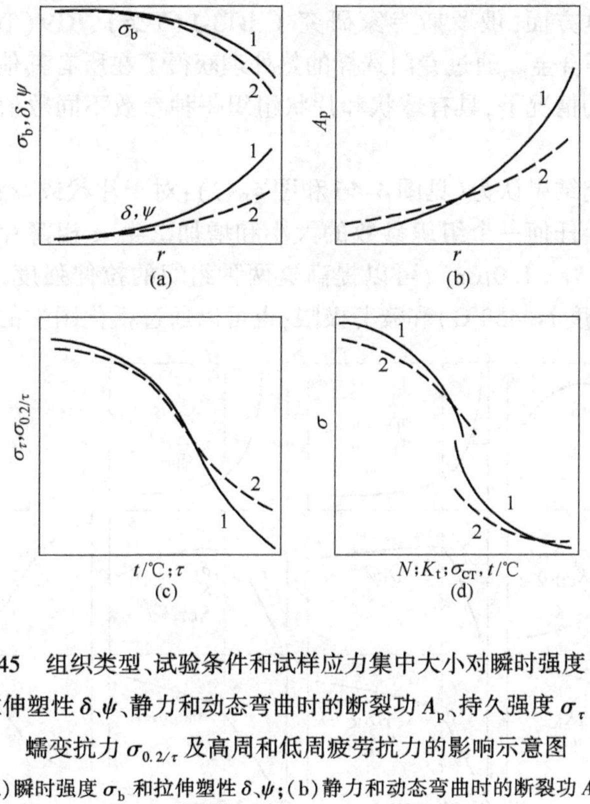

图4-45　组织类型、试验条件和试样应力集中大小对瞬时强度 σ_b 和拉伸塑性 δ、ψ、静力和动态弯曲时的断裂功 A_p、持久强度 σ_τ 和蠕变抗力 $\sigma_{0.2/\tau}$ 及高周和低周疲劳抗力的影响示意图

(a)瞬时强度 σ_b 和拉伸塑性 δ、ψ；(b)静力和动态弯曲时的断裂功 A_p；(c)持久强度 σ_τ 和蠕变抗力 $\sigma_{0.2/\tau}$；(d)高周和低周疲劳抗力

r—缺口半径；K_t—应力集中系数；σ_{CT}—$\sigma_{静}$

1—球状组织；2—片状组织

4.8.2　显微组织参数对力学性能影响的规律性

为了便于定量地研究显微组织对力学性能的影响,必须对组织的各种特征进行参数化。要控制组织以提高锻件(零件)的工作能力,必须知道性能与组织参数之间的定量关系。只有当明确了决定钛合金组织多样性的全套参数并制订出控制它们的方法之后,才有可能系统地进行这些研究,组织参数的定义参见第4.3节。

在这方面,俄罗斯专家研究了BT3-1(TC6)、BT9(TC11)和BT25y等合金。通过专门选择的热处理获得了在所有其他参数数值固定的情况下,具有球状和片状组织每种参数不同数值的各种状态。

研究结果认为(见图4-46和图4-47):对于片状或球状组织,通过减小任何一个组织参数的大小和增加次生α相薄片的体积分量γ_2($b_2 < 1.0\mu m$),可以提高这两种组织的拉伸强度、持久强度(当温度$t \leqslant 450$℃)和疲劳极限;也可以通过粗化图中的各种组

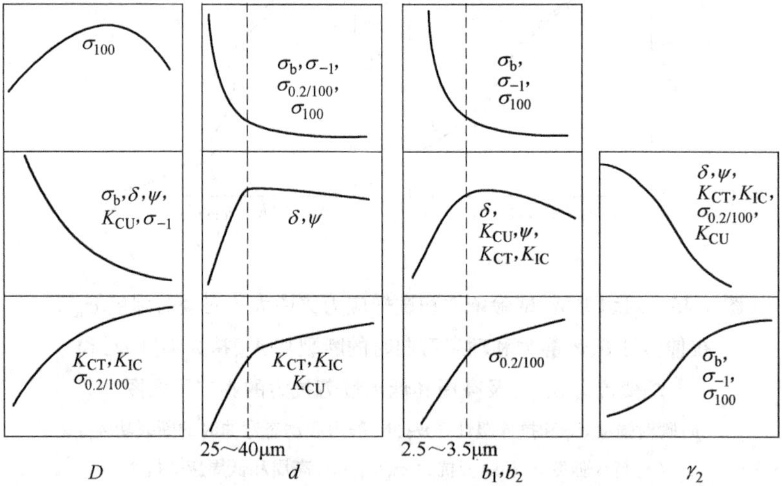

图4-46　(α+β)钛合金的片状组织参数对力学性能影响示意图
(K_{CU}为冲击韧性;K_{CT}为带预制裂纹的冲击韧性)

织参数，减少次生α相薄片的体积分量或增加较厚片层的体积分量来提高球状组织的塑性、断裂韧性、抗蠕变能力和持久强度（当温度 $t>450\sim500$℃）。而片状组织中通过增大α集束的尺寸（对于 δ 和 ψ 为 25~40μm）、初生α相片层的厚度（到 2.5~3.5μm）、细化（对 δ 和 ψ）或粗化（对 K_{CT}、K_{IC}、$\sigma_{0.2/100}$ 和 σ_{100}），β晶粒尺寸（对于 σ_{100} 则为 50~200μm）、减少α相薄片的体积分量来实现。而参数 $d=25\sim40\mu m$ 和 $b_1=2.5\sim3.5\mu m$，α片的厚度是个重要的界限，它将（α+β）合金的力学性能对组织的敏感性分成了高敏感区和较低敏感区（5~10 倍的差别）。

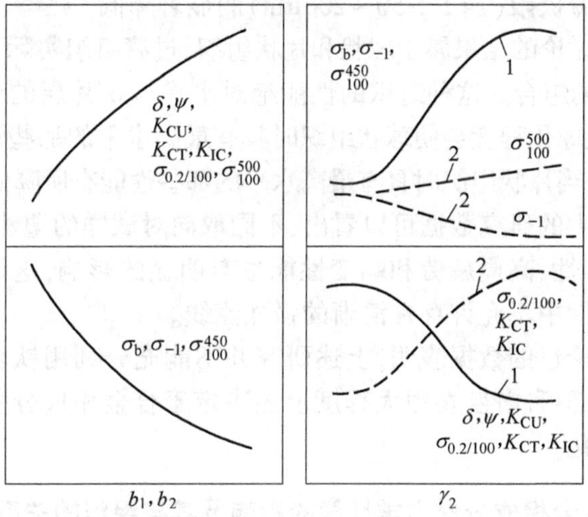

图 4-47　（α+β）钛合金的球状组织参数对力学性能影响示意图
1—$b_2<1.0\mu m$；2—$b_2\geqslant1.0\mu m$
（K_{CU} 为冲击韧性；K_{CT} 为带预制裂纹的冲击韧性）

研究工作确定了球状和片状组织参数对性能影响的定量规律，并证实对于片状组织和球状组织，下列的组织参数组合能够对所研究的（α+β）钛合金中实现各种不同性能的最佳匹配。

片状组织：$D=50\sim200\mu m$，$d=25\sim40\mu m$，$b_1=2.5\sim3.5\mu m$，$b_2=1.0\sim1.2\mu m$，$\gamma_\alpha\geqslant60\%$。

球状组织：30 ~ 40μm ≤ D ≤ 50 ~ 200μm，b_1 = 5 ~ 6μm，b_2 = 1.0 ~ 1.2μm，γ_α ≥ 10% ~ 30%。

还应指出的是：当 γ_α = 10% ~ 30% 时，上述的球状组织属于所谓球状－片状（双态）组织。这种组织在一定程度上综合了组织中两种组成部分的性能优点。

从图 4-46 和图 4-47 中可以看到，只规定球状和片状 α 的体积比是不够的，还必须规定 β 晶粒的尺寸和次生 α 相的厚度，否则可能或者不保证断裂韧性和蠕变抗力指标的提高（当 D < 30 ~ 40μm 和 b_2 < 1.0μm），或者发生所有强度性能（当 b_2 > 1.2μm）及塑性和疲劳极限（当 D > 50 ~ 200μm）的显著降低。

上述讨论的结果属于球状和片状组织，过渡组织实际上代表了它们两者的组合。这种组织的性能绝对水平与 α 片层的球化程度有关，增大球化程度会使球状组织时具有最高水平的那些性能得到提高，而使当片状组织时具有最高水平的那些性能有所降低。

从提供的研究数据可以看出，不同取向对试样的塑性、冲击韧性、断裂韧性、高周疲劳和蠕变性能也有明显的影响，这说明为什么在模锻件中不允许存在清晰的强烈流线。

已讨论过的数据表明，上述研究并不能充分利用钛合金组织强化的全部可能性，在很大程度上还决定于合金相成分变化引起的组织变化。

4.8.3　合金相成分对力学性能的影响及其与组织的关系

由于（α + β）钛合金能够通过从固溶处理温度的快速冷却和随后的时效进行强化，所以合金有可能析出亚稳定 β、α′、α″和 ω 相，由此相成分的变化引起力学性能的变化是众所周知的。在 500 ~ 600℃温度下，通常形成高弥散的三次 α 相（b_3 < 0.1μm），产生强化作用。根据从 BT3-1（TC6）、BT9（TC11）和 BT25y 合金获得的数据，与退火相比，这种强化处理的有效性反映在至 750 ~ 800℃的高温拉伸、至 400 ~ 500℃ 的持久强度和蠕变抗力（在 450 ~ 500℃下 τ ≥ 500 ~ 1000h，如在 500℃下则 τ ≤ 100 ~ 500h）和

至500～550℃的疲劳极限(见图4-48)。随着试验温度的升高(高于400～500℃)和时间的延长,热强性能增加的减缓是由于三次α相颗粒的聚集长大和在这些温度下发生的其他组织变化造成的。因此,针对长寿命条件($\tau \geqslant 500 \sim 1000$h),上述合金的工作温度在强化热处理后不应超过400～450℃,而在较短的寿命下这些温度可以提高50～100℃。

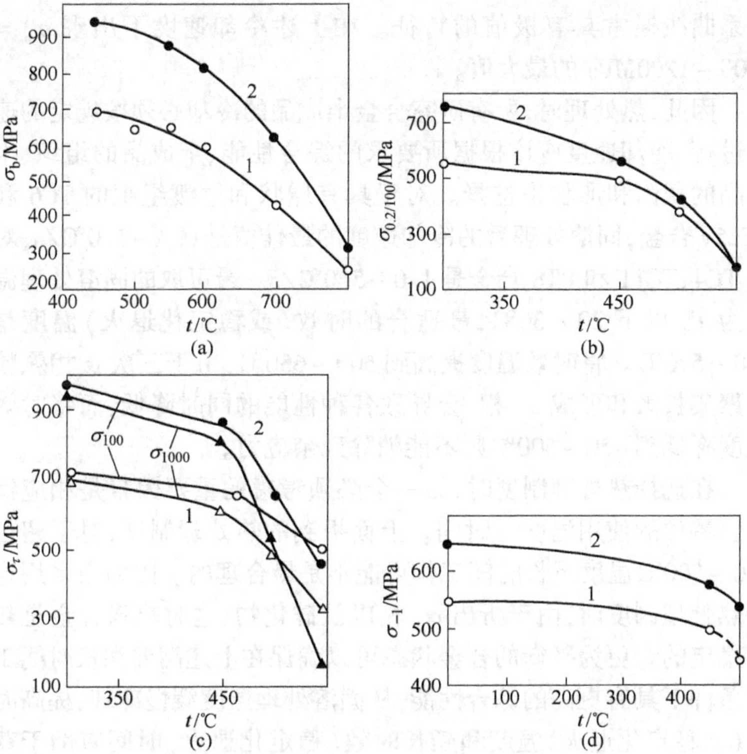

图4-48　按不同制度热处理后试验温度对具有球状组织的BT9(TC11)钛合金轧棒拉伸强度σ_b、蠕变抗力$\sigma_{0.2/100}$、持久强度σ_τ和疲劳极限σ_{-1}的影响

热处理制度:1—950℃/1h,炉冷至550℃(v_0=0.05℃/s),然后空冷+550℃/6h;2—950℃/1h,水冷(v_0=45℃/s)+550℃/6h

固溶处理温度、随后的冷却速度和时效温度对与相成分有关的组织和力学性能变化有显著的影响。用工业纯钛、TC4、TC6、TC11、BT8 和 BT25y 合金完成的研究工作能够确定,提高固溶处理温度和冷却速度会导致拉伸强度、持久强度、蠕变抗力和疲劳极限的不断提高。加快冷却时,塑性或者不断降低(主要在片状组织情况下),或者按照有最大值的曲线变化(当 v_0 = 0.3 ~ 5.0℃/s 时)。断裂韧性、冲击韧性和带应力集中试样的强度极限指标的关系曲线通常具有极值的特征。在上述冷却速度下出现 σ_b = 1000 ~ 1200MPa 的最大值。

因此,热处理时,所有研究合金半成品的冷却必须按规定的速度进行,冷却速度应该根据所要求的综合性能、半成品的组织、半成品的截面和形状来选择。对于具有球状和过渡组织的 TC6 和 BT25y 合金,固溶处理后的冷却速度的最佳值是 0.3 ~ 1.0℃/s,对于 TC4、TC11 和 BT8 合金是 1.0 ~ 5.0℃/s。最可取的固溶处理温度为 T_β 以下 20 ~ 30℃,最适合的时效(或稳定化退火)温度是 530 ~ 570℃。将时效温度提高到 600 ~ 650℃,由于三次 α 相颗粒的聚集长大和形成 α_2 相,会导致各种性能的同时降低,而将时效温度降低到 450 ~ 500℃ 则不能消除残余应力。

在选择热处理制度时,另一个必须考虑的重要因素是相应钛合金零件的使用温度 - 时间。上面提到的热处理制度,对于超过 450 ~ 500℃ 温度下长时间工作可能不是最合理的。因为当采用这些热处理制度时,由于析出 α_2 相以及硅化物,这时热强合金是热不稳定的。更为平衡的合金状态可以确保在上述高温和长时间工作条件下具有更高的综合性能,从固溶处理温度缓慢冷却,提高时效(或稳定化退火)温度和延长时效(稳定化退火)时间有助于获得更为平衡的合金状态。

合金的相成分对性能与组织类型的关系同样有影响,用关系式 $K = (\psi_{球} - \psi_{片})/\psi_{球}$ 来评定性能对组织的敏感系数的变化可以证实这种观点。具有片状组织的 TC6 和 TC11 合金晶粒度,D 等于 100μm、200μm 和 500μm 棒材退火后的 K 值为 0.02、0.10 和

0.40；而强化热处理后 K 值相应为 0.34、0.45 和 0.63。这意味着晶粒度大的比晶粒度小的更为敏感，经过强化热处理的半成品组织应该比在退火状态下半成品组织更为敏感，有更高的要求。例如，为了当 $\sigma_b=1100\text{MPa}$ 时断面收缩率 $\psi\geqslant 20\%$，TC6 和 TC11 合金片状组织中 β 晶粒尺寸不应超过 400μm 和 250μm，当 $\sigma_b=1200\text{MPa}$ 时相应地不应超过 150μm 和 100μm，而当 $\sigma_b=1300\text{MPa}$ 时则完全不允许片状组织。从引用的数据可知，为了确保所研究合金具有高的综合性能，不仅必须规定组织类型和组织参数，还应规定它们的相成分。

4.8.4 化学成分对性能的影响及其与组织的关系

化学成分对钛合金性能影响规律性的系统研究从研制钛合金时就开始了，大量的研究工作讨论了具体合金的合金化理论。在合金中，通常规定足够宽的合金元素最低和最高含量之间的范围（从 0.5% 到 1.5%），这样增加了性能的分散性，但与此同时却保证了将成分控制在合格范围内的可能性，以便提高从使用条件考虑最重要的性能指标。在不考虑氧和氮的情况下，合金中元素最低含量和最高含量之和的差值是：TC6—4.5%，TC4—2.5%，TC11—3.9%，TC18—6.3%，BT25y—5.3%。因而，必然带来性能有一个变化的范围，例如在相同的组织情况下，TC6 合金力学性能的变化可能达到：σ_b—260MPa，K_{IC}—53MPa · $m^{\frac{1}{2}}$，σ_{-1}—170MPa，σ_{100}^{450}—130MPa。

由此得出，为了对具体使用条件的合金预测其最佳的成分，必须以掌握性能与成分的多因素定量关系式作为基础。对于 TC6、TC11、BT8 和其他合金采用数学实验设计方法获得了相似的关系式。其中某些适用于具有球状组织的 TC6（式(4-1) ~ 式(4-5)）和 TC11（式(4-6)）合金的关系式如下（其中 C_{Al} 为 Al 元素的含量，C_{Mo} 为 Mo 元素的含量，C_O 为杂质 O 元素的含量，其余类推）。

拉伸强度： $\sigma_b = 58 + 3.0C_{Al} + 3.5C_{Mo} + 3.5C_{Cr} + 7.0C_{Fe} + 17C_{Si} + 83C_O$ (4-1)

断面收缩率： $\psi = 114 - 4.2C_{Al} - 5.0C_{Mo} - 5.0C_{Cr} - 10C_{Fe} - 24C_{Si} - 120C_O$ (4-2)

冲击韧性： $K_{CU} = 12 - 0.4C_{Al} - 0.5C_{Mo} - 0.5C_{Cr} - 1.0C_{Fe} - 3.4C_{Si} - 15C_O$ (4-3)

断裂韧性： $K_{IC} = 546 - 21C_{Al} - 25C_{Mo} - 25C_{Cr} - 4.9C_{Fe} - 128C_{Si} - 596C_O$ (4-4)

450℃持久强度： $\sigma_{100}^{450} = 21 + 4.5C_{Al} + 1.5C_{Mo} + 1.9C_{Cr} + 2.2C_{Fe} + 1.8C_{Si} + 43C_O$ (4-5)

500℃持久强度： $\sigma_{100}^{500} = 26 + 4.9C_{Al} + 1.3C_{Mo} + 0.5C_{Zr} + 2.1C_{Si} - 7.4C_O$ (4-6)

对这些关系式的分析表明，所研究合金的拉伸强度、持久强度和疲劳极限随着所有元素含量的增加而提高（σ_{100}^{500}—氧除外），而塑性、冲击韧性（K_{CU}）和断裂韧性则相应降低。按照对强度性能、塑性和韧性指标影响的降低程度，合金元素和氧可以按以下次序排列：氧、硅、铁、铬、钼、铝、锆。而按照对持久强度的影响，在氧之后铝占据第二的位置。

在统计数据基础上对获得的关系式的验证表明，性能的计算值和实验值有很好的相似性。这样就有可能在必要情况下利用这些关系式将合金成分控制在合格范围内。

根据现有数据能够作出一个基本的结论是：用铝、锆和锡合金化与用β稳定元素合金化相比，在较小程度上影响性能对组织的敏感性。当上述α稳定元素含量每增加1%时，性能对组织的敏感系数 K 的提高为0.03～0.05，而β稳定元素每增加1%时，K 提高0.1～0.15。此外，合金化程度的不同也直接影响合金的组织参数与性能的关系，例如，α型TA7合金未曾发现厚度小于3.5μm的片层，在β稳定系数 $K_\beta = 0.18$ 的近α型OT4合金中未曾发现厚度小于1.5μm的片层，而 $K_\beta = 0.33 \sim 0.54$ 的（α＋β）型TC11和TC6合金最小α片厚度为0.1～0.2μm，可见，随着系数

K_{β} 的提高，α 片可能更精细。这正是为什么(α+β)合金比 α 和近 α 合金具有众所周知的更高的力学性能对组织类型的敏感性的原因。

4.9　半成品最佳组织的选择原则

最近几年，按照极限允许的应力和温度力求充分挖掘材料的潜力，提高钛合金零件的寿命和可靠性，这成为了冶金工作者共同努力的目标。提高钛合金各种使用性能的一个有效途径是确保半成品中最佳的组织状态，这种组织状态取决于相应零件的工作条件。基于目前对组织—性能关系规律性的认识，通常在不同性能指标之间采取一定的折中，而重点以提高最能影响零件寿命和可靠性的那些性能为基础。此外，还应考虑材料质量的稳定性和经济性，选择获得相应性能—组织的热机械加工工艺方案。下面以这种观点论证一系列航空高负荷零件选用的最佳组织，首先是航空发动机的盘件、轴和工作叶片。

决定航空发动机压气机盘件寿命的主要因素是转动时盘件自身的离心力和叶片离心力产生的拉应力下的低周疲劳性能。当工作温度 $t \geqslant 500 \sim 550$℃时，蠕变抗力也是需要考虑的一个重要因素。此外，在设计时还要利用或考虑的材料性能有瞬时拉伸强度、持久强度、抗高周载荷能力、塑性、冲击韧性和裂纹抗力等。

因此，普遍认为，规定球状-片状(即双态)组织和细晶片状组织是盘件最有利的组织，它能确保对组织要求相互矛盾的性能得到最佳的组合。按照大多数专家的意见，对于在 500～550℃温度条件下工作的盘件，应该优先选择球状组织和接近于球状组织的过渡组织，而对于在更高温度下工作的盘件，应该优先选择片状组织。

对于在适中温度下使用的盘件，选择球状组织和接近于球状组织的过渡组织是基于如下因素：

(1)目前，在计算盘件寿命时，与以允许裂纹为基础的安全损伤容限原则相比较，大多数还是采用不允许产生裂纹的设计原则；

(2)具有球状组织和接近球状组织的过渡组织的盘件在生产阶段有较大的检验适应性,在无损检测的敏感性方面有很高的可探性;

(3)确保获得球状组织和过渡组织的变形工艺有较好的稳定性,这对于提高产品的可靠性是很重要的。

对于在更高温度下工作的盘件,采用片状组织也是势在必行的选择,因为对高温条件下的蠕变抗力有了更高的要求,在高温下钛合金的蠕变抗力与低周疲劳、高周疲劳比较在更大程度上限制着极限工作应力。为了提高具有球状组织盘件的寿命,要减少片状组织盘件的塑性、高周和低周疲劳抗力以及其他某些性能的损失,在现有的标准中对允许的这两种组织类别通常给予一定的限制。此外,只对于近 α 合金,使用片状组织才公认是允许的,这是因为,与(α + β)合金比较,近 α 合金具有力学性能对组织有较小敏感性的特点。

轴类零件的苛刻受力状态比较接近于盘件,主要决定于由扭转、弯曲和剪切时形成的应力作用产生的低周载荷抗力,所以轴类件和盘件的组织要求是类似的。

对于工作叶片,起决定作用的载荷是高频交变载荷,主要的工作能力判据是高的高周疲劳抗力。此外,叶片可靠工作的重要附加条件,特别是对于前几级叶片是高的裂纹抗力,以保持当外来物飞入发动机和产生撞击时的高寿命水平。对于大部分叶片品种,具有高水平疲劳极限的球状类型组织被认为是最佳的。对于前几级叶片,特别是对于大规格的叶片(风扇叶片),在工作时,在交变载荷上还叠加了足够高的静应力,所以球状 - 片状组织(双态)是更可取的。

与所讨论的航空发动机转动零件一样,直升机的转动轴套和其他承力组件也属于较高载荷的航空零件,它们的寿命和使用安全首先与材料的抗高周疲劳断裂的能力有关。由此决定了对这些零件倾向于采用球状组织或具有高球化程度的过渡组织作为允许组织。然而,还必须顾及这些零件同时承受有显著静应力作用的非对称性周期载荷，以及比盘和叶片更长的计算寿命（$N \geqslant 10^8$ 周）。从前面提供的数据和图表得知，片状组织可能是更合理的。

一些研究工作讨论了飞机机身不同部件最佳组织的选择原则。曾经指出，对蒙皮板材提出的最重要要求是抗疲劳裂纹扩展能力。在球状组织中改善这一特性可以通过建立有利的织构来实现，而当这还不够或由于某种原因不可能或不允许时（由于在特定方向上性能的降低），则通过获得片状组织来实现。

大量品种的飞机零件是由模锻件制造的，例如翼肋和大梁等。翼肋应该具有高的强度和刚性，因此，对翼肋类零件选用球状组织是合理的。对于大梁，重要的是高的疲劳强度、抗裂纹扩展能力、断裂韧性，相应地片状组织是更可取的。

因此，半成品最佳组织的选择应该建立在对这些零件的使用条件和工作状况清楚的分析基础之上。然而，在工程上还必须对具有不同组织的各种零件经过相关的实际试验和台架试车。

5 锻压设备

根据在锻压过程中所发挥的作用不同,锻压设备可分为主要锻压设备和锻压辅助设备。

5.1 主要锻压设备

钛及钛合金常用的主要锻压设备包括锻锤、液压机、螺旋压力机、机械压力机和特种锻压机5类,具体包括:空气锤、蒸汽-空气锤、电液锤、自由锻液压机、模锻液压机、快锻机、精锻机、环锻机等。

5.1.1 锻锤

锻锤是利用冲击能进行工作的一种锻压设备。它以压缩空气、蒸汽或液体作动力,推动汽缸内的活塞上下活动,并带动锤头做直线往复运动,使锤头在很高的速度下打击锤砧上的坯料,锤头释放出来的动能转变成很大的压力,从而使坯料发生塑性变形。

普通锻锤具有打击速度快、行程次数多、结构简单、安装维修方便和价格便宜等优点,是应用最广泛的锻压设备之一。但由于锻打速度快、频率高,产生的变形潜热较大,锻造过程容易导致锻件局部过热或组织不均。

根据工艺用途的不同,锻锤可分为自由锻锤和模锻锤;根据动力来源的不同,锤锻可分为空气锤、蒸汽-空气锤、电液锤、火药锤和机械锤等。目前,国内钛及钛合金锻造加工使用最多的仍然是空气锤和蒸汽-空气锤,但是蒸汽-空气锤具有能耗大、热效率低、振动噪声大、污染环境、浪费水资源和工作环境差等缺点,被电液锤取代的趋势已不可避免。

电液锤是在蒸汽－空气锤基础上发展起来的一种新型锻锤，它以电为能源，液压油为驱动介质，是机、电、液一体化设备。与传统的蒸汽－空气锤相比较，电液锤既能发挥锤类设备的优点，又能克服蒸汽－空气锤存在的缺点，具有效率高、清洁环保、易于实现自动化等优点。传统蒸汽－空气锤总的能源利用率不到1%，而电液锤的能耗仅为同吨位蒸汽锤的1/40，空气锤的1/4。如果采用下锤头（或锤身）微动的结构形式，还可以消除锻锤强烈的振动，改善锻压车间生产及其周围生产、生活环境。因此，电液锤是空气锤和蒸汽－空气锤理想的替代产品。国内外很多企业采用电液动力头改造现有蒸汽锻锤，取得了很好的节能效果。

电液锤按用途不同可以分为自由锻锤和模锻锤两种；根据原理和结构上的不同主要分成两大类：排油打击方式的液气电液锤和进油打击方式的全液压电液锤。液气电液锤又分为液气同缸上气下油式和液气分缸液气分离式两大类。

上气下油式电液锤其锤杆活塞上腔为封闭的高压氮气，通过活塞下腔进油或排油，实现锤头的提升和打击动作。锤头的做功靠锤杆活塞上腔的气体推力和落下部分的重力来完成。这种形式的电液锤以德国 Lasco 公司的第二代 KGK 型电液锤为代表。

液气分离式电液锤是上气下油式电液锤基础上的改进产品，它的气缸与锤杆的油缸完全分开，通过活塞下腔进油或排油实现锤头的提升及打击动作。锤头的做功靠锤杆两边的气杆推力及落下部分的重力来完成。

全液压电液锤是在液气电液锤基础上发展起来的第三代产品，以德国 Beche 公司和 Lasco 公司近年来分别开发的 KGH 和 HO/HO－U 型电液锤为代表。

全液压电液模锻锤的结构如图 5-1 所示。

国外生产的部分电液锤主要技术指标见表 5-1。

西安重型机械研究所开发的全液压自由锻和模锻电液锤主要技术指标分别见表 5-2 和表 5-3。

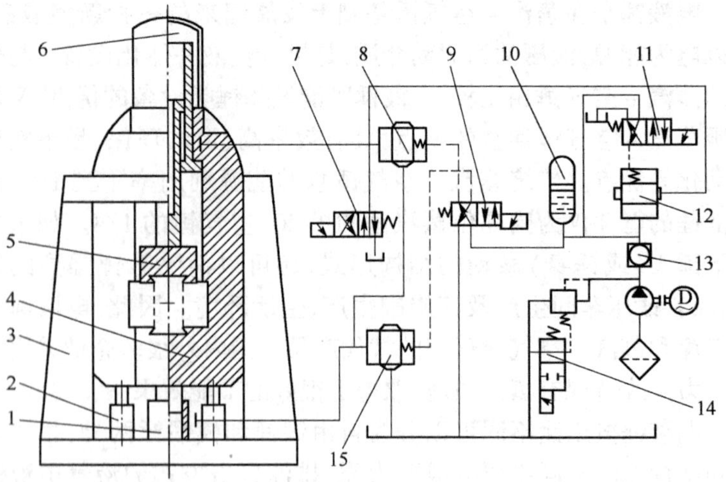

图 5-1　全液压电液模锻锤的结构

1—联通缸;2—气垫;3—外框架;4—锤身;5—上锤头;6—工作缸;
7,9,11—电磁阀;8,12,15—插装阀;10—蓄能器;
13—单向阀;14—电磁溢流阀

表 5-1　国外生产的部分电液锤主要技术指标

项 目 内 容	德　国			美国 Ceco 公司
	Lasco 公司	Lasco 公司	Beche 公司	
型　　号	KGK-500	HO-500	KGH-B-5	Die Forger
锤头公称打击能量/kJ	50	50	50	52. 5
落下部分质量/kg	4000	3400	3400	3630
锤头工作行程/mm	900	600	775 ~530	510
锤杆直径/mm	ϕ50			
锤头打击频次/次 · min^{-1}	58	120	98	90
锤头打击速度/m · s^{-1}	4. 95	5. 37	5. 37	
装机容量/kW	75	110	75	65
工作介质	矿物油	矿物油	矿物油	矿物油
液体工作压力/MPa	3	30	30	
气体充气压力/MPa	0. 8			
特　　点	“换头术”	“换头术”	“换头术”	“换头术”

表 5-2 全液压自由锻电液锤主要技术指标

型　号	CZYQ－35	CZYQ－70	CZYQf－120	CZYQ－150	CZYQ－180
额定打击能量/kJ	35	70	120	150	180
落下部分质量/kg	1300	2600	3400	4800	6000
最大打击行程/mm	1000	1100	1200	1400	1450
电机装机功率/kW	60	135	165	220	260
打击频次/次·min^{-1}	65～110	60～110	55～100	50～100	45～90

表 5-3 全液压模锻电液锤主要技术指标

型　号	CMYQ-25	CMYQ-50	CMYQ-75	CMYQ-125	CMYQ-250	CMYQ-400
额定打击能量/kJ	25	50	75	125	250	400
落下部分质量/kg	1300	2600	3900	6500	12600	19600
最大打击行程/mm	1000	1100	1200	1300	1400	1500
电机装机功率/kW	45	90	135	220	275	300
打击频次/次·min^{-1}	60～120	55～120	50～110	50～110	36～90	28～80

5.1.2 液压机

液压机是一种利用液体压力来传递能量的锻压设备。

液压机的优点是:在结构上易于获得较大的工作压力、工作行程和工作空间;工作压力和速度可根据需要进行调整;工作平稳,无冲击,噪声小,地面无震动。其缺点是:生产效率比较低,活动横梁放下死点不易准确控制,投资大。

由于液压机具有变形速度低的特点,而钛及钛合金对于变形速度比较敏感,变形抗力随变形速度的增加而急剧提高。因此,用液压机锻造钛及钛合金比用锻锤好,有利于钛及钛合金的塑性变形,尤其是大锻件。而小规格钛及钛合金锻件,如直径或边长小于100mm 的锻件,由于在与未经预热的锻造工具接触过程中温降较快,因此不适于在低速压力机上锻造。

按用途不同,锻造液压机主要分为自由锻液压机和模锻液压机;根据工作介质的不同,可分为油压机和水压机。它们都是专用定形设备。本节仅介绍多向模锻液压机、快速锻造液压机和等温锻造液压机。

5.1.2.1 多向模锻液压机

多向模锻液压机是带侧向水平柱塞和垂直冲孔系统的模锻液压机。图5-2所示为多向模锻液压机示意图。多向模锻液压机锻压可以获得带有侧孔和侧部突缘、最大限度接近成品零件形状和尺寸的复杂锻件。

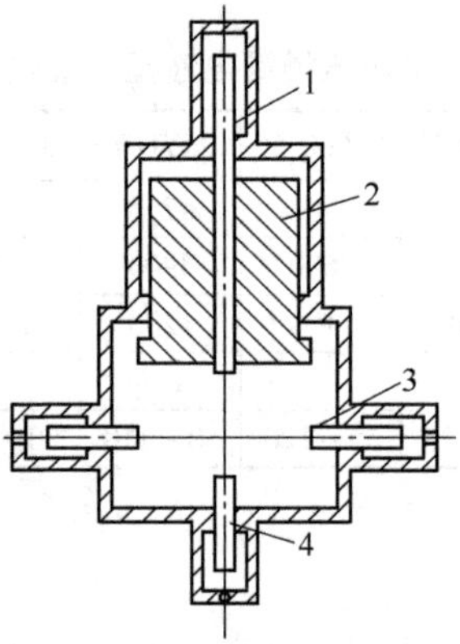

图5-2 多向模锻液压机示意图

1—垂直冲孔柱塞;2—主压下横梁;3—水平柱塞;4—顶器或下部冲孔柱塞

多向模锻液压机常见的结构是:在通用模锻液压机的基础上,增设两个水平工作液缸,称为四工位的多向模锻液压机;若增设四个水平工作液缸,则称为六工位的多向模锻液压机。若水平的执行机构用曲柄连杆机构传动,则称为机械式多向模锻液压机。

多向模锻液压机除具有通用液压机的某些特点外,还具有下列特点:

(1)多向模锻液压机的执行机构必须设置在相互垂直的位置,以便于在这些方向使模具来回移动和对锻件施加压力;

(2)垂直工作液缸的公称压力一般比水平工作液缸的公称压力大,前者约为后者的2~4倍;

(3)成对的水平工作液缸中,柱塞移动的同步性要求较高;

(4)成对的水平工作液缸、柱塞和冲头的同心度要求较高。

近年来,多向模锻水压机发展迅速。美国建造有300MN和315MN的多向模锻液压机,前苏联设计制造有65MN多向模锻液压机,我国设计制造有100MN多向模锻液压机(见图5-3)等。

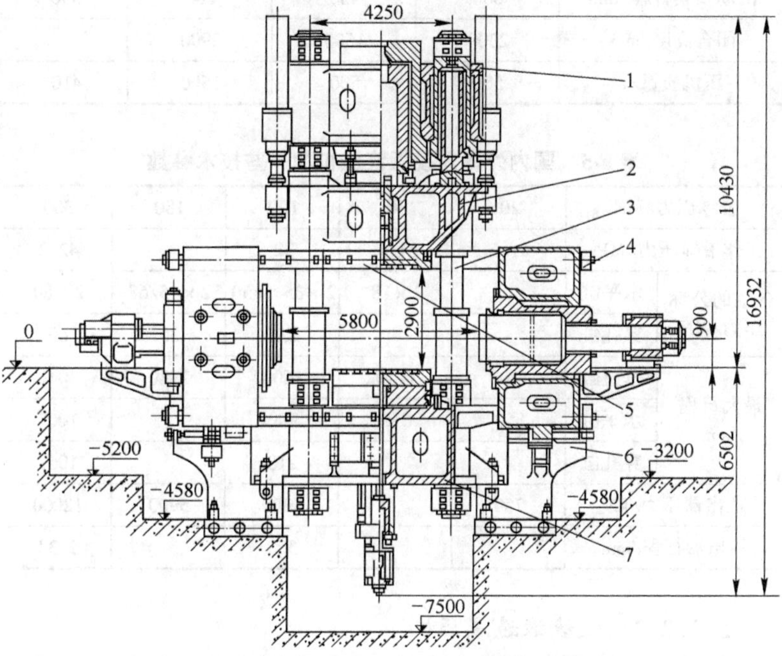

图5-3　我国制造的100MN多向模锻液压机

1—上横梁;2—活动横梁;3—立柱;4—水平梁;5—水平柱;6—支承;7—底座

国内外常见多向模锻液压机的主要技术参数见表5-4和表5-5。

表5-4　国外专用模锻液压机的主要技术参数

公称压力/MN	20模锻(法国)	20精压(法国)	300(前苏联)	150(前苏联)
结构形式	8柱8缸 缸柱同轴线	8柱8缸 缸柱同轴线	4柱4缸 缸柱同轴线	单缸筒式 超高压

续表 5-4

公称压力/MN	20 模锻(法国)	20 精压(法国)	300(前苏联)	150(前苏联)
工作液体压力/MPa	40	20/50	32	63
工作行程速度/mm·s^{-1}	50	周期 15s	1~50	周期 30s
活动横梁行程/mm	600	400	800	350
闭合高度/mm	2300	1500	3900	
压机质量/t	500	500	1500	410

表 5-5 国内外多向模锻液压机的一些技术参数

公称压力/MN		20	36	100	180	300
工作液体压力/MPa		31.5	31.5	32		42.2
各缸的公称压力/MN	水平缸		2×18	2×35.5/50	2×45/68	2×60
	穿孔缸			2.4	38	60
最大行程/mm	垂直缸	1500	1140	1600	2380	3048
	水平缸	850	610	900		1067
	穿孔缸			210		1067
顶出器压力/kN		750		5000	5900	12000
顶出器行程/mm				500		2133

5.1.2.2 快速锻造液压机

快速锻造液压机简称快锻机，属于液压机的一种，是 20 世纪 60 年代由德国率先开发研制的一种自由锻造设备。随着现代工业对自由锻件的尺寸精度和生产效率提出越来越高的要求，对液压机的锻造速度和压下精度的要求也随之提高，为了适应这种要求，快锻液压机应运而生。国外生产快锻液压机的厂家主要有德国曼内斯曼－德马克公司、潘因克(Pahnke)公司和日本的三菱长崎机工株式会社。我国快锻液压机的总体水平与德国制造技术相比还有较大的差距。目前世界最大的快速锻造液压机是 8000t 快速锻造液压机。

快锻机由于具有如下特点而得到越来越广泛的应用：锻造速

度高、动作灵敏，锻造次数达 80 次/min 以上；与传统的自由锻锤相比，自动化程度高，可自动控制进给量、压下量、旋转速度、打击频率，从而调节温降和变形温升，保证终锻温度、变形率、组织和性能，还能显著降低工人的劳动强度；锻造精度高，锻件厚度公差可达到 ±1mm；安全、节能，震动小，噪声低，显著改善生产工作环境。

快锻机大多采用下拉式主机结构，液压泵站设置在主机附近的地下室内。快锻机组一般由液压机主机、锭坯运输车、快锻专用锻造操作机、升降式回转台以及相应的液压控制系统、电气控制系统等组成。

典型快锻机的主要技术参数见表 5-6。

表 5-6 30MN 双柱下拉式快锻液压机的主要技术参数

参 数 名 称		参 数 值
公称力/MN		30
回程力/MN		4.5
最大工作行程/mm		1800
移砧台行程/mm		4600
移砧缸推力/kN		400
砧子尺寸/mm × mm		4 – 1400 × 400
上砧旋转装置提升力/kN		800
允许锻造偏心距/mm		500
锻造尺寸控制精度/mm		±1
锻造工作速度 /mm · s^{-1}	一级压力	0 ~ 137
	二级压力	0 ~ 93
	镦粗	0 ~ 30
回程速度/mm · s^{-1}		0 ~ 180
空降速度/mm · s^{-1}		0 ~ 140
锻造次数/次 · min^{-1}		
行程	一级压力	二级压力
25mm	105	90
40mm	80	67
100mm	40	30
200mm	20	16
最大钢锭质量/t		20
运锭车走行速度/mm · s^{-1}		400

5.1.2.3 等温锻造液压机

等温模锻是将模具加热到与被加工金属的变形温度相同的温度,以低应变速率进行的模锻,自始至终模具与工件保持相同的温度。可以实现薄壁、高筋、形状复杂或钛合金等难变形金属的成形;变形力仅相当于普通成形条件下的1/5～1/20,能以小吨位设备锻制投影面积大而薄的锻件,有利于减少金属材料的消耗和机械加工的费用。但是对模具材料要求较高。

等温模锻的关键是带有加热器进行感应加热或电精锻机电阻加热的模具(见图5-4)。

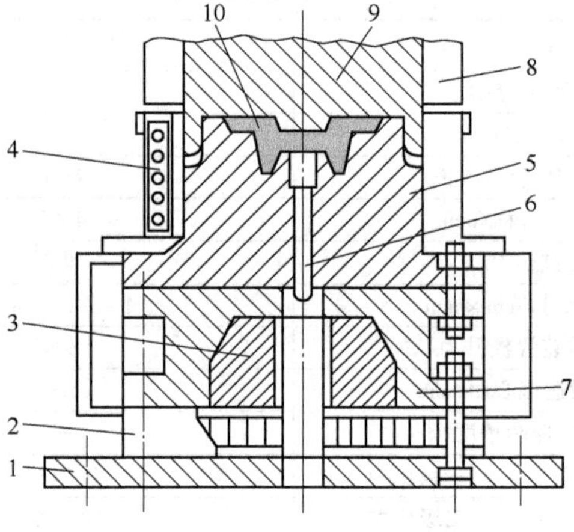

图5-4　带有活动感应器的等温模锻模具示意图

1—基板;2—壳体;3—绝缘体;4—感应器;5—下模块;6—顶料杆;7—中间垫板;8—上模感应器;9—上模块;10—锻件

目前,国产万吨数控等温锻造液压机的技术性能指标已达到世界先进水平。等温锻造液压机主要用于钛合金制品的等温锻造,实现钛合金的超塑成形。以油为传动介质,采用组合大型框架带缸滑块主机结构,应用泵直接传动方式,具有数字化控制的等温自由锻造和模锻超塑性成形功能,其等温锻造超塑性成形速度可达到0.005～0.05mm/s。

国产25MN等温锻造液压机的技术参数见表5-7。

表5-7 25MN等温锻造液压机的技术参数

参数名称	参数值	参数名称	参数值
公称力/kN	25000	滑块开口高度/mm	2500
回程力/kN	2000	顶出缸顶出速度/$mm \cdot s^{-1}$	90
顶出力/kN	2000	打料力/kN	200
滑块行程/mm	1500	移动工作台载重/kg	30000
顶出缸行程/mm	500	液体工作压力/MPa	25
打料行程/mm	100	可加热温度/℃	1200

5.1.3 螺旋压力机

螺旋压力机是利用电动或液压作动力,推动螺杆转动,使滑块做上下运动,使毛坯产生塑性变形的锻压设备。螺杆上安装有飞轮,飞轮积蓄的动能在滑块和上模撞击坯料时释放出来,产生很大压力,使坯料发生塑性变形。这类设备具有锻锤与压力机的双重特性,适用于精密模锻和普通模锻。

螺旋压力机吨位为630kN~125MN,滑块撞击时速度为0.5~2.5m/min。

螺旋压力机的优点是:利用飞轮能量提高打击力;与吨位相同的热模锻压力机比较,结构简单,成本较低;滑块导向结构好,锻件精度高;可装顶料装置,能够实现机械化生产。其缺点是:生产率较热模锻压力机略低。

螺旋压力机根据驱动方法不同可分为摩擦压力机、液压螺旋压力机和电动螺旋压力机3种。

5.1.4 特种锻压机

特种锻压机包括精锻机、辊锻机、旋转锻机、横轧机、辗环机等,它们是适用于某一类形状锻件的专用锻机,生产率高,通用性差。在大批量生产中采用。

5.1.4.1 径向精锻造机

径向精锻造机(棒材精锻机)多为卧式结构,分为机械驱动和液压驱动两种形式。径向锻造具有脉冲锻打和多向锻打的特点,而且脉冲锻打频率高,一般为 180 ~ 1800 次/min,速度快,每次变形量很小。采用多锻模(最多可达 8 个),沿径向从多个方向锻打,使金属变形处于三向压应力状态,有利于提高金属的塑性。此外,径向锻造机自动化程度高,生产的锻件精度高,表面粗糙度小。但是,如果锻比控制不当,会出现心部锻不透的现象。另外,由于打击频率高,产生变形热,可使锻件局部温度上升,导致钛合金显微组织不均匀,影响锻件性能。

生产精锻机的厂家主要有奥地利的 GFM 公司和德国的 Eumuco 公司。目前,国内使用的精锻机以从奥地利引进的 SX 系列为主(主要技术指标见表 5-8)。我国至今只仿制了 2 台中型精锻机。

表 5-8 SX 系列精锻机技术指标

型　号	SX08	SX10	SX20	SX40	SX65	SX85
可锻最大尺寸/mm × mm	80 × 50	100 × 90	200 × 175	400 × 350	650 × 570	850 × 750
可锻最小尺寸/mm × mm	30 × 35	30 × 35	50 × 50	80 × 80	120 × 120	140 × 140
可锻矩形最大宽度/mm	80	80	150	300	420	520
可锻矩形最小宽度/mm		16	25	50	70	85
最大压缩比	1.5	1.5	1.6	1.6	1.6	1.6
锻件长度/m	5	6	10	10	10	10
锻锤能力/kJ	800	1250	2600	8000 6500	14000	25000
锤头打击次数/次 · min^{-1}	1300	900	480	270	180	125
夹头快速运动/mm · s^{-1}	500	500	500	500	500	500
夹头进给速度/mm · s^{-1}	10 ~ 100	10 ~ 100	10 ~ 100	10 ~ 100	10 ~ 100	10 ~ 100
锻造电机功率/kW	15	110	250	800 600	1700	3000

用精锻机生产钛及钛合金棒材具有生产效率高、尺寸精确、表面质量好、材料利用率高等特点。

精锻机具有以下特点:

(1)锤头行程小、锻打频率高,可以大大减小变形力,降低设备的吨位,提高工具的使用寿命。

(2)锻造速度快,锻件尺寸精度高,不会产生周向棱角和裂纹。

(3)锤头的型面对工艺尺寸适应范围较大,不必更换锤头就可以生产一定尺寸范围的锻棒。

(4)可根据坯料在变形过程中温度的变化调整送料量,利用变形热效应实现“等温”锻造。

(5)锻打时将产生很高的三向压应力,可使金属的塑性提高2~3倍,能获得很高的道次锻比(纯钛6/1,合金4/1)。

5.1.4.2 辗环机

辗环机主要用于加工无缝环形件,例如轴承环、法兰、轮毂、薄壁桶形锻件等。环坯通常在锻压机上通过镦粗、冲孔和扩孔制备,然后在辗环机上轧制成形。

根据环坯在机器上的安放位置不同,辗环机分为立式和卧式两种,前者的环坯在机器上垂直或者倾斜放置,后者的环坯在机器上水平放置。图5-5所示为卧式辗环机结构,部分卧式辗环机的主要技术参数见表5-9。

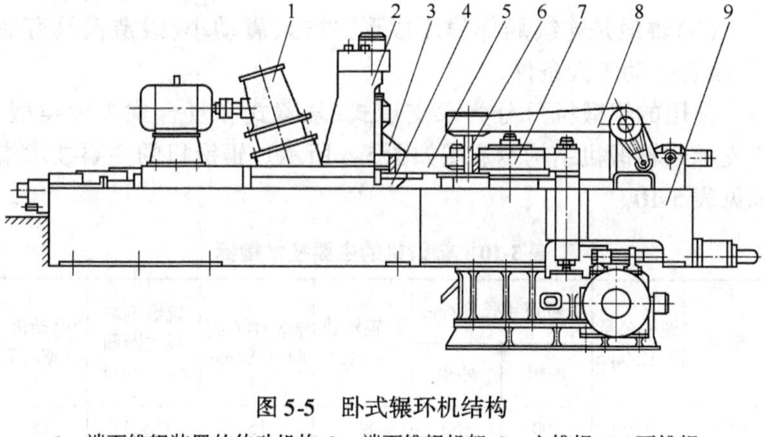

图5-5 卧式辗环机结构

1—端面锥辊装置的传动机构;2—端面锥辊机架;3—上锥辊;4—下锥辊;5—环坯;6—芯辊;7—主辊;8—支架;9—机身

表 5-9　部分卧式辗环机的主要技术参数

环件的外径/mm	500~1250	400~1420	500~1500	600~1800	700~2050
环件的高度/mm	200	200	280	60~350	200
径向轧制力/kN	800	830	1200	1250	1200
轴向轧制力/kN				800	850
滑块行程/mm	500	840		630	520
轧制速度/m·s^{-1}	1.59	1.14	1.5~1.73	1.25	3.35~6.35
主电机功率/kW	240	135	480	260	950
机器质量/t		27		80	157

5.1.4.3　辊锻机

辊锻是将轧制变形引入锻造生产中的一种成形工艺，它利用一对反向旋转的扇形模具使坯料产生塑性变形，从而获得所需锻件或锻坯。

辊锻机具有以下特点：

(1) 在辊锻变形过程中，坯料主要沿长度方向流动，适用于轴类件的拔长；

(2) 与空气锤或模锻锤相比，辊锻生产效率高，制坯精度高，表面质量好；

(3) 辊锻是连续局部静压成形，冲击、震动小，锻造模具寿命高，改善劳动工人条件。

常用的辊锻机可分为双支承式、悬臂式和复合式 3 种类型。双支承式辊锻机结构示意图如图 5-6 所示。辊锻机的主要技术指标见表 5-10。

表 5-10　辊锻机的主要技术指标

型 号	锻模公称直径/mm	锻辊可用长度/mm		锻辊转速/r·min^{-1}	锻辊中心距调节量/mm	辊锻毛坯最大断面/mm×mm	电动机功率/kW
		内辊	外辊				
RW1	370	500	160	80	15	55×55	15
RW1a	460	570	210	65	17	75×75	18.6

续表 5-10

型号	锻模公称直径/mm	锻辊可用长度/mm		锻辊转速/r·min⁻¹	锻辊中心距调节量/mm	辊锻毛坯最大断面/mm×mm	电动机功率/kW
		内辊	外辊				
RW2	560	630	270	52	20	100×100	22.4
RW2a	680	700	310	40	25	125×125	27.6
RW3	800	760	340	30	25	150×150	35.8
RW4	930	900	500	20	30	160×160	74.6

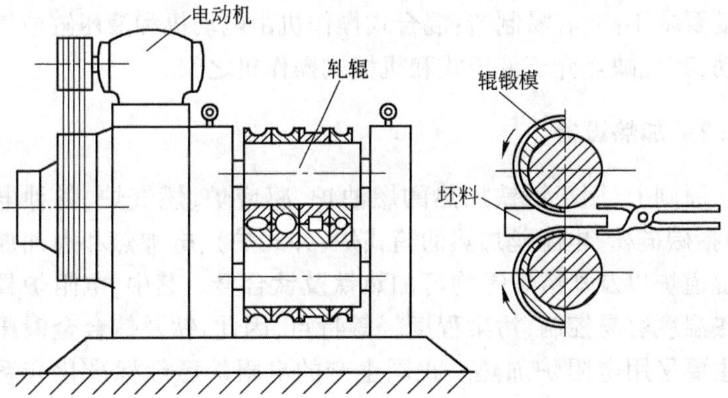

图 5-6 双支承式辊锻机结构示意图

5.2 锻造工具

锻造用的工具主要有砧子(即锤头)、冲子、马杠与马架、上垫、垫环、旋转镦粗台、各种起吊工具、下料设备、锻造操作机、加热设备、热处理设备、精整矫直设备等。

5.2.1 锻造操作机

锻造操作机是锻锤和锻造液压机的主要辅助设备,分有轨操作机和无轨操作机两种。

有轨操作机结构紧凑，占地面积小，工作时与锻锤或锻造液压机自动对中，容易实现遥控和与主机联动，但活动范围有限。

无轨操作机通常以内燃机为动力，带动液压机构来驱动操作机。具有机动性好、活动范围大的特点，可以为多台设备服务，能进行锻造操作、装出炉和担任车间内外的运输工作。它的不足是不易实现遥控和与主机联动。

锻造操作机的传动方式主要有液压式、机械式和混合式3种。液压式操作机结构简单，工作平稳，操作方便，在冲击或超载荷时机器零件不易损坏，但加工和安装精度要求较高；机械式操作机由电动机驱动，结构庞大复杂，操作不便，但机器的部件加工和安装精度要求不高，容易制造；混合式操作机由电动机和液压缸或气缸驱动，其优缺点介于液压式和机械式操作机之间。

5.2.2 加热设备

原则上，用于钢铁加热的燃油炉、感应炉、燃气炉、各种电炉（包括碳硅棒、电阻丝加热的箱式炉、井式炉）、电加热和燃油加热的辊道炉以及盐浴炉等均可加热钛及钛合金。其中，电阻炉具有加热温度容易控制、污染程度轻等特点，因此，钛及钛合金锻压生产主要采用电阻炉加热。我国生产的电阻炉已经标准化和系列化。锻压车间常用电阻炉的型号及主要技术规格见表5-11。

表5-11 锻压车间常用电阻炉的型号及主要技术规格

产品名称	型号	主要技术规格						炉重/kg
		额定功率/kW	电源电压/V	相数	最高工作温度/℃	最大生产率/$kg \cdot h^{-1}$	炉膛尺寸(长×宽×高)/mm×mm×mm	
高温箱式电阻炉	RJX-30-13	30	380	3	1300	50	40×300×250	2600
	RJX-50-13	50	380	3	1300	100	700×450×350	3000
	RJX-14-13	14	380	3	1350	25	520×220×220	700
	RJX-25-13	25	380	3	1350	40	600×280×300	1500
	RIX-37-13	37	380	3	1350	50	810×550×375	3000

由于钛及钛合金在高温下与 H_2、O_2、N_2 的亲和力较强，易导致材料产生氢脆或形成表面硬化层，因此，在加热中要求炉内气氛保持中性或微弱氧化性气氛。绝不允许使用氢气加热，应尽量避免采用还原性气氛，以防止吸氢。在采用燃油加热时严防火焰直接喷射到工件表面，以防止过分氧化或增碳。选择电阻炉以及微氧化气氛的油炉和燃气炉作为加热设备。

5.3 锻压设备发展趋势

锻压技术和锻压加工产品正朝着优质轻量化、大型整体化、精密化、高效低成本化的方向发展，要求锻压设备向大型化、精密化、机械化和自动化方向发展。目前世界上已装备各种锻压设备数万台，其中，100MN 以上的液压锻压机 30 余台，如美国的 100MN、180MN、315MN、360MN、450MN 立式水压机等；法国的 150MN、650MN 水压机等；德国的 150MN、300MN 水压机等；前苏联的 100MN、300MN 立式模锻机及世界上最大的 750MN 立式锻压水压机等。这些设备在结构设计、选材、机械、液压、电气控制系统等方面都达到了相当高的水平。

我国目前有数千台不同型号、不同规格的锻压设备，如 25t 模锻锤，100kJ 无砧座锤、2MN 平锻锤、16MN 水平模平锻锤、80MN 机械压力机、200kJ 高能高速锤、63MN 螺旋压力机、180MN 多向模锻机和 300MN 立式模锻水压机等，基本上能满足我国各工业部门的需要。但是，与世界先进国家相比仍有很大差距，我国需要加大发展步伐，迎头赶上。

随着航空工业对精密钛合金锻件用量的增大，钛合金锻件还要具有高强、高韧、高损伤容限等性能。对于复杂的难变形钛合金材料的关键部件，需要发展等温锻造、超塑性锻造、热等静压、粉末锻造、功能梯度锻件(包括双性能、双合金锻件)成形等新工艺技术和配套的锻造设备以及工模具。

众所周知，钢的锻压设备开发得早，历史悠久。钛和钛合金的锻压设备可以延用钢的大型设备，钛材的锻压技术可以借鉴钢和铜等行业的金属塑性加工技术。

6 自由锻和胎模锻

6.1 自由锻造工序

自由锻是一种应用最为普遍的锻造工艺,它使用简单的锻压设备和一些通用工具,在上下砧块间对坯料施加压力,使其产生塑性变形,从而获得需要的形状和尺寸以及合乎要求的组织性能的锻件。它的特点是:生产准备周期短,应用范围广,适合于新产品试制和小批量生产。大型锻件的批生产有时也采用自由锻制造。另外,自由锻虽然不需要专用模具,生产成本较低,但对工人的技术水平要求较高。

自由锻造的基本工序包括:镦粗、拔长、冲孔、扩孔、切断、弯曲等。

6.1.1 镦粗

镦粗是使坯料高度减少、面积增加的一种锻造工序。它常用于原始坯料直径较小而要锻制横截面积较大的锻件(齿轮毛坯、饼坯、法兰盘毛坯等),也用于锻环冲孔前的辅助工序。其作用为:

(1)改变铸造组织,提高合金力学性能的预锻工序;

(2)提高下一步拔长时的锻造比的预备工作;

(3)在制造环形锻件时,作为冲孔工序前的预镦工序;

(4)作为制造盘形锻件的制坯工序。

6.1.1.1 镦粗时金属内部的变形区域

塑性变形时,变形体内任一质点金属的流动总是沿着阻力最小的方向进行。影响金属流动的因素有:变形金属与工具接触面上的摩擦、工具与变形金属间的相互作用、坯料的化学成分、组织和温度的均匀性等。镦粗时,变形区内金属的应力状态与金属流动大体分为3个区域(见图6-1)。

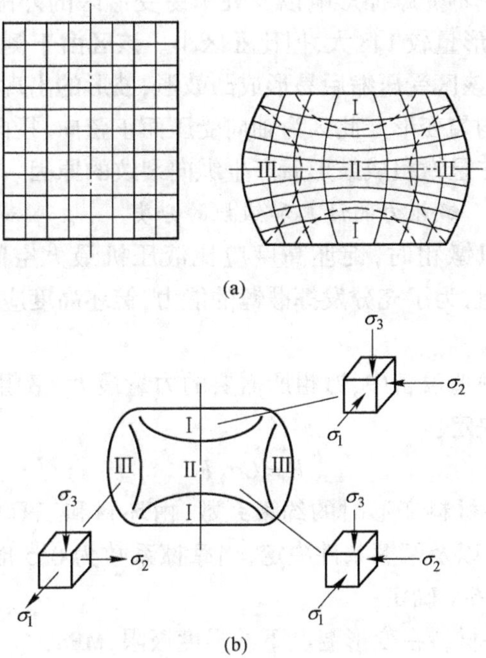

图6-1 镦粗时的不均匀变形

(a)网格变化;(b)变形区分区及其变形力情况

Ⅰ区:难变形区,位于接触表面中心部位。由于受摩擦力影响最大,该区受到强烈的三向压应力作用,而且静水压力最高,变形最难发生。当摩擦阻力大到某一极值时,变形金属可能与工具接触表面出现黏结,不发生变形。若坯料为铸造状态,即使冷镦,该区金属的金相组织仍为粗大的铸造枝晶组织,硬度值最低,说明该区变形量很小。

Ⅱ区:易变形区,基本上处于变形金属的芯部。与锻压力成45°角的附近区域,受三向压应力作用,处于最有利的变形部位,且离接触表面较远,摩擦力的影响较小,因此,又称强变形区。热镦时此区最易发生再结晶，冷镦后此区的硬度值最高。

Ⅲ区：自由变形区，靠近变形金属的侧面而处于Ⅱ区以外的区域。此区由于不受摩擦影响以及处于易变形区的外围，所以变形较自由，其变形量较Ⅰ区大，但比Ⅱ区小。该区由于侧表面自由变形的结果，使该区受压缩后易形成凸鼓形，鼓形的出现标志着镦粗时产生了不均匀变形。此区为轴向受压而正弦向、径向受拉应力，拉应力的存在是镦粗成鼓形后产生纵向裂纹的原因。

6.1.1.2　镦粗力的计算和镦粗的分类

用液压机镦粗时，锭坯高度应比液压机最大空间小 50mm。若用锻锤镦粗，为了充分发挥锻锤的能力，锭坯高度应用锻锤最大行程的 75%。

在所有锻造设备中，镦粗所需要的力量最大，镦粗力 P(N)的大小由下式决定：

$$P = C\sigma_b F$$

式中　C——材料变形时的约束系数，由坯料和工具的几何形状以及摩擦条件决定，当摩擦系数为 0.5 时，C 值由表 6-1 确定；

σ_b——材料在变形温度下的强度极限，MPa；

F——坯料与工具的接触面积，mm^2。

表 6-1　材料变形时的约束系数

变形方式	约束系数 C 值	说　明
圆柱体镦粗	$1+\frac{D}{6H}$	D,H 分别为镦粗终了时锻件的直径和高度
长方体镦粗	$1.15\left(1+a\frac{3l-a}{12lH}\right)$	l,a,H 分别表示镦粗后锻件的长、宽、高
平砧拔长	$1.15\left(1+\frac{l_0}{6h}\right)$	l_0 为坯料送进量；h 为锻件高度
型砧拔长	$1+\frac{l_0}{3d}$	l_0 为坯料送进量；d 为锻件直径

任何镦粗时，毛坯的平均直径（见图 6-2(a)）为：

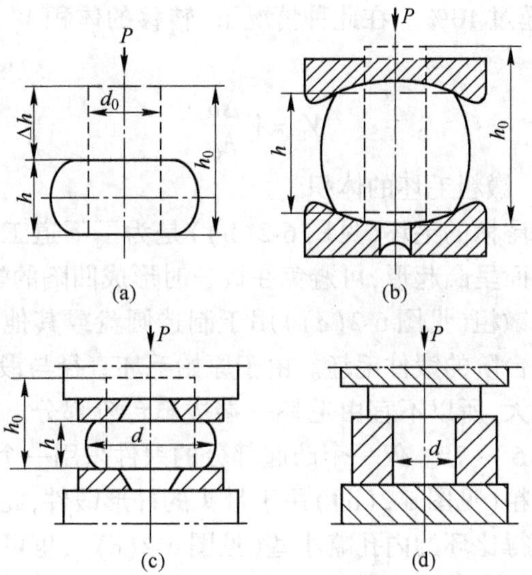

图 6-2 镦粗简图

(a)平砧间镦粗;(b)有尾坯料的镦粗;(c)在带孔的垫板间镦粗;
(d)在漏盘内局部镦粗

$$d = d_0 \sqrt{\frac{h_0}{h}}$$

镦粗的锻造比用镦粗后的面积 F_n 和镦粗前的面积 F_{n-1} 之比来计算:

$$Y = \frac{F_n}{F_{n-1}}$$

镦粗时的变形程度为:

$$\varepsilon = \frac{h_0 - h}{h_0} = \frac{\Delta h}{h_0} \times 100\%$$

真实主应变为:

$$e = \ln \frac{h_0}{h} = -\ln(1-\varepsilon)$$

当 $\frac{h_0}{h} < 1.2$ 或 $\varepsilon < 20\%$ 时,就工程实用来说,取 $e = \varepsilon$ 已足够精

确,误差不超过10%。在此种情况下,转移的体积 V_0 可用下式来计算:

$$V_0 = V\frac{\Delta h}{h_0}$$

式中　V——镦粗毛坯的体积。

镦粗带尾柄的毛坯(见图6-2(b))是为了下道工序拔长。镦粗后毛坯端面呈凸起形,可避免在拔长时形成凹陷的端面。

垫环上镦粗(见图6-2(c))用于制造圆盘或其他带有直径不大但有较高台阶的锻件毛坯。由于原始毛坯直径与锻件台阶部分直径相差太大,所以不宜由毛坯一端拔出台阶部分。垫环内表面斜度一般为5°~7°。仅一个凸起部分的锻件采用一个垫环。

环中镦粗(见图6-2(d))用于带头的杆形锻件,此时原始毛坯直径可以选得比环的内孔略小些(见图6-2(c)),也可以预先把毛坯拔至杆部直径。

对于钛合金镦粗,原始毛坯的高度仍不应大于其直径的2.5倍。若 $h_0 \geqslant 2.5d$,毛坯会出现弯曲,而消除弯曲又需增加补充工序。

为了纠正镦粗后锻件侧表面上的鼓肚,需要采用滚圆工序修整。滚圆可以在平砧或半圆弧砧块上进行。

6.1.2　拔长

拔长是使横截面积减小而长度增加的锻造工序。若用平砧拔长,可根据镦粗力的计算公式计算压力 P。拔长过程坯料截面变换经验计算公式见表6-2。

表6-2　拔长过程坯料截面变换经验计算公式

截面变换	变 形 简 图	计 算 公 式
由圆变方	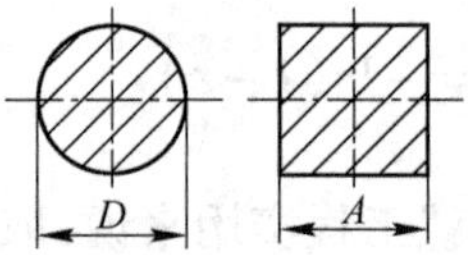	当 $l_0 = b$ 时,$D = (1.35 \sim 1.45)A$ 式中,l_0 为送进量;b 为砧宽

续表 6-2

截面变换	变形简图	计算公式
由方变圆	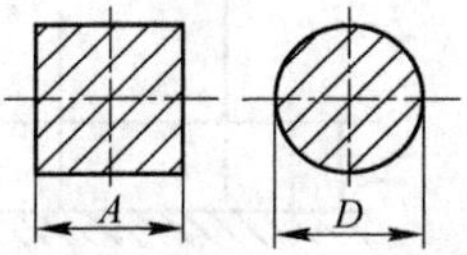	$A=(0.98\sim1.0)D$
由圆变扁方	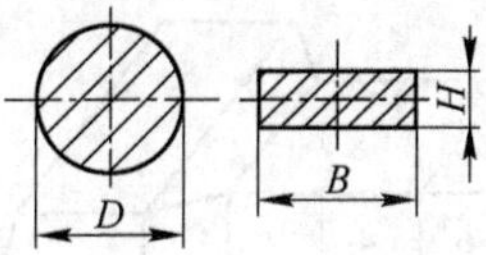	当 $H<0.5B$ 时，$D=\dfrac{2B+H}{3}$ 当 $H>0.5B$ 时，$D=\sqrt{H^2+B^2}$
由方变扁方	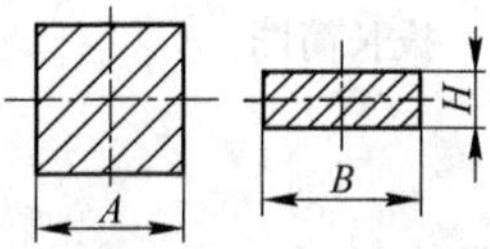	$A>1.5H\left(\sqrt{1+1.8\dfrac{B}{H}}-1\right)$
由扁方变方	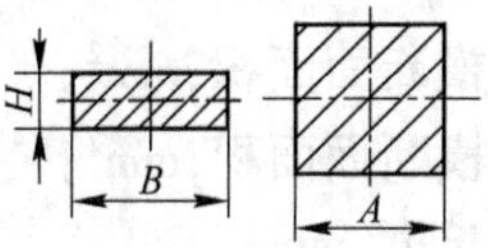	当 $\dfrac{b}{H}>(1\sim1.4)$ 时，B 为砧宽 $B=(1.4\sim1.65)A$ $H=(0.75\sim0.8)A$
由八角变圆	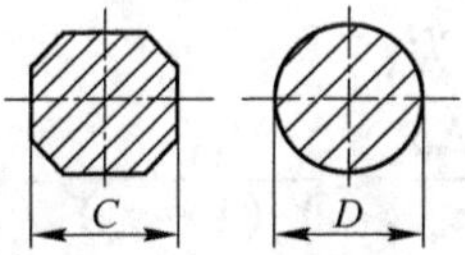	$D=1.03C$

拔长是通过一系列连续压缩而实现的。第 n 次压缩的参数如下（见图 6-3）。

相对压缩（高向压缩系数或变形程序）为：

$$\varepsilon_n=\frac{h_{n-1}-h_n}{h_{n-1}}=\frac{\Delta h_n}{h_{n-1}}$$

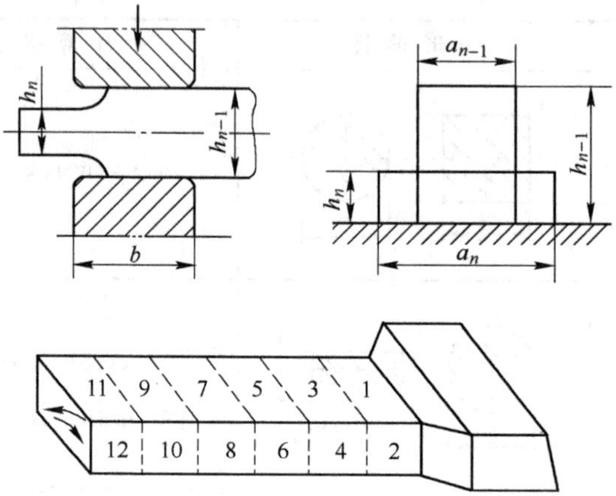

图6-3　拔长简图

拔长锻造比为：

$$Y_n = \frac{F_{n-1}}{F_n} = \frac{l_n}{l_{n-1}}$$

式中　F_{n-1}——拔长前坯料的横断面面积，mm^2；

F_n——拔长后坯料的横断面面积，mm^2；

l_{n-1}——拔长前坯料的长度，mm；

l_n——拔长后坯料的长度，mm。

相对展宽（宽向变形程度）为：

$$\varepsilon_n^1 = \frac{a_n - a_{n-1}}{a_{n-1}} = \frac{\Delta a_n}{a_{n-1}} = \frac{1}{Y_n(1-\varepsilon_n)} - 1$$

工步系数（压缩后锻件宽度与高度之比）为：

$$\psi = \frac{a_n}{h_n} = \frac{a_{n-1} + \Delta a_n}{h_{n-1} - \Delta h_n} = \frac{a_{n-1}}{h_{n-1}} \cdot \frac{1}{Y_n(1-\varepsilon_n)^2}$$

如果接着要翻转，则所选择的压缩值应使系数 ψ 不超过3。

多次压缩后的总锻造比等于各次压缩锻造比的连乘，即：

$$Y = \frac{Y_s}{Y_z} = Y_1 Y_2 Y_3 \cdots Y_n$$

两次镦粗加拔长或两次镦粗间有拔长时，总锻造比可按两次分锻造比之和计算，但分锻造比都应不小于2.0。由铸锭直接锻造的大型自由锻件，为了改善内部组织和性能，锻造比应大于5。

锻造比Y对钛合金半成品的质量控制十分重要，除了本节已经介绍的经典理论之外，俄罗斯专家的研究工作有重要的价值。他们认为，从细化锻坯组织，改善锻件性能方面考虑，即使是同一个合金，相同的锻造比下，拔长与镦粗的效果是有区别的；同一锻造比下，在β区的变形和在两相区的变形其作用也是不同的。所以，在专用的钛合金盘件和轴类锻件、模锻件锻造说明书中做了强制性的统一规定。

(1)拔长工序的锻造比Y_B用原始和拔长后坯料的横截面面积(分别为S_n、S_K)之比计算：

$$Y_B = \frac{S_n}{S_K}$$

(2)镦粗工序的锻造比Y_0用镦后和镦前坯料的横截面面积(分别为S_K、S_n)之比乘以当量系数n来计算：

$$Y_0 = \frac{S_K}{S_n} n$$

系数n考虑了镦粗工序与拔长工序中组织锻透有效性方面的差别。对于钛合金，系数$n=0.85$。

(3)从铸锭到模锻件全部加工的锻造比$Y_总$为：

$$Y_总 = Y_\beta Y_{\alpha+\beta}$$

式中 Y_β——β区的锻造比；

$Y_{\alpha+\beta}$——(α+β)区的锻造比。

此外，“反复镦拔锻造”工序可以分解为几个镦粗、拔长工序，总锻造比$Y_总$等于每一个拔长和镦粗(考虑系数“n”)变形道次锻造比的乘积。

(4)锻造比和变形程度的相互换算按以下公式进行：

$$Y = \frac{1}{1-\varepsilon}$$

$$\varepsilon = \left(1 - \frac{1}{Y}\right) \times 100\%$$

（5）从铸锭到盘件和轴类锻件时，对锻造比数值的要求见表6-3。从表6-3中可以看出：第一，β区的锻造比和（α+β）区的锻造比是分别要求的；第二，在β区锻造阶段穿插有两相区的变形和没有两相区的变形的锻造比要求也是不同的，显然，穿插有两相区变形的组织细化效果更好，这就是常说的“高—低—高”工艺；第三，从铸锭到锻件的总锻造比与铸锭的原始直径有密切的关系，不能一概而论，铸锭直径大，锻透所需的锻造比也大；第四，不同用途的钛合金锻件，其要求的锻造比也应根据设计对组织、性能要求的不同而有所区别。

表6-3　制造盘和轴锻件时对锻造比数值的要求

原始铸锭直径/mm	从铸锭到中间坯料预变形阶段的β区锻造比		最终变形阶段的（α+β）区锻造比	从铸锭到锻件的总锻造比	
	无（α+β）区冷作硬化	有（α+β）区冷作硬化		无（α+β）区冷作硬化	有（α+β）区冷作硬化
600～780	≥30	≥20	3～8	≥90	≥60
460～560	≥20	≥12	3～8	≥60	≥36
350～450	≥15	≥10	3～8	≥45	≥30

压缩时坯料的展宽越小，则延伸越大，即拔长过程的效率越高。减小砧块宽度 b 或进给量 l，拔长效率提高。采用型砧或圆弧砧，也使拔长效率提高。

拔长有两种操作方法：在平砧上翻90°的拔长和螺旋式翻转的拔长。前一种方法每次压下之后不一定翻转，可以沿毛坯纵向进给至压完一个边之后再翻转90°，后一种方法用于在锻造温度下再结晶速度低的合金的锻造。变形程度 ε 的选择应保证工步系数 ψ 不超过2，以免形成压折；最后一次压缩的相对压缩量应大于或小于这个温度下的临界变形量，以防止晶粒长大。为了获得光滑的表面，进给量 l 应小于（$b-\Delta l$），通常是取 $l=(0.4\sim$

0.75)b,b是砧块的宽度,为得到圆截面锻件,开始毛坯拔成方,其截面应略大于需要的圆截面。然后沿对角线压缩,倒角并滚成圆形。

在拔长工序前后,有时还要采用一些其他的锻造辅助工序(见图6-4)。

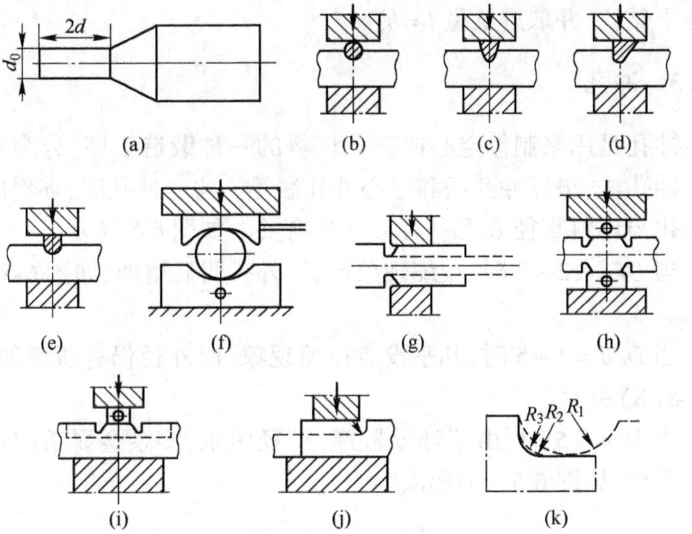

图6-4　锻造辅助工序示意图

(a)拔尾柄;(b)压痕;(c)~(f)压肩;(g)~(k)拔长

拔尾柄(见图6-4(a)),主要用于铸锭冒口部分的锻造,该部分长度大约是其直径的2倍。

压痕,用压棍在毛坯表面上压一凹痕标记(见图6-4(b))。

压肩,根据需要截面的大小,用各种形状的压棍或压铁,将标记凹痕扩大至一定深度以形成缩颈(见图6-4(c)~图6-4(e))。圆毛坯的压肩应用半圆槽胎具,在胎具中毛坯要绕其轴线反复旋转(见图6-4(f))。

拔长,如果毛坯台阶或凹痕之间的部分比较长,可直接以砧块拔长(见图 6-4(g))。若该部分比较短,则用平的或椭圆的压铁进行预拔长(见图 6-4(h))。如果台阶或凹槽是单面的,为避免压伤光的一面,需用压铁(见图 6-4(i))或尺寸适当的上砧块完成拔长(见图 6-4(j))。为了使台阶区域纤维不被切断,要采用逐渐减小圆弧半径的压铁(见图 6-4(k))。

为了消除拔长以后的不平度,可对全长进行整平,此时要轻轻地压下砧块,并取进给量 $l=b$。

6.1.3　冲孔

冲孔是用来制作空心或盲孔坯料的一种锻造工序,分为双面实心冲孔法、垫环冲孔法和空心冲孔法等。实心冲孔时,坯料的形状变化与坯料直径 D 和孔径 d 之比有关。如图 6-5 所示。

当 $D/d \leqslant 2 \sim 3$ 时,拉缩现象严重,外径明显增加,如图 6-5(a)所示。

当 $D/d = 3 \sim 5$ 时,几乎没有拉缩现象,而外径仍有所增加,如图 6-5(b)所示。

当 $D/d > 5$ 时,由于环壁较厚,扩径困难,多余金属挤向端面形成凸台,如图 6-5(c)所示。

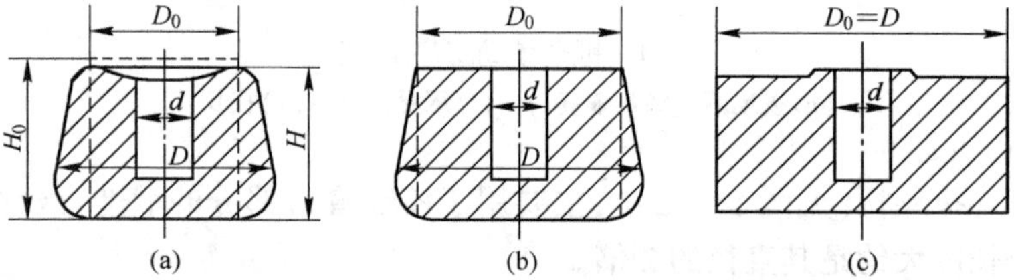

图 6-5　冲孔时坯料形状变化的情况
(a)外径明显增加;(b)外径仍有增加;(c)形成凸台

坯料冲孔后的外径 D 可按下式进行估算:

$$D_{\max} = 1.13 \times \sqrt{\frac{1.5}{H}[V + f(H - h) - 0.5F_0]}$$

式中 V——坯料体积,mm^3;

f——冲头横截面面积,mm^2;

F_0——坯料横截面面积,mm^2;

H——冲孔后高度,m;

h——冲底的高度,m。

坯料冲孔后的高度 H 总是不超过坯料原始高度 H_0。坯料高度 H 可按下列情况考虑:$D/d<5$ 时,取 $H_0=(1.1\sim1.2)H$;$D/d\geqslant5$ 时,取 $H_0=H$。

实心冲孔的优点是操作简单,芯料损失较少,应用比较广泛。垫环冲孔坯料形状变化小,但芯料损失较大,只适用高径比($H/D<0.125$)的薄型锻件;空心冲孔坯料形状变化较小,但锻料损失大。这种方法适用于孔径较大的筒形、管类锻件。由于空心冲头与热坯料接触时间较长而会软化,因此冲头损坏较快。

6.1.4 扩孔

扩孔是使空心坯料壁厚减小而内径、外径增加的锻造工序,分为有冲头扩孔(见图6-6)和马架上扩孔(见图6-7)两种。扩孔时,环的高度增加不大,主要是直径不断增大,金属的变形情况与拔长相同,是拔长的一种变相工序。

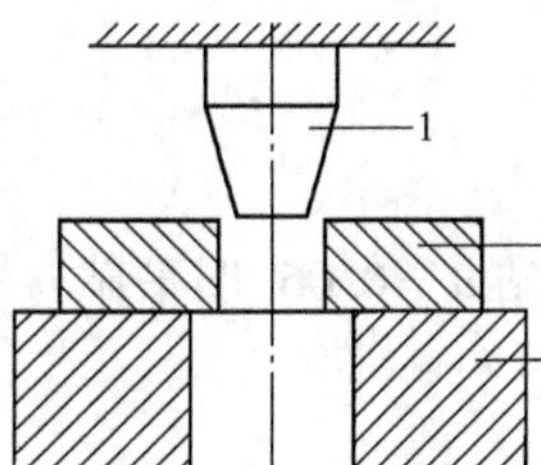

图6-6 冲头扩孔

1—冲头;2—扩孔坯料;3—垫环

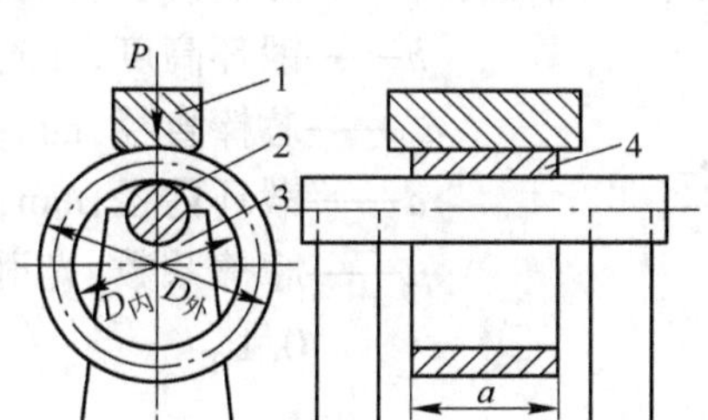

图6-7 马架上扩孔

1—上砧;2—马杠;3—马架;4—扩孔坯料

6.1.4.1　冲头扩孔

冲头扩孔时坯料上端面略有拉缩现象，因此扩孔前坯料高度 H_0 应为 1.05H(H 为锻件高度)。为了防止扩孔时坯料胀裂，每次扩孔量不宜过大，一般冲孔后可直接扩孔 1～2 次，当需多次扩孔时，应增加中间加热工序。冲头扩孔量可参照表 6-4 选择。冲头扩孔适用于 $D/d>1.7$ 的厚壁环件。

表 6-4　冲头扩孔量

坯料冲孔直径/mm	扩孔量/mm
30～115	25
120～270	30

6.1.4.2　马架上扩孔

马架上用芯棒扩孔时变形区金属受三向压应力，所以不易产生裂纹，但操作时应注意每次转动量与压下量应尽量一致，确保壁厚均匀。在锻大锻环时，当扩展到一定程度后应换较粗的芯棒。

马架扩孔前坯料尺寸应满足下列条件：

$$\frac{D_0-d_0}{H_0}\leqslant 5$$

$$d_0=d_1+(30\sim 50)$$

$$H_0=h-\mu(d-d_0)$$

式中　D_0,d_0,H_0——分别为扩孔前坯料的外径、内径、高度，mm；

h——锻环高度，mm；

d_1——芯棒直径，mm；

d——锻环内径，mm；

μ——摩擦系数，光滑新平砧 $\mu=0.06$，旧平砧 $\mu=0.1$。

6.1.5　切断

切断是将毛坯分离的工序，切断毛坯有四种方法，即单面切断、双面切断、三面切断和错切(见图 6-8)。

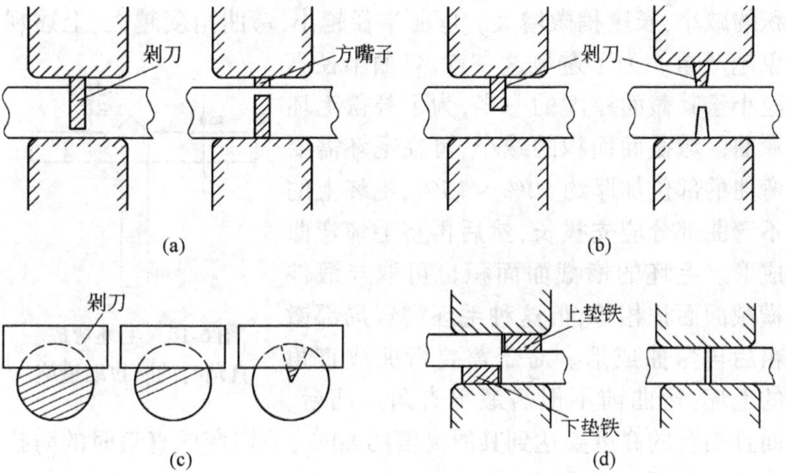

图 6-8 切断工艺

(a)单面切断；(b)双面切断；(c)三面切断；(d)错切

6.1.6 弯曲

将坯料弯曲成所要求的形状的锻造工序称为弯曲。常用于各种弯轴类锻件。在毛坯的弯曲过程中，其弯曲区的内侧受压缩，可能形成折叠缺陷；外侧受拉伸容易产生裂纹。弯曲后毛坯横截面形状的变化如图 6-9 所示。

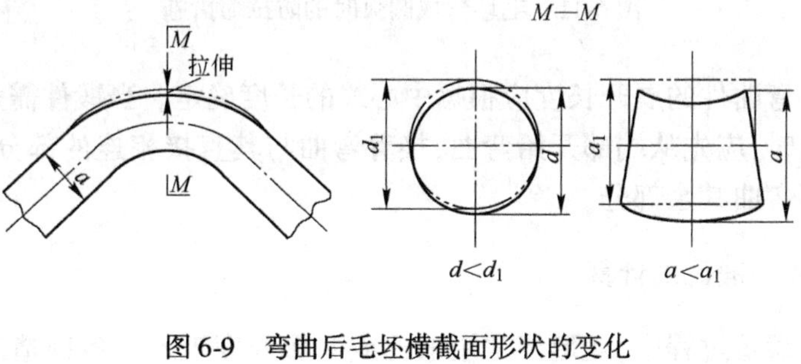

图 6-9 弯曲后毛坯横截面形状的变化

在弯曲区内，伴随发生毛坯横截面形状的畸变和弯曲区域面积的减小，长度稍微增大。弯曲半径越小，弯曲角度越大，上述现象越严重。为了避免这一点，弯曲半径不应小于其截面厚度的一半，为了补偿毛坯弯曲区域截面面积的减小，可在毛坯需要弯曲的部位加厚约10%～15%，毛坯上的不弯曲部分应先拔长，然后再将毛坯弯曲成形。毛坯的横截面面积也可取与锻件横截面面积相等，但这种毛坯需经局部镦粗后再弯曲成形。对于需要弯曲成直角的毛坯，弯曲前不但需锻出直角形凸台，而且凸台的高度要达到其原高度的60%，毛坯弯成直角时的防拉缩措施如图6-10所示。

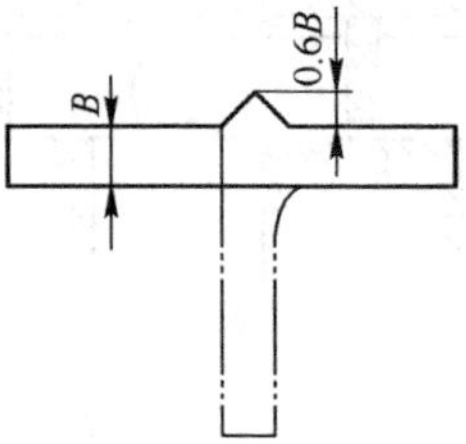

图6-10　毛坯弯成直角时的防拉缩措施

毛坯弯成圆弧时，则应按图6-11(a)所示留出拉缩量，或先局部预弯成如图6-11(b)所示的形状，这样才能保证弯曲后的锻件形状。

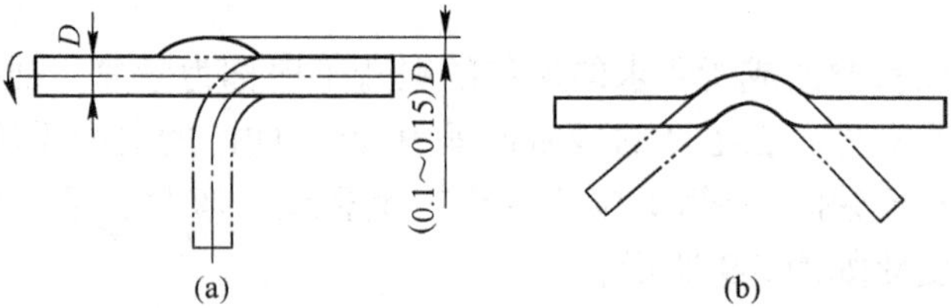

图6-11　毛坯弯成圆弧时的防拉缩措施

弯曲件的展开长度应根据中心线的长度确定。当锻件需多处弯曲时，应先从端部开始弯曲，接着弯曲与其直接相连的部分，然后再弯曲其余部分。

6.1.7　锻比的计算

锻造过程中，变形量常用锻比或变形程度表示。各锻造工序的锻比的计算方法见表6-5；若用变形程度表示，见表6-6。

表6-5 各锻造工序锻比的计算方法

序号	工序	简 图	总锻比
1	铸锭拔长	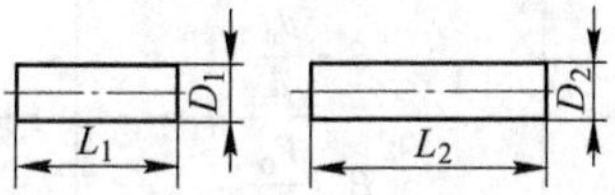	$B_1=\frac{D_1^2}{D_2^2}=\frac{L_2}{L_1}$
2	坯料拔长	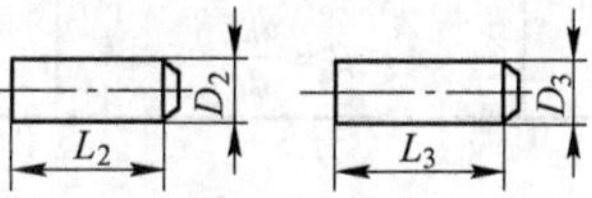	$B_2=\frac{D_2^2}{D_3^2}$ 或 $B_2=\frac{L_3}{L_2}$
3	两次拔长		$B=B_1B_2=\frac{D_1^2}{D_2^2}\times\frac{D_2^2}{D_3^2}=\frac{D_1^2}{D_3^2}$
4	两次镦粗拔长	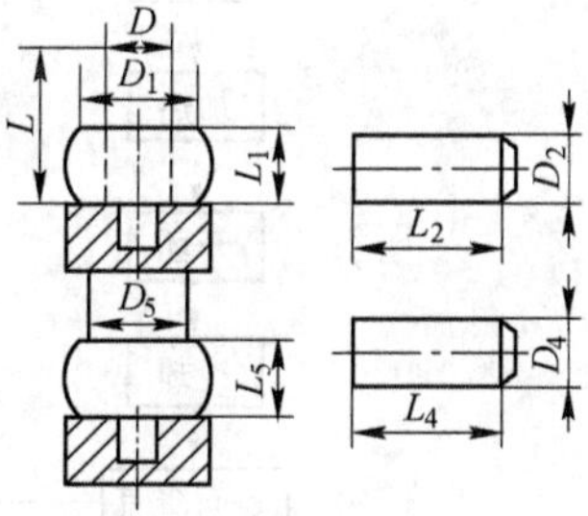	$B=B_1+B_2=\frac{D_1^2}{D_2^2}+\frac{D_5^2}{D_4^2}$ 或 $B=\frac{L_2}{L_1}+\frac{L_4}{L_5}$
5	芯轴拔长	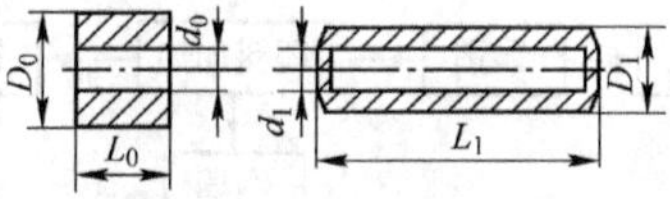	$B=\frac{D_0^2-d_0^2}{D_1^2-d_1^2}$ 或 $B=\frac{L_0}{L_1}$
6	马杠拔长	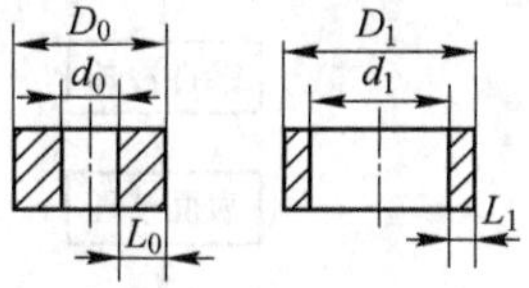	$B=\frac{D_0-d_0}{D_1-d_1}$ 或 $B=\frac{L_0}{L_1}$
7	镦粗	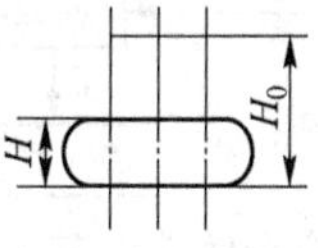	$B=\frac{H_0}{H}$

表 6-6　变形程度表示方法及与锻比的关系

工序	变形程度	锻　比	相互关系
拔长	$\delta=\frac{F_0-F_1}{F_1}$	$\beta=\frac{F_0}{F_1}$	$\delta=\frac{\beta-1}{\beta}$
	$\delta=\frac{d_0-d}{d_0}$	$\beta=\frac{d_0}{d}$	
镦粗	$\delta=\frac{F_0-F}{F_0}$	$\beta=\frac{F_0}{F}$	$\beta=\frac{1}{1-\delta}$
	$\delta=\frac{d_0-d}{d_0}$	$\beta=\frac{d_0}{d}$	

6.2　自由锻造工艺

钛及钛合金锻造的基本工艺流程如图 6-12 所示。根据合金

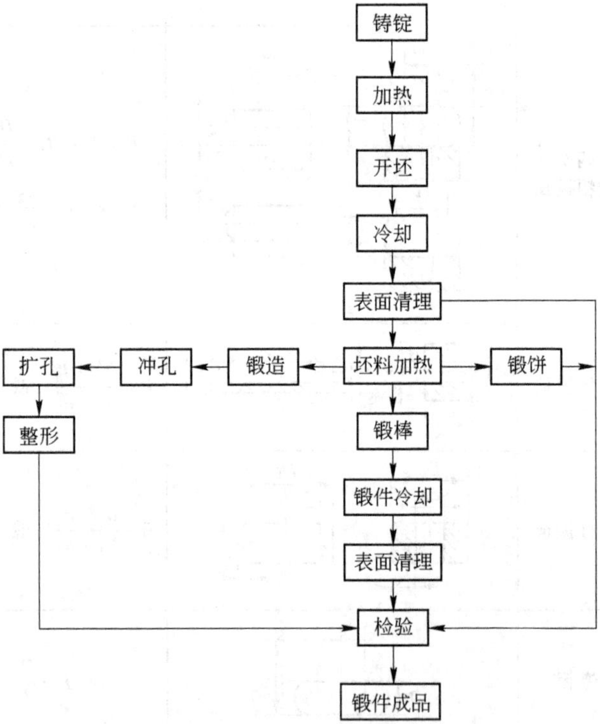

图 6-12　钛及钛合金铸造的基本工艺流程

可锻性的难易、锻件形状复杂程度、技术要求,某些工序可能要重复进行,但为保证质量,一定要按加热规程和锻造规程进行。

自由锻工艺过程的制订主要包括以下的内容:

(1)确定原始毛坯质量和尺寸;

(2)确定锻造方案,画出锻造工步简图;

(3)选择锻压设备和加热设备;

(4)确定火次、锻造温度范围及加热规范;

(5)确定锻件的检验要求和检验方法;

(6)编写工艺规程卡。

为了突出重点,本节仅阐述工艺的主要内容。

6.2.1 坯锭准备

凡承受大的负载或受力复杂的零部件一般都需要锻造成形。这是因为锻造组织致密,流线分布合理,有利于构件力学性能提高,并能延长使用寿命。对于钛合金,由于材料昂贵,更应选用锻造成形,不仅改善构件内部质量,还可节约金属材料。锻造的每一个环节都或多或少影响着锻件的内部质量或外观质量。因此,必须严格按锻造工艺流程完成每一工序。

钛合金锻造用的锻(轧)棒表面有一层硬脆的 α 层,锻造前需去掉该层,以免锻造时引起坯料表面开裂。对于直径小于 50mm 的棒材,需去掉 3mm 厚的表层;直径大于 50mm 时,需去掉 5mm 厚。对挤压棒材,直径小于 50mm 的,可车去 2mm;直径大于 50mm 的,一般车去 3mm。车削后,如个别部位仍有缺陷,可进行局部打磨予以消除,打磨深度不应大于 0.5mm。

锻造用的定尺寸钛合金毛坯可用锯床、车床、阳极切割机床、冲剪机、砂轮切割机、水切割机或在锻锤、水压机上进行切割。

(1)圆盘锯切割。圆盘锯片的厚度介于 2 ~ 8mm 之间,适宜切割直径较大的棒料。圆盘锯的线速度约 30000 ~ 35000mm/min,进刀量小时能获得较洁净的端面。为防止金属黏结刀具,烧伤金属,可用悬浮液冷却,减轻摩擦,冷却刀具。

(2)阳极切割。阳极切割具有对工件材料的热影响小、切口无毛刺、切缝窄(一般为1.5~2.5mm)和成本低等优点。但切割精度和表面粗糙度较差,工具电极有损耗。

(3)锤上或水压机上切割。切割前。需将棒料预热到变形开始温度进行冲切(或剁切)。工业纯钛可在冲剪机上冷态剪切。

(4)车床上车切。钛合金车切时,切削速度应在25000~30000mm/min,进刀量为0.2~0.3mm/周。扒皮去掉α层时,车切规范为:切削速率15000~20000mm/min。无α层时的车削规范与表面粗糙度有关:当粗糙度 R_a = 0.63~2.5 时,进刀量为0.08~0.1mm/周;R_a = 1.25~5 时,进刀量为0.1~0.2mm/周;当 R_a = 2.5~10 时,进刀量为0.3~0.4mm/周。车削加工时必须使用润滑冷却液,供给1~1.5MPa压力。

(5)砂轮切割。钛合金棒材直径小于60mm时,宜用砂轮切割。砂轮切割的直径超过20mm时,应该用冷却液。砂轮切割效率较高,但砂轮片的寿命较短。

(6)水切割。水切割属于冷态切割,直接利用水射流的动能对金属进行切削而达到切割目的,切割过程中无化学变化,具有对切割材质理化性能无影响、无热变形、切缝窄、精度高、切面光洁、清洁无污染等优点,水切割金属材料厚度一般可达30~100mm,现代的水切割设备都配备计算机辅助设计和控制功能,这使得切割质量和效率都有了极大提高。

毛坯切割后,端头的锐角应该倒圆。否则进行端面模锻或在卧式锻造机上顶镦时,可能引起折叠。直径小于50mm的毛坯,锐角倒圆半径 R 为1.5~2.0mm;直径超过50mm的毛坯,锐角倒圆半径 R 为3~4mm。

在制造特别重要的零件时(如叶片),棒材或定尺寸毛坯车外圆后要进行超声波检查,以发现内部缺陷。

6.2.2 加热制度

铸锭和变形坯料的加热应选择合适的加热制度,并控制好加热气氛,这样才能保证产品质量。

6.2.2.1 加热温度

钛及钛合金应选择变形塑性好、锻件质量高、变形抗力低的温度范围内加热,其中以前两点要求为主。在达到上述要求的情况下,温度越低越好。一般来说,钛及钛合金铸锭开坯加热是在(α+β)/β 相变点以上 100~200℃(β 钛合金除外)范围内。这时的金属塑性高,变形抗力低。但温度过高,气体污染严重,晶粒严重长大,合金塑性下降,组织恶化,使锻件质量变坏。

经过锻造变形的坯料,粗大的铸造组织已得到一定程度的破碎,内部组织得到改善,塑性提高了,再锻造时,加热温度可随火次增加而逐渐低些。

为了防止 β 脆性发生,获得良好的组织及综合性能,对于 α 合金和(α+β)合金,成品及成品前一火次的锻造加热应在(α+β)/β 相变点以下的温度下进行。对于 β 合金,其(α+β)/β 相变点仅为 700~800℃,近于再结晶温度,在这个温度下是不能进行自由锻造的,实际上 β 合金大都是在 β 区加热和锻造的。部分钛合金成品锻造加热温度见表 6-7。

表 6-7 部分钛合金成品锻造加热温度

合金牌号	(α+β)/β 相变点/℃	铸锭		变形坯料		成品	
		加热温度/℃	终锻温度/℃	加热温度/℃	终锻温度/℃	加热温度/℃	终锻温度/℃
TA0		950~1000	≥700	800~850	≥700	750~780	≥650
TA1	890~920	1000~1020	≥750	900~950	≥700	850~880	≥700
TA2	890~920	1000~1020	≥750	900~950	≥700	850~880	≥700
TA3	890~920	1000~1020	≥750	900~950	≥700	850~880	≥700
TA4	960~980	1150	≥850	1030~1050	≥800		
TA5	980~1000	1080~1150	≥850	1000~1050	≥800		

续表 6-7

合金牌号	(α+β)/β相变点/℃	铸锭		变形坯料		成品	
		加热温度/℃	终锻温度/℃	加热温度/℃	终锻温度/℃	加热温度/℃	终锻温度/℃
TA6	1000~1020	1150~1200	≥900	1050~1100	≥850	980~1020	≥800
TA7	1000~1020	1150~1200	≥900	1050~1100	≥850	980~1020	≥800
TA8	950~980	1150~1180	≥850	1080~1100	≥800	979~980	≥750
TB1	750~780	1140~1160	≥850	1090~1100	≥800	950~1000	≥800
TB2	750	1140~1160	≥850	1090~1100	≥800	990~1010	≥800
TC1	910~930	1000~1020	≥750	900~950	≥750	850~880	≥750
TC2	920~940	1000~1020	≥800	900~950	≥800	850~900	≥750
TC3	960~970	1100~1150	≥850	950~1050	≥800	950~970	≥750
TC4	980~990	1100~1150	≥850	960~1100	≥800	950~970	≥750
TC5	950~980	1150~1180	≥850	1000~1050	≥800	950~980	≥800
TC6	950~980	1150~1180	≥850	1000~1050	≥800	950~980	≥800
TC7	1010~1030	1130~1150	≥850	1000~1050	≥800	950~980	≥800
TC8	1000~1020	1140~1160	≥850	1010~1030	≥800	980~1000	≥800
TC9	1000~1020	1140~1160	≥850	1050~1080	≥800	950~970	≥800
TC10	935	1100~1150	≥800	1000~1050	≥800	930~940	≥800

6.2.2.2 加热速度和加热时间

钛在室温下的导热系数低，约为中碳钢的20%，在高温时两者却又相近。因此，大截面的钛及其合金在较低的温度加热时应采用慢速。因为加热速度快时，由于导热系数低，加热过程中会导致表层与中心层之间形成很大温度差，坯料越大，温度差也越大，如图6-13所示。加热大截面锭坯时，由于很大的温度差，造成相当大的热应力，有可能产生微裂纹，在以后的加工中，这里便产生应力集中,导致裂纹的形成和扩大。在高温时,钛的导热系数增加,接近普通钢的水平,所以,可采用稍快的速度加热。

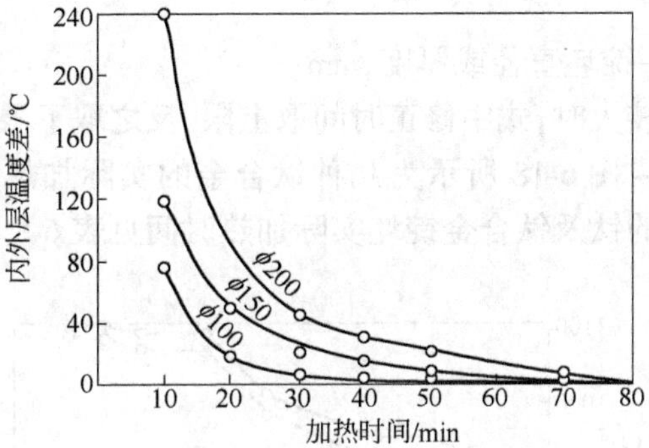

图 6-13 TC5 合金在 1100℃加热时直径与内外层温差的关系

根据钛合金导热性的特点,一般直径或厚度等于或大于 300mm 者应采用分段加热法,如图 6-14 所示。分段加热法既能使大锭坯在加热过程中的热应力减小,又能缩短锭坯在高温下停留的时间,减少气体污染。

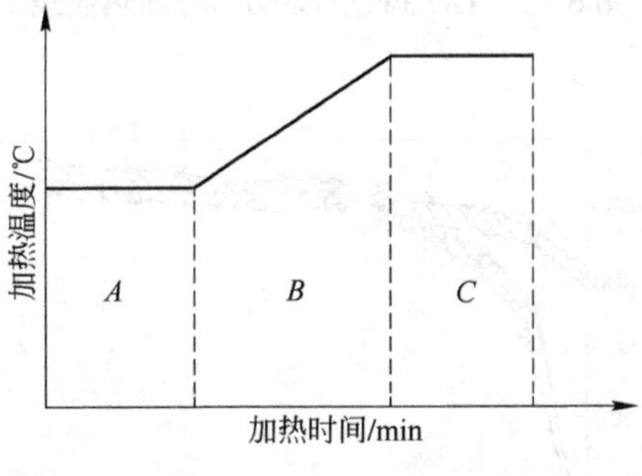

图 6-14 锭坯分段加热

A—在装炉温度下保温;*B*—升温;*C*—在锻造温度下保温

为了保证锻件质量,减轻气体污染,在烧透的原则下,加热时间应尽量短。实践证明,总的加热时间 τ(min)按下式计算基本上是正确可行的。

$$\tau = \frac{D}{2} + (20 \sim 40)$$

式中　D——锭坯直径或厚度,mm。

当直径较大时,式中修正时间取上限,反之取下限。

图 6-15 ~ 图 6-18 所示为几种钛合金的实际加热曲线。不同直径或厚度的钛及钛合金锭坯实际加热时间见表 6-8。

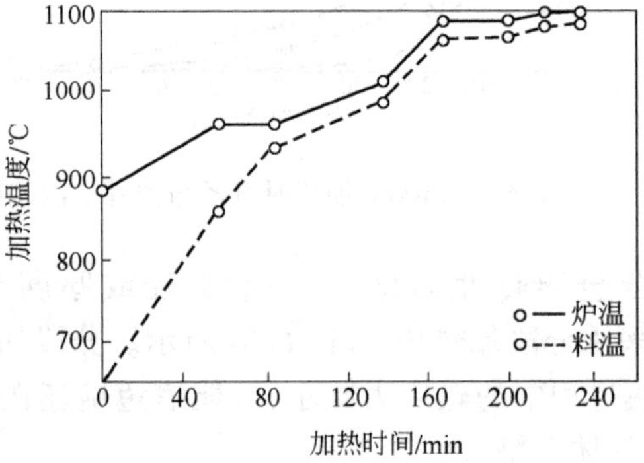

图 6-15　TA7 铸锭(ϕ360mm)加热曲线

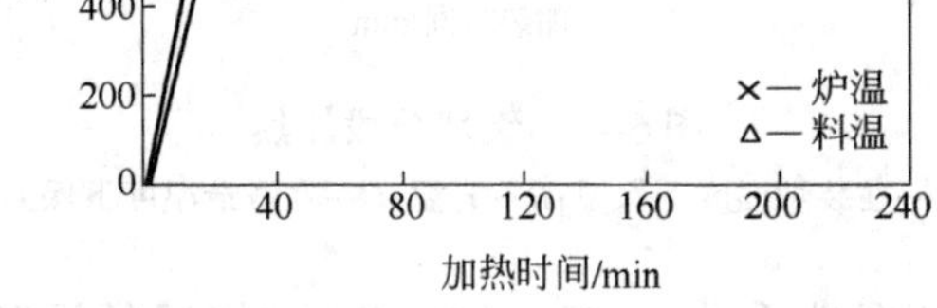

图 6-16　TC1 铸锭(ϕ360mm)加热曲线

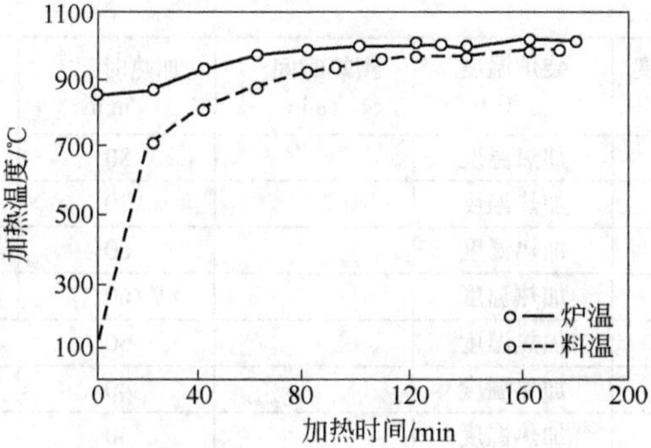

图 6-17　TC4 铸锭（ϕ360mm）加热曲线

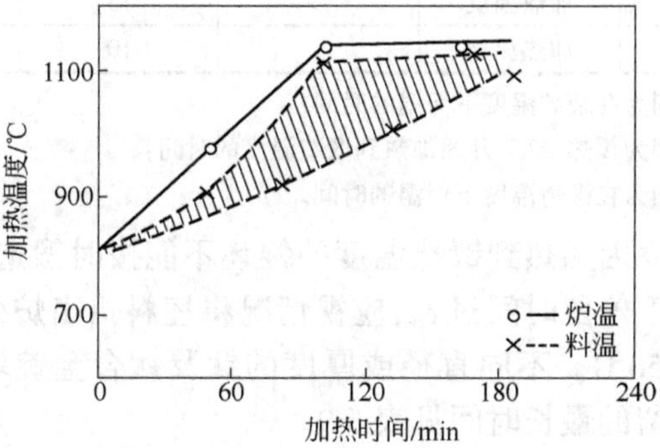

图 6-18　TC9 铸锭（ϕ360mm）加热曲线

表 6-8　不同直径或厚度的钛及钛合金锭坯实际加热时间

锭坯直径或厚度 /mm	装炉温度 /℃	预热时间① /min	加热时间② /min	均热时间③ /min
>550	800～850	100～120	120～150	90～100
450～550	800～850	90～110	90～120	80～90
360～450	800～850	70～90	70～100	70～80
300～360	800～850	50～60	60～100	50～60
300	加热温度		120	50
250	加热温度		100	45
220	加热温度		90	40

续表 6-8

锭坯直径或厚度 /mm	装炉温度 /℃	预热时间① /min	加热时间② /min	均热时间③ /min
200	加热温度		80	35
180	加热温度		70	30
160	加热温度		60	25
140	加热温度		60	20
120	加热温度		50	20
100	加热温度		40	20
80	加热温度		40	20
60	加热温度		30	20
40	加热温度		20	20
30	加热温度		15	20
20	加热温度		10	20

① 预热时间为在装炉温度下保温的时间；

② 加热时间为预热结束，开始加热到锻造温度的时间；

③ 均热时间为在锻造温度下保温的时间。

因某种原因加热到锻造温度的锭坯不能按时锻造时，也不能在锻造温度下停留时间过长，应视情况将坯料扒出炉外或将炉温降到800～850℃。不同直径或厚度的钛及钛合金锭坯在锻造温度下允许停留的最长时间见表6-9。

表6-9　不同直径或厚度的钛及钛合金锭坯在锻造温度下允许停留的最长时间

锭坯最大直径或厚度/mm	在锻造温度下允许停留的最长时间/min	锭坯最大直径或厚度/mm	在锻造温度下允许停留的最长时间/min
400～350	240	150～100	90
350～250	210	100～60	75
250～200	150	60～30	60
200～150	120	30～10	50

6.2.2.3　加热时炉内气氛

为了保证锻件质量，钛合金加热时炉内应采用惰性气体保护。但成本比较高，也麻烦，一般锻造很少采用。实践证明，电炉加热比油炉或煤气炉加热污染轻得多，采用电炉加热是能满足锻件要求的。如果采用油炉或煤气炉加热,则炉膛内应控制为微氧化气氛,以防止锻件产生过多的吸氢。

6.2.2.4 加热时注意事项

装炉前必须清除炉底、炉渣及氧化铁皮等,以防放“炮”;锭坯在炉内放置要有一定间隔,在加热过程中,要适当翻料,以便加热均匀;加热火焰不允许直接喷射到锭坯上,免得局部加热速度过快、温度过高,甚至过烧;应先将炉子温度升到装炉温度时再装入锭坯,并按加热制度加热。如果炉子曾在高温下工作过,应先将炉子温度降到比要求的温度低一些,然后再加热到所需要的温度,待炉温稳定时再装炉。

6.2.3 锻造

钛及钛合金的变形抗力大小取决于合金成分、变形温度、变形量及变形速度。在锻造温度范围内,除 TA0、TA1、TA2、TA3、TC1、TC2 等合金变形抗力大致相当于碳素结构钢外,其余合金变形抗力大致相当于耐热合金钢。钛及钛合金的变形抗力随变形温度的降低和变形量的增加而急剧提高,如图 6-19 ~ 图 6-22 所示。变形速度增加,变形抗力也增加很多,如用锻锤比用水压机锻造所需要的压力要增加 50%,甚至到几倍。

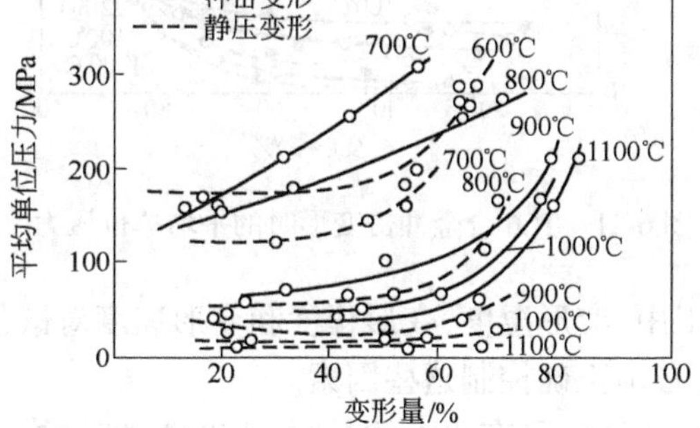

图 6-19 工业纯钛的平均单位压力(铸造状态)

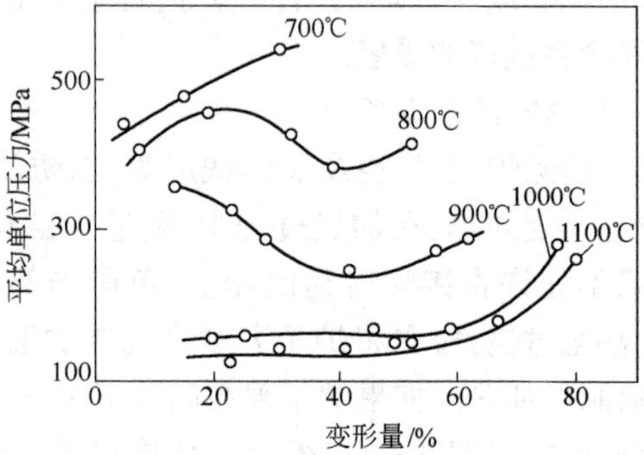

图 6-20　TC4 合金冲击变形时的平均单位压力(铸造状态)

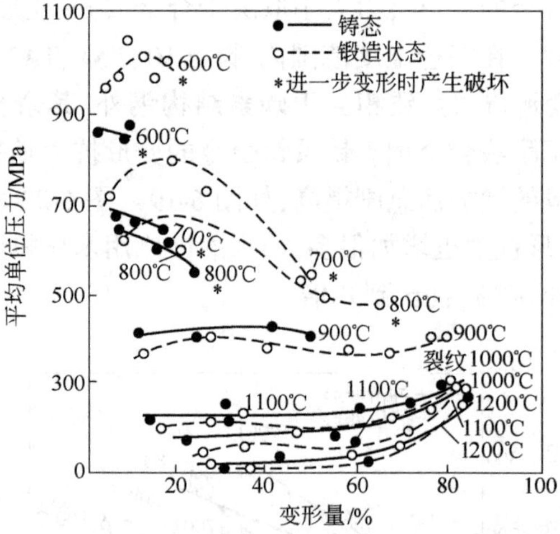

图 6-21　TC6 合金冲击变形时的平均单位压力

锻造加工中,变形温度、变形程度和变形速度对锻件质量有很重要的影响,必须正确控制这些因素。

钛及钛合金铸锭具有粗大的晶粒,工艺塑性较差,一般是将铸锭加热到$(\alpha+\beta)/\beta$ 相变点以上进行锻造,主要变形是在 β 区完

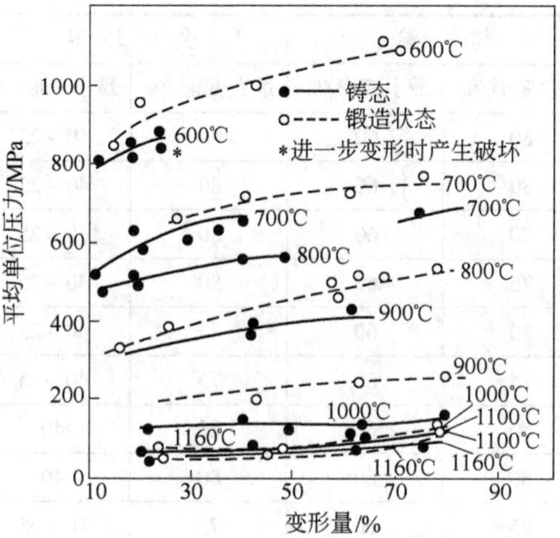

图 6-22 TC6 合金静压变形时的平均单位压力

成。因为在这个温度下变形抗力低,塑性高,可以采用大变形量,从而提高锻透性,较充分地破碎铸态组织,同时也能提高生产率,降低消耗。

实践证明,铸锭的总变形量达 70% ~80%(即锻造比达 3.5 ~5)时,在规定的变形温度范围内用合适的变形速度锻造,其粗大的铸造组织基本上被破碎,得到较均匀、细小的纤维组织,其抗拉强度和塑性指标都有所提高。铸锭开坯变形量过低时,铸态组织不能得到有效地破碎,其性能较差,这直接影响到进一步加工的产品性能。

为减少锻件裂纹,提高生产率,变形坯料也在(α+β)/β 相变点以上锻造,但变形温度要比铸锭稍低。

铸锭和变形坯料每加热一次合适的变形量范围见表 6-10。

(α+β)合金应当在(α+β)/β 相变点以下加热,于两相区锻造,用合适的变形速度,在规定的变形量范围内,可以得到较细小的具有一定量的等轴初生 α 和转变的 β 组织,这种组织的综合性能较好。实验证明:TC4 合金当有 10% ~25%(体积分数)的等轴

表 6-10　一次加热钛及钛合金变形范围

合金牌号	铸　锭		变形坯料		成品变形/%
	最大变形/%	最小变形/%	最大变形/%	最小变形/%	
TA1	80	60	80	40 ~ 25	80 ~ 65
TA2	80	60	80	40 ~ 25	80 ~ 65
TA3	80	60	80	40 ~ 25	80 ~ 65
TA5	75	60	80	40 ~ 25	80 ~ 65
TA6	70	60	75	40 ~ 25	75 ~ 60
TA7	75	60	75	40 ~ 25	75 ~ 60
TC1	80	60	80	40	80 ~ 65
TC2	80	60	80	40	80 ~ 65
TC3	75	60	75	40 ~ 25	75 ~ 65
TC4	75	60	75	40 ~ 25	75 ~ 65
TC5	75	60	75	40 ~ 25	75 ~ 60
TC6	75	60	75	40 ~ 25	75 ~ 60
TC7	75	60	75	40 ~ 25	75 ~ 60
TC8	70	60	70	40 ~ 25	70 ~ 60
TC9	70	60	75	40 ~ 25	70 ~ 65
TC10	75	60	75	40 ~ 25	75 ~ 65

初生 α 嵌镶在针状 α 和转变的 β 组织中，这种组织的拉伸塑性与断裂韧性配合最好。如果加热温度高于(α + β)/β 相变点，使锻造温度过高，当变形量不够大时，变形结束在 β 区，往往得到粗大的片状或针状 α 间 β 组织，称为粗大魏氏组织。这种组织强度变化不大，但塑性显著下降；随着工艺的继续，锻件温度降低至(α + β)区，当变形量增大时，则出现歪扭程度不同的条状(α + β)组织，原始 β 晶界得到破碎，即所谓网篮状组织。这种组织强度变化不大，但伸长率、断面收缩率和冲击韧性有些降低，而高温性能和断裂韧性却有所改善。当温度更高时，会出现粗大、平直条状(α + β)组织，并呈现粗大清晰的原始 β 晶界，称为过热组织，这

种组织塑性严重恶化，称为β脆性。在成品锻造中应该避免。TC4合金φ80mm锻棒在β区和(α+β)区锻造的室温塑性比较见表6-11。

表6-11 TC4合金φ80mm锻棒在β区和(α+β)区锻造的室温塑性比较

锻造温度/℃	伸长率/%		断面收缩率/%	
	最大	最小	最大	最小
990~1010	15.5	9.0	42	29
960~980	18	12	46	34
920~950	18	11	48	36

注：锻造比为3.5~4；试样经800℃，1h退火；空冷。

α型合金同(α+β)合金一样，也应在(α+β)/β相变点以下加热，在(α+β)两相区锻造。高于(α+β)/β相变点加热锻造，也会使塑性下降，甚至出现β脆性，并且α合金的β脆性倾向比(α+β)合金严重。

消除β脆性的唯一办法是将锻件在(α+β)/β相变点以下加热，于(α+β)两相区锻造，并使变形量大于50%。

对于α或(α+β)合金成品锻造，在(α+β)/β相变点以下应有50%以上的变形量其组织才会均匀、细小，综合性能才好。钛合金成品锻造的变形量见表6-10。

由于某种情况成品最后一火次变形量不足时，加热温度应比表6-7中的温度更低些，才会得到较好的组织和性能。

钛合金的临界变形量为2%~12%，在临界变形量时，晶粒显著长大。变形量超过85%时，由于晶体的结晶取向很接近，容易发生聚合再结晶，使晶粒再次增大。因此，在锻造加工中，每一火次变形应避开临界变形量，使之大于20%，但不能高于85%。

变形速度对锻件质量也有很重要的影响。锻造过程是放热过程，是一个动能转变成热能，产生热效应的过程。当变形速度很快时，不仅使变形抗力提高，而且变形热效应使锻件局部或整体温升过高,有可能超过$(\alpha+\beta)/\beta$相变点,得到的锻件组织和综合性能较差。当温度较低时,采用很高的变形速度会使局部温升很厉害,甚至过烧,导致裂纹产生或性能严重恶化。在高的变形速度下,加工再结晶来不及进行,会降低加工塑性。合适的变形速度可使锻件温度不升高,而又不致下降很快,能在规定的温度范围内完成总变形。锻锤的变形速度比水压机快得多,在锻造过程中必须控制其锻打的快慢和轻重,才能保证锻件温度合适和较高的加工塑性。用水压机锻造,锻件温升很少,金属的加工再结晶能大部分完成,不仅在加工中塑性高,而且对保证锻件质量是有好处的。但对于截面较小的锻件,采用锻锤能使锻造温度维持较长时间,对变形和表面质量是有好处的。

必须指出的是:变形温度、变形速度和变形程度绝不是孤立地影响锻件质量的。例如,加热温度稍高,但用足够大的变形量和较低的变形速度也可以得到较好的组织和性能,所谓β锻造工艺的确定,就是从这一原则出发的;相反,加热温度虽低,但变形速度很高,会使温升很快、很高,足够大的变形量也得不到很好的组织和综合性能;当变形量较小时,用相当低的加热温度与合适的变形速度也可以得到较好的组织及性能。

很多研究结果指出,钛合金的性能不仅取决于合金的成分(对工业纯钛而言是氧含量),而且取决于其加工的历史,即加工的过程,因为它控制了晶粒的尺寸和择优取向(织构),所以成品锻件的组织和性能与原始坯料的状态也有很大关系,因此,应控制好坯料的加热温度、变形量和变形速度,应在规定的变形温度范围内完成坯料的锻制。

锻造前应将砧子、操作机钳口预热到300℃左右,以使作业时锻件温降减慢;铸锭开坯时,开始每次锻打变形量要小,当铸造组织有一定破碎时(变形量不小于20%)再加大变形量,并力求均匀,以减少裂纹和折叠等产生及组织不均;用锻锤锻造时,开始要轻锤快打,中间重锤慢打,接近完成时又要轻锤快打,任何时候都不要连续重锤猛击,以免锻件温升过高,性能变坏;在锻造过程中坯料要勤翻,尽量减少冷的棱角出现;热锻件应避免与水接触。

6.2.4 钛的典型锻造工艺举例

锻棒组织的不均匀和力学性能的波动,主要是加工方法本身决定的,但工艺、操作如果得当,这种情况可得到明显的改善。

钛合金棒材锻造温度从开坯到成品,必须逐渐由高到低,特别是成品锻造前的两次加热,更应严格控制其加热温度和加热时间,同时也要控制好终锻温度,变形要均匀,速度要适中。

从铸锭到成品棒材或锻坯,其锻造过程通常分为 3 个阶段完成。

第一阶段:开坯。开坯的主要目的是"破碎"粗晶的铸造组织,细化 β 晶粒。所以通常开坯要经过一系列的加热和变形才能完成。第一组的加热和变形是若干次在相变温度以上完成的。它的首次锻造(开坯)温度在 β 转变点以上 100 ~250℃,这时,铸造组织的塑性最好。开始时应轻击使锭料变形,直到打碎铸造粗晶组织为止,在 β 区再结晶时晶粒的细化过程参见本书第4.7.1 节,随着锭坯塑性的提高,铸锭的加热温度可以逐火适当降低。每火变形程度必须大于 20%;第二组的加热和变形是在两相区完成。第三组的 1 ~2 火再在 β 区完成。两相区的变形使坯料具备足够的内能储备,在第三组加热时发生一次细化的 β 再结晶,这时锻坯的冷却速度对细化 β 晶粒有十分重要的作用。这就是铸锭开坯的"高—低—高"工艺。"高"、"低"主要指变形温度高于或低于相变温度。据欧美和俄罗斯的实践,经过"高—低—高"工艺的棒坯随后再在两相区充分变形即可满足宇航材料标准 AMS4928 和 ГОСТ 190000(俄)对组织和性能的要求。有关 TC6、TC9、TC18 合金等铸锭(ϕ420mm、ϕ360mm)组织细化的研究有很好的参考价值,如图 6-23 和图 6-24 所示。该试验先分别在 β 区或(α+β)区进行不同程度的变形,然后进行 β 退火,研究两种条件下不同程度变形后 β 晶粒细化的效果。研究结果表明:

(1)单纯在 β 区或两相区用大的变形程度细化 β 晶粒的效果

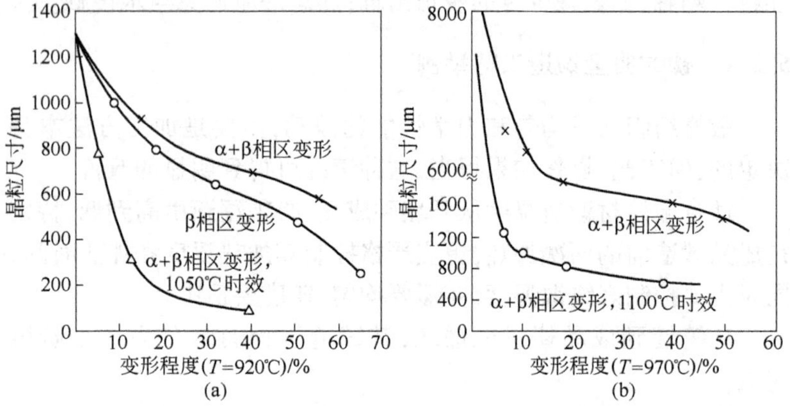

图 6-23　TC11 和 TC18 铸锭晶粒细化与变形程度、退火温度的关系
(a) TC11 钛合金凝壳浇注锭；(b) TC18 钛合金 ϕ350mm 铸锭

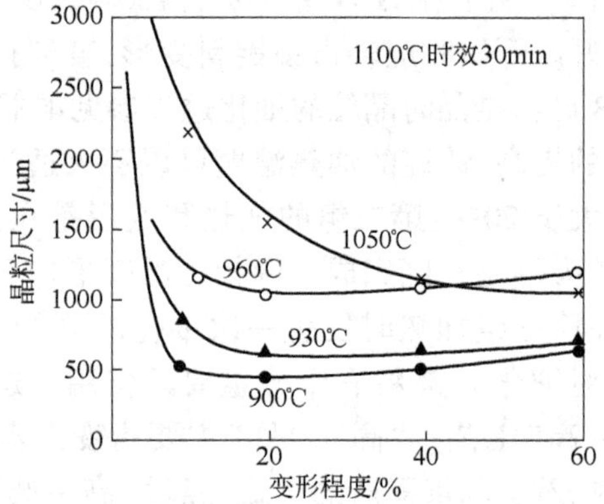

图 6-24　TC6 钛合金锭(ϕ420mm)晶粒细化与变形程度、变形温度的关系(T_β = 980℃)

并不是最理想的；

(2) 采用"低—高"工艺路线比较容易细化 β 晶粒；

(3)"高—低—高"比单纯"高—低"工艺细化 β 晶粒的效果显著得多；

(4)“高—低—高”工艺中,两相区的变形程度在20%～30%后再经β区一次退火,β晶粒细化效果最为明显,更大的变形程度并没有带来大的改进。

聚集再结晶是随温度升高、保温时间加长和晶粒的细化而加剧的,为了防止产生聚集再结晶,必须随晶粒细化逐步降低锻造温度,加热保温时间也要严格加以控制。

经过开坯后,一般钛合金锭以棒材形式提供给用户。

第二阶段:改锻。各钛生产厂提供给锻造厂的棒坯在组织和性能方面常常是参差不齐的,所以需要通过把定尺的棒坯改锻,提高和统一棒坯质量,为获得高质量的锻件做好准备。改锻一般是在两相区的上部温度下完成的,交替进行2～3次镦粗和拔长,同时可交替改变轴线和棱边。这样使整个毛坯截面获得非常均一的具有细小的β晶粒的双态组织。普遍认为改锻是保障锻件,特别是大锻件质量的关键工序。只有达标的锻坯才能保障获得高质量的锻件和大锻件。

第三阶段:荒坯锻造。这是为了合理地分配材料,锻成接近锻件粗型的坯料,并为最终锻件准备相应的组织条件。它与改锻的多向反复镦拔方式一样,始锻温度可以比β转变温度高30～50℃,但一般也选用两相区锻造;若是交付产品,始锻温度则在β转变温度以下20～40℃较为合理。它在组织和金属分配方面为下一道模锻做好充分的准备。

由于钛的热导率低,在自由锻设备上镦粗或拔长坯料时,若工具预热温度过低,设备的打击速度快,变形程度又较大,往往在纵剖面或横截面上形成X形的剧烈变形带(剪切带),水压机上非等温镦粗时尤其如此。变形程度越大,剪切带越明显,最后在拉应力作用下形成裂纹。因此,在自由锻造钛合金时,打击速度应快些,尽量缩短毛坯与工具的接触时间并尽可能预热工具到较高的温度,同时还要适当控制一次行程内的变形程度。

锻造时,棱角处冷却最快。因此拔长时必须多次翻转毛坯,并调节锤击力,以免产生锐角。锤上锻造,开始阶段要轻打,变形程度不超过8%，随后可以逐步加大变形量。

最新的研究和工艺方案指出，制坯的第一阶段是以细化β晶粒为主要目标的，需要结合相变和再结晶的原理，经过多火次变形才能完成；第二、第三阶段的变形在于细化晶内组织，达到要求的组织类型和组织结构参数（如β晶粒度、α集束尺寸d、初生α的比例γ、α片的厚度b等），反复镦拔也可以不要求改变轴线方向，并要求镦拔成八方形状而不主张四方，以求组织和性能的细化均匀。每个阶段将根据铸锭的直径确保基本的锻造比，所以一个优质的钛合金锻件是与全过程的工艺因素即热机械加工工艺路线密切相关的。

钛合金棒材锻造部分工艺流程见表6-12，TC4合金生产ϕ80mm和ϕ45mm棒材的工艺参数分别见表6-13和表6-14，由于用户对产品的要求是多种多样的，所以这些工艺参数仅供参考。

表6-12　钛合金棒材锻造部分工艺流程

锻造设备	铸锭规格 /mm×mm	棒材直径 /mm	加热次数	锻造工序
锻锤或水压机	ϕ360×(700~900)	25	4	ϕ360→□190→□85→□40→ϕ25
		30	4	ϕ360→□190→□100→□50→ϕ30
		35	4	ϕ360→□190→□120→□60→ϕ35
		40	4	ϕ360→□190→□120→□70→ϕ40
		45	4	ϕ360→□190→□120→□80→ϕ45
		50	3	ϕ360→□190→□90→ϕ50
		55	3	ϕ360→□190→□95→ϕ55
		60	3	ϕ360→□190→□105→ϕ60
		65	3	ϕ360→□190→□115→ϕ65
		70	3	ϕ360→□190→□120→ϕ70
		75	3	ϕ360→□190→□130→ϕ75
		80	3	ϕ360→□190→□140→ϕ80
		85	3	ϕ360→□190→□150→ϕ85
		90	2	ϕ360→□160→ϕ90

续表 6-12

锻造设备	铸锭规格 /mm × mm	棒材直径 /mm	加热次数	锻造工序
锻锤或水压机	4500 × L	95	2	ϕ360→□170→ϕ95
		80	3	ϕ500→□250→□140→ϕ80
		100	3	ϕ500→□250→□180→ϕ100
		120	3	ϕ500→□300→□210→ϕ120
		150	2	ϕ500→□260→ϕ150
		200	2	ϕ500→□340→ϕ200

表 6-13 ϕ80mmTC4 合金棒材锻造工艺参数

加热次序	加热设备	加热温度 /℃	终锻温度 /℃	锻造设备	锻造规格 /mm	变形量 /%
1	重油炉	1150	850	1250t 水压机	ϕ500→ϕ250	68
2	重油炉	1060 ~ 1100	800	1250t 水压机	ϕ250→ϕ140	69
3	电 炉	950 ~ 970	750 ~ 800	1250t 水压机	ϕ140→ϕ80	75

表 6-14 ϕ45mmTC4 合金棒材锻造工艺参数

加热次序	加热设备	加热温度 /℃	终锻温度 /℃	锻造设备	锻造规格 /mm	变形量 /%
1	煤气炉或重油炉	1150	800	3t 或 5t 锻锤	ϕ360→ϕ190	64
2	煤气炉或重油炉	1050 ~ 1080	800	3t 或 5t 锻锤	ϕ190→ϕ120	60
3	煤气炉或重油炉	980 ~ 1000	750	3t 锻锤	ϕ120→ϕ80	56
4	煤气炉或重油炉	950 ~ 970	750	3t 锻锤	ϕ80→ϕ45	75

锻饼坯料可以开成圆棒状，也可以开成方棒状。尺寸大小由饼材大小来决定，但要保证镦拔的可能性。用锯床、车床冷下料可以保证尺寸精确，在锻压设备上热切也是可以的。TC4 合金 ϕ200mm × 106mm 饼材锻制过程见表 6-15。

表 6-15　TC4 合金 ϕ200mm × 106mm 饼材锻制过程

加热次序	加热说明	工 艺 简 图	锻造说明
1	煤气炉或油炉加热铸锭，温度为 1150℃	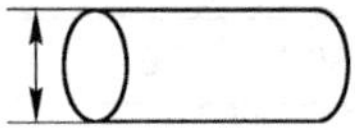	在 3t 或 5t 锻锤上将铸锭开坯成 ϕ160mm，热切成 ϕ160mm × 150mm 的坯料，锻造比为 3.93
2	电炉或煤气炉加热坯料，温度为 950 ~ 970℃	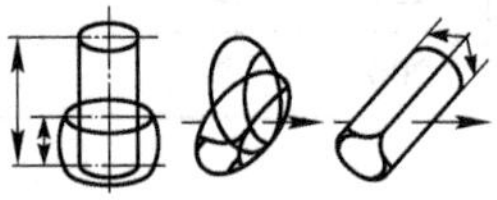	将坯料稍打圆，再镦粗到 h = 100 ~ 110mm，再沿径向拔长成 ϕ160mm
		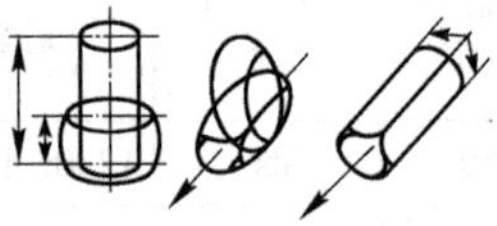	第二次稍打成圆后，再镦粗到 h = 100 ~ 110mm，随后再沿原来的轴向拔长成 ϕ160mm
		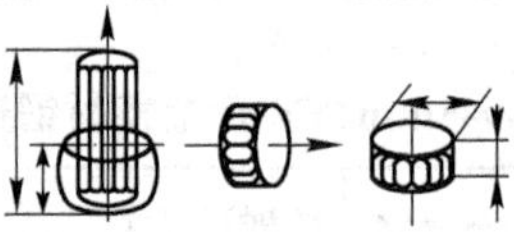	第三次稍打圆后，再镦粗平整成 ϕ200mm × 106mm 后空冷，总镦粗比为 4.8 ~ 6

注：这里总镦粗比是采用各次镦粗比相加的方法计算的。

为了保证饼材的晶粒细小均匀，综合性能好，必须进行 2 ~ 3 次甚至 3 ~ 5 次的反复变换方向的镦粗与拔长，每次镦粗比为 1.5 ~ 2。

对于较小的饼材可以采用一火完成三镦两拔的工艺，对于大中型饼材可以采用多火次镦拔，其加热温度由高逐渐降低。但最后两火的温度一定要低于（α + β）/β 相变点，总变形量要在 70% 以上，如果变形量不足时，相应的加热温度应更低一些。表 6-16 是在锻锤上锻制 ϕ400mm × 90mmTC4 饼材的工艺参数，表 6-17 是用水压机锻制 ϕ500mm × 70mmTC4 饼材的工艺参数。

表 6-16　TC4 合金 ϕ400mm × 90mm 饼材锻制工艺过程

加热次序	加热说明	工艺简图	锻造说明
1	煤气炉或油炉加热铸锭，温度为 1150℃	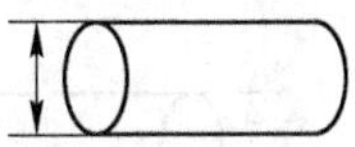	在 3t 或 5t 锻锤上将铸锭开坯成 ϕ230mm 的圆，然后在车床或锯床上切成 ϕ230mm × 310mm 的饼坯料
2	电炉、煤气炉或油炉加热坯料，温度为 1030 ~ 1050℃	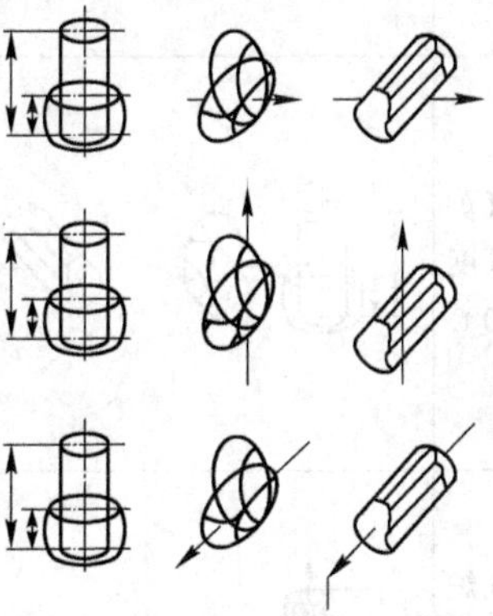	将饼坯镦粗到 h = 150 ~ 200mm，再换向拔长成 ϕ230mm × 310mm，共重复 3 次，总镦粗比为 4.8 ~ 6.6
3	电炉、煤气炉或油炉加热饼坯，温度为 980 ~ 1000℃	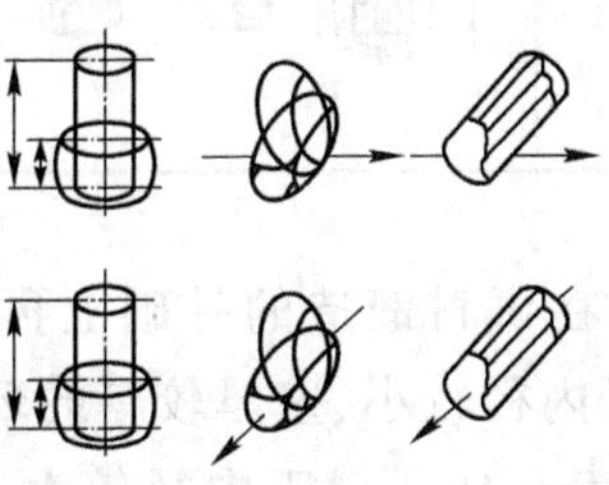	再重复镦拔两次，最后锻成 ϕ230mm × 310mm，总镦粗比为 3.2 ~ 4.4
4	成品锻造，加热温度为 950 ~ 970℃	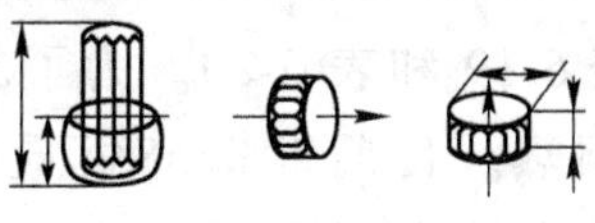	边镦粗边滚圆，最后锻成 ϕ400mm × 90mm 的饼材，总镦粗比为 3.3

注：这里总镦粗比是采用各次镦粗比相加的方法计算的。

表 6-17　TC4 合金 ϕ500mm × 70mm 饼材锻造工艺过程

加热次序	加热说明	工 艺 简 图	锻造说明
1	重油炉加热铸锭，温度为 1100℃	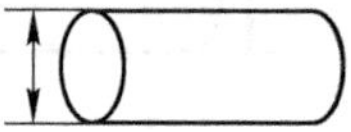	在 1250t 水压机上将铸锭开坯成 ϕ310mm，然后在车床上扒皮切割成 ϕ290mm × 210mm 的坯料
2	电炉或煤气炉加热饼坯，温度为 1030 ~ 1050℃	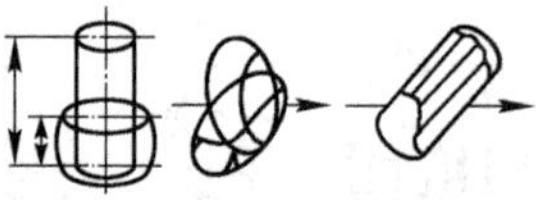	在水压机上将饼坯镦粗到 h = 150mm，再沿径向拔长成 ϕ290mm，该火镦粗比为 1.4
3	电炉或煤气炉加热饼坯，温度为 950℃	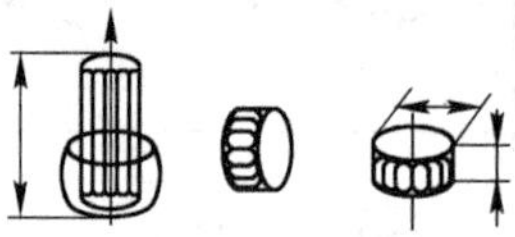	镦粗滚锻成 ϕ500mm × 70mm 饼材，终锻温度 840℃，镦粗比为 3

环材的锻造是在饼材锻造的基础上再加上冲孔与扩孔工序而完成的。对于内径较小、壁厚较厚的环材可以采用冲头扩孔，其工艺过程见表 6-18。对于内径较大、壁厚较小的环材多采用马杠扩孔法。在锻锤上和水压机上锻制 TC4 合金环材的工艺过程分别见表 6-19 和表 6-20。为了减少温降，在扩孔前应将马杠和锤头预热。目前锻造环材最后一火的锻造比为 1 : 3。增加最后一火的变形量对提高环材的综合性能是有益的。

表 6-18 冲头扩孔法锻制 ϕ460mm/ϕ270mm × 150mmTC4 合金环材工艺过程

加热次序	加热说明	工艺简图	锻造说明
1	油炉加热铸锭，温度为 1100℃	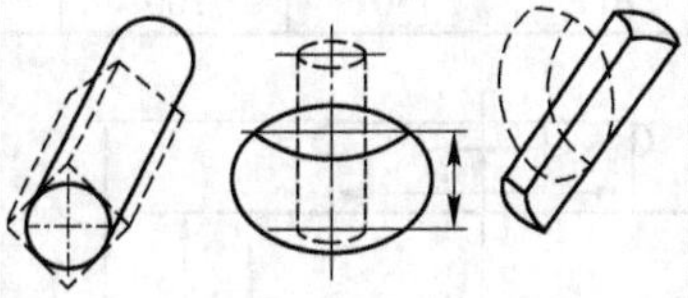	在 3t 锻锤上将铸锭开坯成 ϕ220mm × 410mm 的环坯
2	油炉加热环坯，温度为 960 ~ 980℃	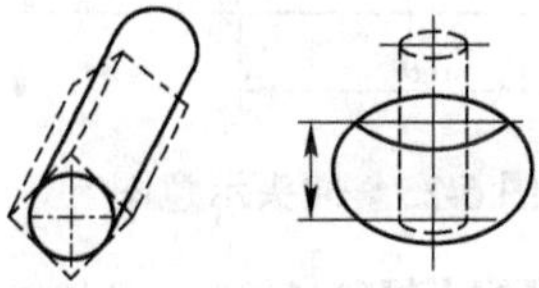	在 3t 锻锤上，先将 ϕ220mm × 410mm 的环坯滚圆，再镦粗到 h = 200 ~ 250mm，再换向拔长成 ϕ220mm × 410mm，然后再重复一次拔长
3	油炉加热环坯，温度为 960 ~ 980℃	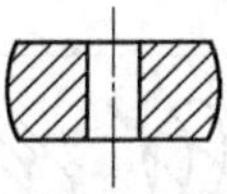	在上述设备上，先将 ϕ220mm × 410mm 的环坯滚圆，再镦粗到 h = 180 ~ 200mm，然后用 ϕ120mm 的实心冲子冲孔
4	油炉加热冲孔环坯，温度为 960 ~ 980℃	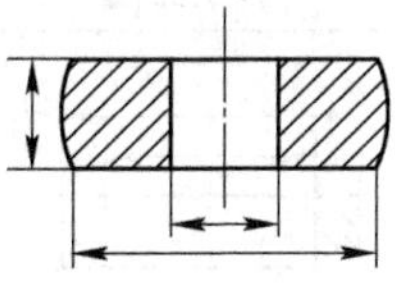	用扩孔冲头在上述设备上扩孔，共经五种规格的冲头，冲头规格见表 6-19，最后精整成 ϕ460mm/ϕ270mm × 150mm 的环材

表 6-19　扩孔冲头规格(参照图 6-25)　　(mm)

序号	d_1	d_2	d_3	H_1	H_2	H_3
1	115	50	140	100	80	230
2	145	180	150	100	80	230
3	175	210	150	100	80	230
4	205	240	150	100	80	230
5	235	270	150	100	80	230

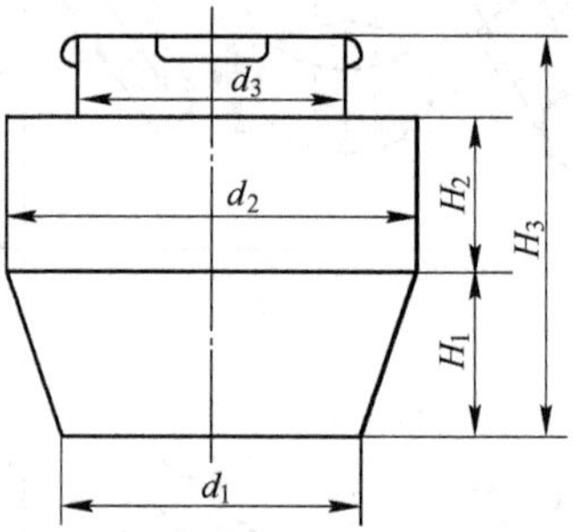

图 6-25　冲头示意图

表 6-20　在 3t 或 5t 锻锤上锻制 ϕ490mm/ϕ360mm×90mmTC4 合金环材工艺过程

加热次序	加热说明	工艺简图	锻造说明
1	煤气炉或油炉加热铸锭，温度为 1150℃	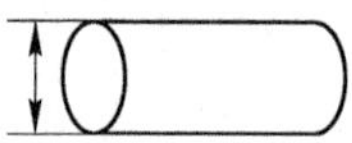	铸锭开坯成 ϕ230mm 的棒，然后在车床上扒皮切割成 ϕ230mm×300mm 的环坯料
2	电炉、煤气炉或油炉加热环坯，温度为 1030～1050℃	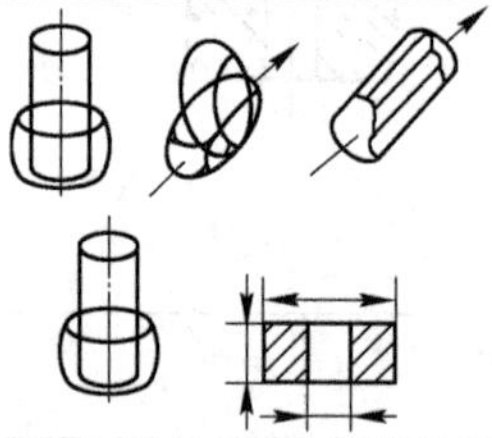	将环坯镦粗到 h=200～140mm，再换向拔长成 ϕ230mm×300mm，经一镦两拔后成 ϕ400mm×100mm 的饼，之后冲 ϕ200mm 的孔，镦粗比为 4.5～6.3
3	电炉或煤气炉加热，温度为 950～970℃	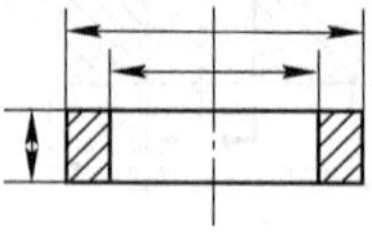	在马架上扩孔，在平砧上整形成 ϕ500mm/ϕ300mm×100mm 的环材，待空冷后车成 ϕ490mm/360mm×ϕ90mm 的环材，锻造比为 1.3

6.2.5 锻件的精整

自由锻的精整同模锻。

6.3 胎模锻

胎模锻是在自由锻设备上采用专用工具(胎模)生产锻件的一种方法。胎模锻工艺是在自由锻工艺基础上发展起来的,而在某些方面(例如,需使用专用模具、锻件结构要素、金属流动方式等)已和普通模锻工艺接近。

因此,与自由锻比较,胎模锻的优点是:可生产形状复杂的锻件,锻件的尺寸精度比自由锻件高,变形较均匀、流线分布较合理,可提高生产效率和减少材料消耗;胎模结构比正规锻模简单、易造、成本低、生产准备周期短。缺点是:锻件精度不如正规模锻件的高,工人劳动强度较大,胎模寿命较短。胎模锻适用于锻件的中、小批量生产。

6.3.1 胎模锻的种类

根据胎模的结构形式和金属的变形特点,胎模锻大致可分为制坯、成形和修整3个步骤:制坯主要采用摔模、扣模或弯曲模,目的是获得较简单的外形;成形主要采用套模、垫模或合模等成形模,目的是获得锻件的最终形状;修整是对锻件进行校正、切边、冲孔或压印等工序,一般以采用冲切模、校正模为主。

6.3.2 胎模锻工艺

胎模的形式多样,在选定胎模锻工艺方案时,应考虑以下几个问题:

(1)锻件的几何形状和结构特点。一般可参照模锻件制坯工步的选定原则,确定最佳的锻造工艺过程和胎模结构。

(2)锻件的材料特性,保证锻件在较理想的应力状态下成形。

(3)锻件的精密程度。凡是锻件尺寸较精确的部分,应安排在同一模块的型槽中或合模中成形。

(4)锻件的批量。批量较大时,可采用较完整、复杂的工艺过程,如局部摔锻和弯曲合模成形，批量较小时，则应选用简易的工艺。

(5)现场生产条件。包括锻锤的吨位、加热条件、模具制造能力等。

(6)可允许的锻件最高成本。在批量不变的条件下，可允许的锻件最高成本越高，则工艺方案选择的宽度越大。

各类锻件常用的胎模锻工艺见表6-21。

表6-21　各类锻件常用的胎模锻工艺

锻件类别		变形工艺简图	工艺特点及应用范围
圆轴类	台阶轴	摔形拔长 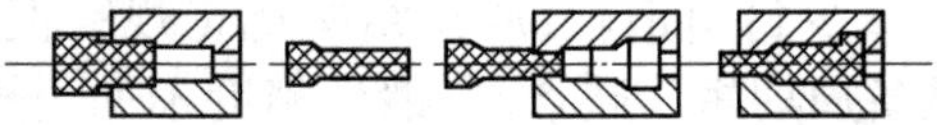	胎模轻便，所需设备能力小；锻件台阶同心度及平直度不易保证；生产率低，适用于长度较大的多阶轴及截面平滑变化的杆轴
圆轴类	法兰轴	局部镦粗—摔形拔长 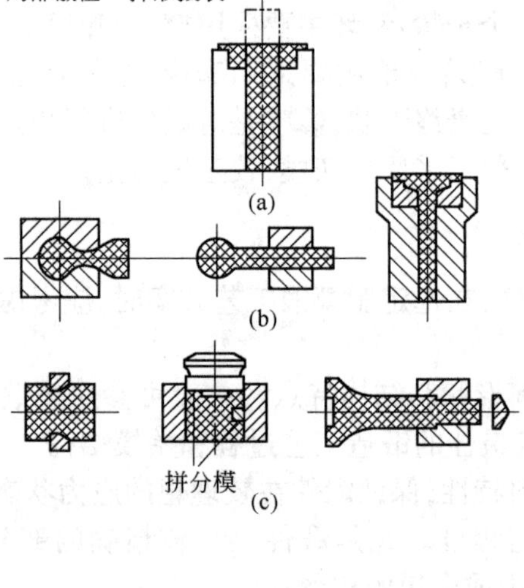	头部镦粗比不大于2、锻件总长度不大于500mm时，采用直径等于杆部的毛坯直接镦粗(见图(a))；当不能直接镦粗时，一般采用直径接近头部的毛坯，先摔形拔长，再局部镦粗(见图(b))，此时，头部与杆部垂直度好、生产率高，但胎模笨重；也可采用直径接近头部尺寸的毛坯，先压肩，再局部镦粗后摔形拔长(见图(c))，胎模轻便，锻件长度不受限制，但法兰与轴垂直度差，矫直费工

续表6-21

锻件类别		变形工艺简图	工艺特点及应用范围
圆盘类	法兰	镦挤 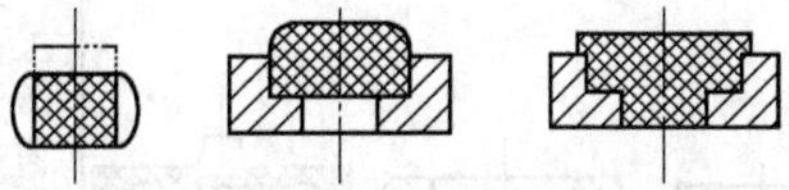	法兰部分镦粗成形，凸台部分压入成形，适用于中小型宽缘、短凸台法兰
		局部镦粗 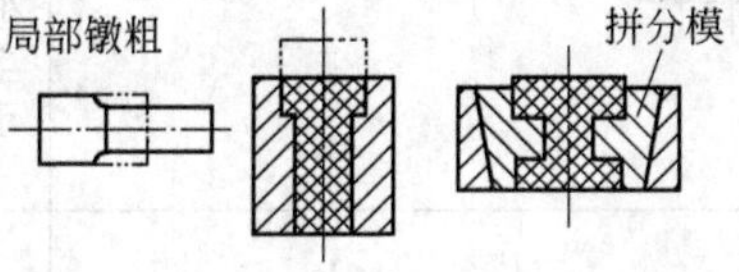	毛坯直接（或拔长后）局部镦粗，适用于窄缘、高凸台法兰及双面法兰
		冲挤 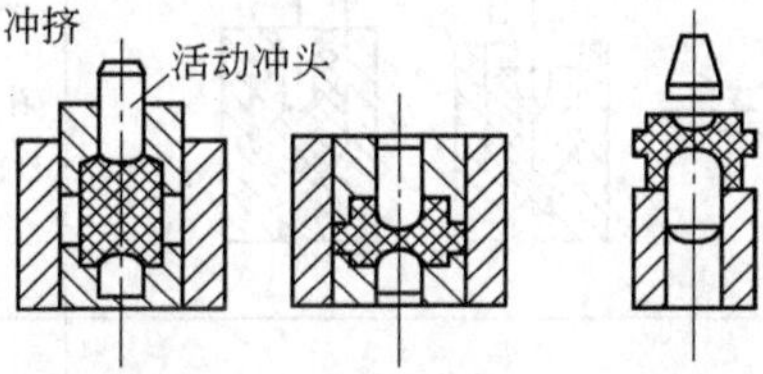	模内固定冲头（或活动冲头）冲挤、镦粗，适用于中小型窄缘、厚壁、有孔法兰
		拉挤 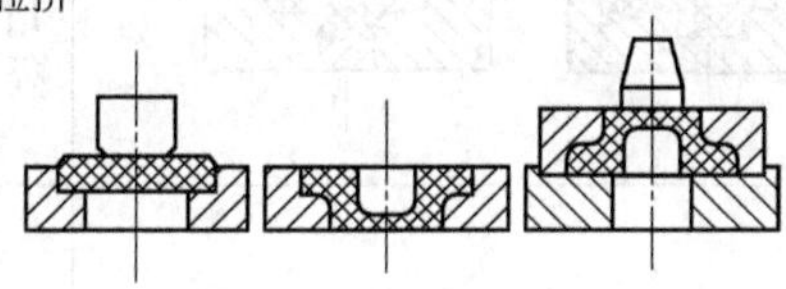	毛坯预镦后拉挤孔壁，镦粗法兰，所需设备吨位小，操作技术要求高，适用于大中型宽缘、薄壁（尤其是斜壁）、有孔法兰
		扩口 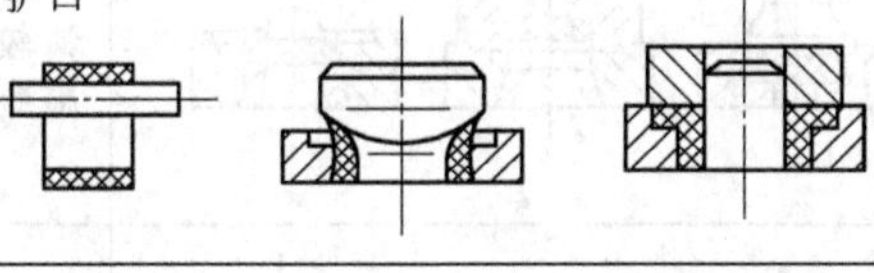	预锻筒坯，然后将一端筒壁扩口为法兰，适用于窄缘、薄壁、大孔法兰
	齿轮	套模闭式成形 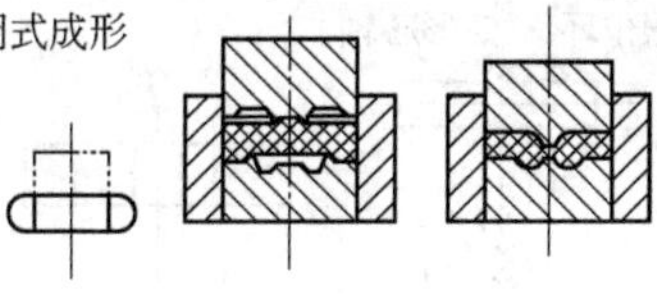	毛坯预镦或其他方式制坯后，套模无毛边成形，节约金属，高度方向公差大，适用于中小型扁薄齿轮

续表 6-21

锻件类别		变形工艺简图	工艺特点及应用范围
圆盘类	齿轮	压边 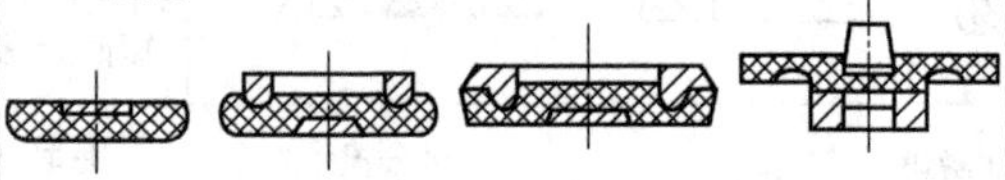	采用小型压边工具，多次局部压边成形，工具简单，大大降低所需设备吨位，但锻件精度差，生产率低，适用于中型薄幅齿轮
圆盘类	杯筒	冲挤 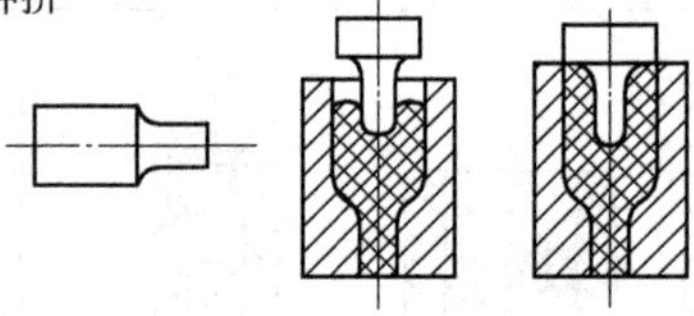	模内冲挤出孔，适用于厚壁小孔杯筒
圆盘类	杯筒	翻边 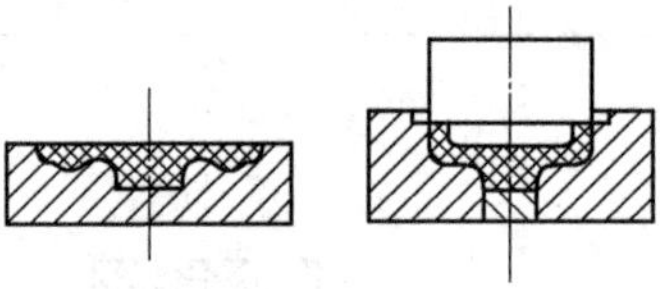	制坯后将法兰边翻为筒壁，适用于薄壁大孔杯筒
圆环类	环套	冲切孔 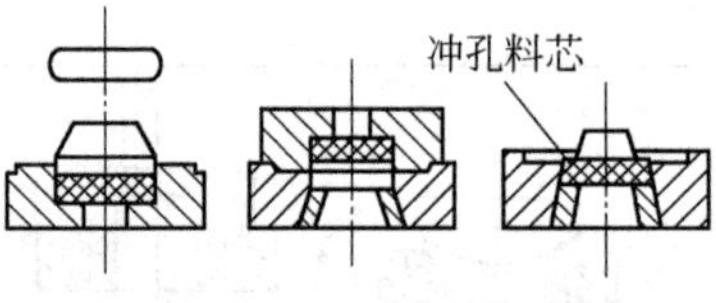	成形后冲切出孔，孔壁光洁，生产率高，冲切芯料较大，适用于扁平环
圆环类	环套	扩孔—整形 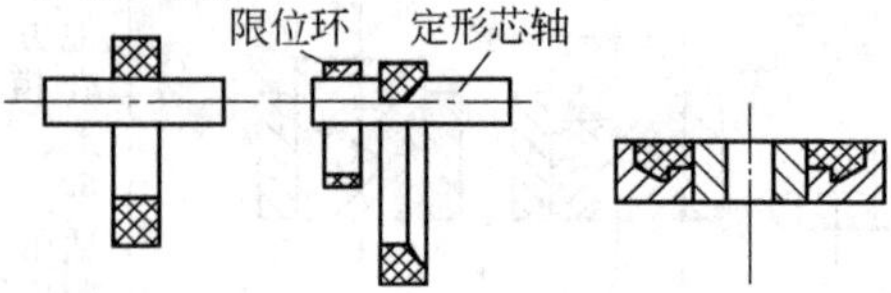	冲孔扩孔后模内整形，可提高扩孔效率和锻件尺寸精度，还能获得直径相差不大的内(外)台阶环、套

续表 6-21

锻件类别		变形工艺简图	工艺特点及应用范围
杆类	直杆 弯杆 枝杆 叉杆	合模成形—切边 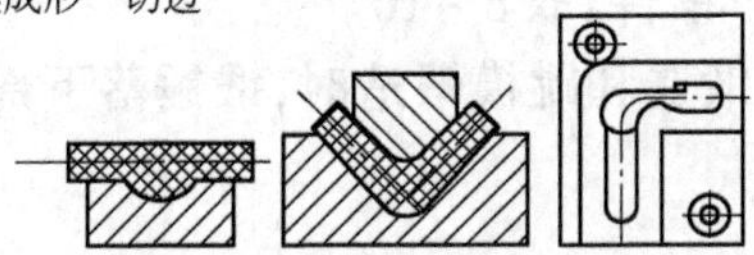 (a) 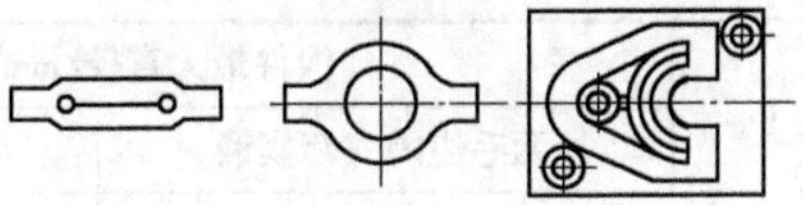 (b)	根据锻件截面和轴线形状制坯后，在合模内整体（或局部）成形，并切去毛边，适用于各类锻件
		制坯—弯曲 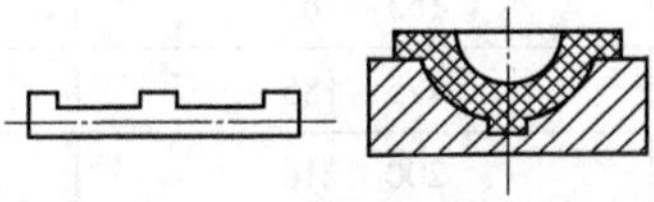	制坯后模内弯曲成形，适用于变化平缓、弯曲角度较大的弯杆
		制坯—冲形 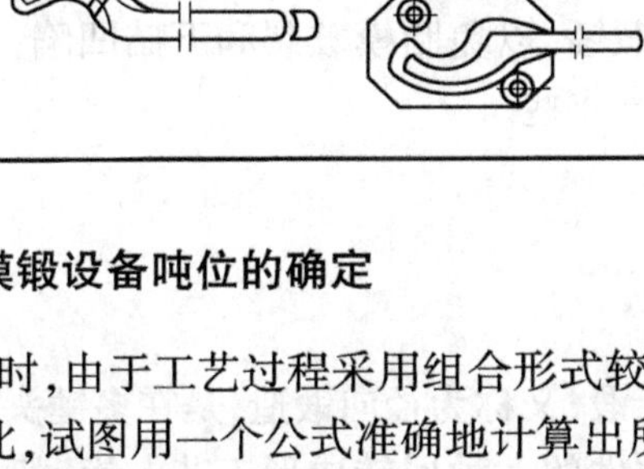	制坯后模内冲形，适用于外形复杂的扁平弯杆

6.3.3 胎模锻设备吨位的确定

胎模锻时，由于工艺过程采用组合形式较多，金属变形方式也不相同，因此，试图用一个公式准确地计算出所需设备的吨位尚有困难。目前，用得比较多的是参照以下方法进行估算。

带毛边的合模锻造时，锻锤落下部分质量 G(kg) 按下式计算：

$$G = KF$$

式中　F——锻件的投影面积，cm^2；

K——影响金属流动的系数，通常为 5 ~ 10。对于简单形状锻件，取 5、6；对于较复杂形状或局部有肋的锻件，取 6、7；对于不经制坯而直接成形的小型锻件，取 7、9；对于薄形锻件，取 8 ~ 10。

无毛边闭式套模锻造和跳模锻造时，锻锤落下部分质量可参照表 6-22 选择。

表 6-22　锻锤的选择

锻锤落下部分质量/t	锻件最大直径/mm	
	无毛边闭式套模锻	跳模锻
0.25	80 ~ 100	65
0.4	130 ~ 150	75
0.56	155 ~ 165	85
0.7	175 ~ 185	100
1.0	200 ~ 210	120

应用上述方法选择锻锤落下部分质量时，必须注意，当锻件的材料为变形抗力较大的钛合金时，锻锤的落下部分质量应比上述公式计算结果或表列数值增大 30% ~ 50%，当采用闭式套模成形时，不宜选用过大的锻锤，以免胎模破裂和下砧凹陷；当采用多火次锻造时，锻锤可适当小些。

6.4　特种锻造

6.4.1　旋转锻造

旋转锻造简称旋锻，又称为径向锻造，是在多锤头对击的旋转锻机上生产精密轴类件的一种回转成形工艺。旋锻时，毛坯受到几个锤头沿径向对称高速锤打，直径减小，轴向延伸。在锻造时，毛坯与锤头之间有相对的旋转运动和轴向运动。

旋转锻造兼有脉冲加载和多向锻打两个特点，这有利于金属均匀变形和提高塑性。因此，该工艺可以用于高强度低塑性的高合金,尤其是钛及其合金的开坯和锻造。旋锻具有锻件质量高、尺寸精度高、生产效率高和自动化程度高等特点。锻造的锻件尺寸范围较广,但其设备结构复杂,专用性强,已普遍用于实心台阶轴、锥形轴、空心轴零件的生产。

旋锻按其锻造温度可分为冷锻、温锻和热锻3种。空心件的锻造可分为无芯棒锻造和有芯棒锻造。旋转锻造过程可分为逐级锻造和连续锻造。逐级锻造可在径向送进量不可调节的锻机上进行,锻件的外形由闭合状锤头来保证。目前广泛采用的是连续锻造。它是在径向送进量可调的锻机上进行的,锻件的外形由改变锤头锻打的行程和毛坯的轴向送进量来保证。这种方法适用于锻造截面较大、长度较长的多台阶锻件。

旋锻主要工艺参数除变形程度、变形温度外,还有毛坯转速、径向进给速度、轴向送进速度和径向压下量等。热锻时,坯料的加热温度比其他模锻工艺低50~150℃。旋锻时,毛坯随夹头旋转而旋转,所以毛坯在锻打时的转速实际是夹头的转速。进锤速度指单位时间内锤头在毛坯径向送进量,又称径向进给速度。轴向送进速度指单位时间夹头移动的距离。轴向送进速度越大,生产率越高,但工件表面质量下降。径向压下量指锤头一次打击中毛坯径向尺寸的减缩量。

旋锻的锻打方式按夹头相对于锤头的运动方向不同分为推打和拉打两种。毛坯拉打变形时,夹头逐渐远离锤头;推打变形时,夹头则逐渐靠近锤头。旋转锻造的工具主要有锤头、夹头和芯棒等。机械仿形锻机上还有仿形板。

旋锻设备有轮转锻机(滚柱式旋转锻机)和径向精密锻(轴)机两类(见图6-26)。轮转锻机有滚柱圈固定而主轴旋转式和主轴固定而滚柱圈旋转式等形式,但多为前者。径向精密锻(轴)机可分为立式和卧式两种。立式精密锻机锻造时,锻件沿着垂直方向送进,锤头在水平方向对工件进行锤击。卧式精锻机锻造时,锻件沿水平方向送进,易实现自动上下料,并适用于锻造长轴类件。目前多采用卧式精锻机。

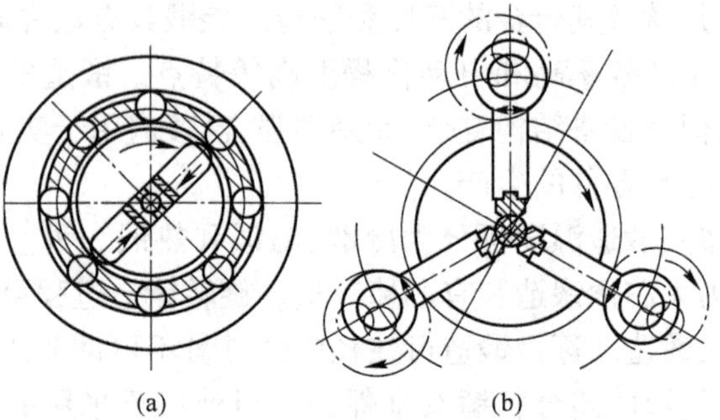

图 6-26　旋转锻造示意图
(a)在轮转锻机上锻造;(b)在径向精密锻机上锻造

6.4.2　棒材精锻

用精锻机生产钛及钛合金棒材具有生产效率高、尺寸精确、表面质量好、材料利用率高等特点,在钛棒生产中越来越显示出它的优越性。

6.4.2.1　精锻工艺特点

精锻具有以下特点:

(1)锤头锻打频率高,每分钟可达数百次甚至上千次。这种加载方式降低了金属和工具之间的摩擦系数,锻件表面光滑,内部变形均匀。

(2)锤头锻打时,每一冲程行程小,变形量小,与金属接触面积小,可以大大减小变形力及变形功,能降低设备的吨位和提高工具的使用寿命。

(3)锤头的行程可以任意调节,锤头的型面对工艺尺寸适应范围较大,不必更换锤头就可以生产一定尺寸范围的锻棒。

(4)锻造时,4 个锤头的行程保持不变,所以尺寸精度高。

(5)可根据坯料在变形过程中温度的变化调整送料量,实现“等温”锻造。

(6)依照 4 个带有弧形凹槽的锤头压缩金属,金属只能轴向延伸,所以不会产生周向棱角和裂纹(见图 6-27(b)),这与自由锻时的平砧压缩(见图6-27(a))不同。

(7)锻打时将产生很高的三向压缩应力,可使金属的塑性提高2~3倍,能获得很高的道次锻比(纯钛6/1,钛合金4/1)。

(8)当进料速度及道次压下量很大时,将在坯料内部产生很高的热效应,使变形温度升高,如TC11合金的温升可达到90℃,过高的温升会使锻件组织粗化。

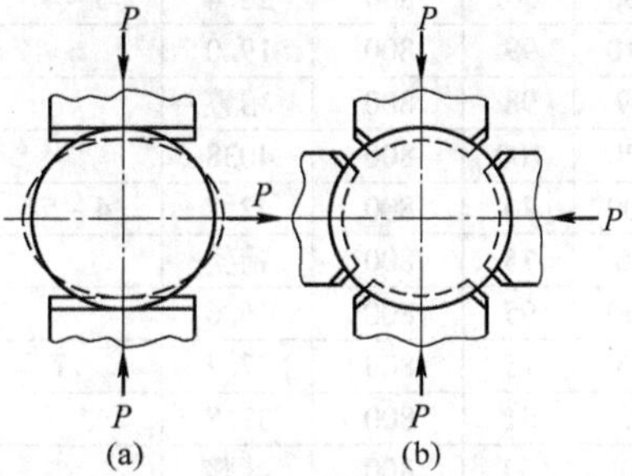

图6-27 锻造时圆截面的变形

(a)平砧锻造;(b)有4个弧形凹模的径向锻造机的锻造

6.4.2.2 棒材精锻工艺过程

精锻时的主要工序是拔长,在锻造过程中,坯料与锤头既有相对的轴向移动,又有相对的转动,如图6-28所示,可以生产实心锻件、圆棒和型棒,又可以生产空心锻件。

当坯料一面转动,一面轴向移动时,可生产方棒、矩形棒等,矩形棒的长宽比值大,可达1/5;当坯料只做转动而不进行轴向移动时,可用于管件缩颈及两个同心锻件的连接等。

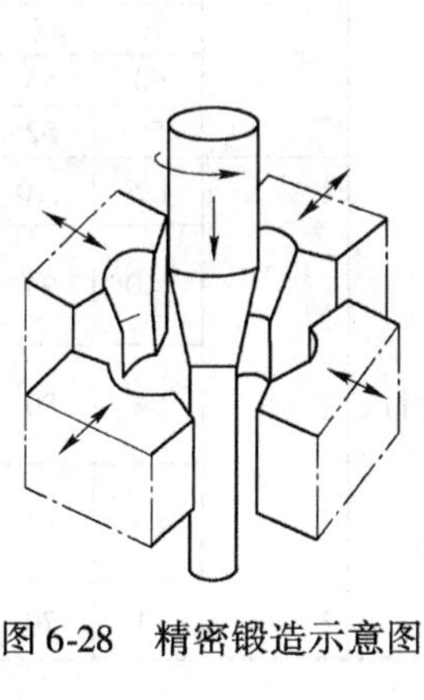

图6-28 精密锻造示意图

用芯棒精锻空心坯料时可以生产空心锻件。芯棒锻造有长芯棒锻造和短芯棒锻造两种。当芯棒工作部分比空心锻件长度略长时,称为长芯棒锻造,可生产阶梯形或锥形锻件;当芯棒工作部分比锤头工作部分略长时,称为短芯棒锻造,用于锻造内孔尺寸均一的管材。钛合金圆形棒材变形的典型工艺制度见表6-23。

表6-23　钛合金圆形棒材变形的典型工艺制度

合金牌号	成品尺寸/mm	断面尺寸/mm		加热温度/℃	道次变形量/%	进给速度/m · min^{-1}	锻造力/kN	锻造功率/kW
		始锻	终锻					
TA2	98	130	110	800	28.4	3～4		
		110	99	800	19.0	6		
		99	98	800	精整			
	75	130	100	800	4038			
		100	76	800	42.2	4～5		
		76	75	800	精整			
Ti-Mo-Ni	60	130	95	800	46.6			
		95	75	800	37.7			
		75	61	800	33.8			
		61	60	800	精整			
TC4	61	117	100	940	27	2		140～150
		100	85	940	28	4		140～150
		85	71	940	30	4		130～140
		71	62	940	24	4		130
		62	61	940	精整			
	52	117	100	940	26.9			
		100	84	940	29.4			
		84	70	940	30.5			
		70	60	940	26.5			
		60	53	940	22			
		53	52	940	精整			
TC11	70	125	110	960	23.6	2	970.2	140～150
		110	94	960	27	2	980.6～1097.6	140～150
		94	80	960	27.6	2.4	1038.8～1117.2	140
		80	71	960	21.2	3.0	1038.8～1156.4	100
		71	70	960	精整	2		

续表 6-23

合金牌号	成品尺寸/mm	断面尺寸/mm		加热温度/℃	道次变形量/%	进给速度/m·min^{-1}	锻造力/kN	锻造功率/kW
		始锻	终锻					
TC11	28	51	40	930	38.5	2		105~130
		40	33	930	32	2		80
		33	29	930	33	2		70
		29	28	930	精整			

6.4.3 棒材快锻

快锻液压机是指锻压速度接近于汽锤的液压机，简称"快锻机"。压力为 500~3000t，但以 1000~2000t 为多。每分钟锻压次数可达 80~120 次。快锻液压机一般采用双柱或四柱下拉式结构，液压系统部件的动作灵敏、快速。液压机通过计算机控制活动横梁的压下量与行程，同时也将液压机与操作车连锁操纵。现在已发展到锻压过程控制，生产坯料尺寸精度可达 ±(1~2)mm。

20 世纪 50 年代开始研制快锻液压机。当时，新型合金材料不断出现，这些材料塑性差，变形抗力大，热加工温度范围窄，要求锻压设备能力大、速度快，一般的锻压水压机和汽锤都不能兼具这两个条件，而快锻液压机却能够兼具这两个条件，因此，快锻液压机在 60~70 年代得到很大发展，几乎代替了 3000t 以下的锻压水压机。中国从 60 年代也开始试制了 500t、630t 和 2000t 几种快锻液压机。快锻液压机广泛用于机械制造业，也用于特殊钢及钛合金生产中。为了扩大品种、提高质量，快锻液压机已成为现代化特殊钢厂的必备装备，对耐热合金、不锈钢、高速钢、模具钢等材料都能加工；它可生产较大规格的方、圆、扁坯锻材和盘件、环件、炮筒、炮尾座及各种自由锻件，适宜于多品种小批量的生产；它与精锻机联合作业，还可生产大型管坯、车轴等产品。

6.4.4　辊锻

辊锻是指用轧辊上的扇形模块进行长轴类或板片类工件纵轧的回转成形工艺。辊锻时，毛坯从装有扇形模具的一对反向旋转的轧辊中通过，借助模槽使金属连续地产生局部塑性变形，从而获得所需的锻件或锻坯，如图 6-29 所示。辊锻工艺是将轧制工艺引入锻造生产的一种金属塑性加工工艺。辊锻集中了轧制和模锻两种工艺的优点。辊锻时，金属连续地局部变形，所需变形力小，设备吨位小。辊锻生产率高，工艺过程简单，易于实现机械化、自动化。辊锻件具有良好的金属流线，质量好，但形状复杂的制件难以辊锻成形。

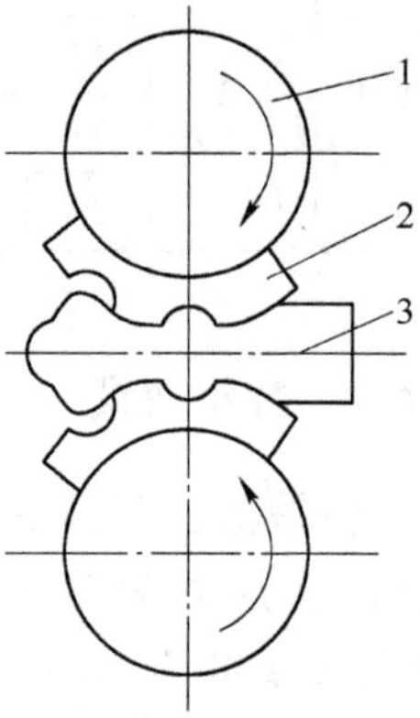

图 6-29　辊锻示意图
1—轧辊；2—扇形模块；3—锻件

辊锻工艺按用途可分为制坯辊锻和成形辊锻两类。制坯辊锻又分为单型槽辊锻和多型槽辊锻两种；成形辊锻又分为完全成形辊锻、预成形辊锻和部分成形辊锻 3 种。它们的变形特点及其应用范围见表 6-24。辊锻按温度范围分为冷辊锻和热辊锻。辊锻按坯料送进方式，可分为顺向送进和逆向送进两类。顺向送进是毛坯从辊锻机的一侧送进从另一侧辊锻出来，多用于成形辊锻中；逆向送进则是坯料的送进与辊锻件出口同在辊锻机的一侧，制坯辊锻多采用这种方式。

表 6-24　辊锻工艺的变形特点及其应用范围

分类		变形过程特点	应用
制坯辊锻	单型槽辊锻	在单个开式型槽内一次或多次辊锻，或用闭式型槽一次辊锻	用于毛坯端部拔长或用于模锻前的制坯工序，例如扳手的杆部延伸
	多型槽辊锻	在几个开式型槽中连续辊锻，或在闭式与开式的组合型槽中辊锻	主要用于模锻前的制坯工序

续表 6-24

分类		变形过程特点	应用
成形辊锻	完全成形辊锻	在辊锻机上完成锻件的全部成形过程，可在开式型槽、闭式型槽或开式闭式组合型槽中辊锻	适用于小型锻件及叶片类锻件的直接辊锻成形，例如各类叶片的冷、热精密辊锻和医疗器械的冷辊锻
	预成形辊锻	锻件在辊锻机上基本成形，即完成相当于模锻工艺的预锻或超过预锻的成形程度，在辊锻后用其他设备进行最终整形	适用于辊锻截面差较大、形状较为复杂的锻件
	部分成形辊锻	锻件的一部分形状在辊锻机上成形，而另外部分采用模锻或其他工艺成形	适用于辊锻具有长杆类或板片类的锻件

制坯辊锻用于长轴类锻件模锻前的制坯工序，是使坯料沿其长度上产生分配金属体积的变形，因此，毛坯产生了较大的塑性变形，满足了锻件形状的要求。上下轧辊扇形模块上的模槽构成了辊锻型槽。制坯辊锻使原始毛坯在一系列型槽中逐渐变形，最后达到所要求的尺寸和形状，这一系列型槽称为制坯型槽系。制坯辊锻常用的型槽系有椭圆－方系、椭圆－圆系、菱－方系和六角-方系等。

成形辊锻适用于生产截面变化不显著的扁宽类锻件。成形辊锻模具型槽分 3 类：成形辊锻型槽、预成形辊锻型槽和制坯辊锻型槽。

成形辊锻型槽又有终成形辊锻型槽和初成形辊锻型槽两种。终成形辊锻型槽辊锻后的锻件无需进行整形就能达到所要求的形状和尺寸，而经初成形辊锻型槽辊锻后的锻件还需要进行局部、小量的整形，才能达到锻件图所要求的形状和尺寸。

预成形辊锻型槽的任务是将金属预制成形，以得到一个能保证在终（初）成形辊锻时良好成形的合理毛坯形状和尺寸。

制坯辊锻型槽用于完成锻件金属体积的分配，为预成形辊锻或成形辊锻制坯。

辊锻机的结构与二辊纵轧机相似。辊锻机按结构形式分为悬臂式、双支承式和复合式 3 种。悬臂式辊锻机的锻辊工作部分悬伸在机身外。双支承式辊锻机的锻辊工作部分在两机架之间。复合式辊锻机的锻辊包括支承在两机架间的内辊和悬伸在机架外的外辊两部分。辊锻机按送料方向不同可分为卧式、立式和斜式 3 种，按传动部分与工作部分相对位置不同可分为整体式和分离式两种；按用处不同可分为通用和专用两种。

6.4.5　摆锻

摆锻是指借助摆锻式轧机的上下、左右两对摆动的锤头或工作辊快速交替锤击或轧制轧件，使其承受大的塑性变形的金属塑性加工工艺。摆锻工艺具有变形量大的特点，一次延伸系数可达 8 ~9。摆锻工艺还具备高度灵活的特点。

摆锻式轧机分为砧式摆锻机和辊式摆锻机两种。砧式摆锻机工作原理如图 6-30 所示。电机通过伞齿轮驱动 4 个曲柄连杆机构，使水平的和垂直的两对锤头来回摆动，轧件四面受到加工，有利于金属塑性的提高。锤头的摆动既可使轧件前进而无需送料设备，又对轧件进行压缩使其产生塑性变形。虽然每锤击一次轧件变形量不大，但由于锤击频率达 220 次/min，所以一次积累的延伸系数可达 8 ~9。用这种工艺将 180mm 的方坯在不经中间加热的条件下与线材轧机配合，可轧出 1.5mm 重 5000kg 的盘条，金属收得率达 98%。

辊式摆锻机（见图 6-31）的工作原理与砧式摆锻机相似。水平、垂直两对由大辊支撑的工作辊往复运动，把轧件曳入轧辊间并

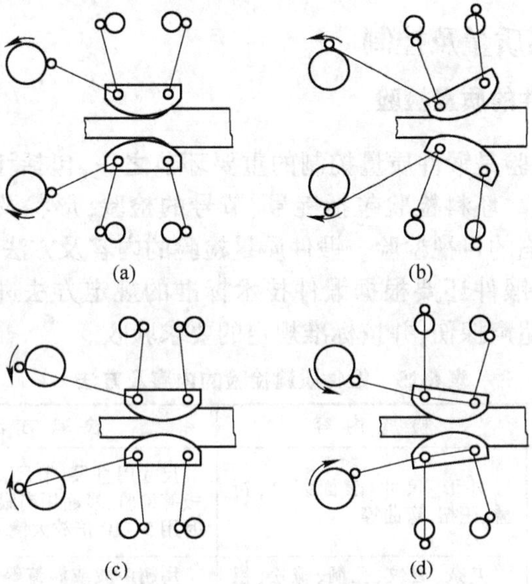

图 6-30 砧式摆锻机工作原理

(a)锤头开始下降;(b)锤头与轧件接触;(c)压缩金属;(d)加工完毕锤头开始离开轧件

使其变形。由于轧辊相对轧件滚动,所以轧件表面较好,轧辊磨损小。

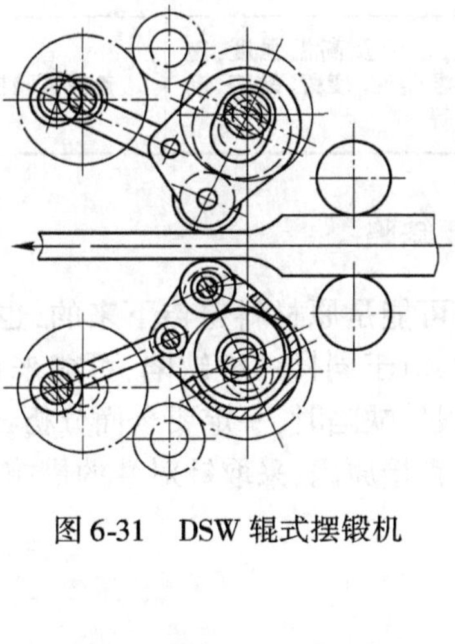

图 6-31 DSW 辊式摆锻机

6.5　产品质量及控制

6.5.1　锻件的质量检验

质量检验是锻件质量控制的重要环节之一，包括坯料的检验和成品检查。坯料检验包括锭号、节号的检验，形状及尺寸的检验，表面缺陷的目视检验。锻件质量检验的内容及方法见表6-25。一些重要的锻件还要根据锻件技术标准的规定方法进行无损检测，一般为超声探伤，并按标准规定的要求验收。

表6-25　锻件质量检验的内容及方法

检查目的	检验内容	检验方法
外观检验	外形、尺寸、表面裂纹、折叠、歪扭、弯曲等	尺寸用直尺、卡尺、千分尺或样板等检验，表面用肉眼检验．必要时用5～10倍放大镜
内部缺陷	夹杂、裂纹、孔洞、疏松、粗晶等	用超声波或涡流等无损探伤等方法
宏观（低倍）组织	裂纹、偏析、夹杂等冶金缺陷及晶粒度等组织缺陷	从锻件上按规定方向或位置切取薄片，腐蚀后用肉眼或10倍以下放大镜检验，按评级标准进行评级
显微组织	对两相合金检验晶界初生α相的形状、大小、体积分数及分布等；对单相合金检验晶粒度大小	在锻件上切割试样，进行金相检验，并按评级图进行评级
力学性能	硬度，室温及高温强度，室温及高温塑性、疲劳、蠕变、断裂韧性等	各种试验机

6.5.2　锻件的主要缺陷

锻件的缺陷有可能是原材料遗传下来的，也有可能是锻造或热处理过程产生的，对于同样一种缺陷，可能来自不同的工序中。因此，在分析具体锻件缺陷时，一定要全面分析，逐项排除疑点，找出产生锻件缺陷的直接原因，采取针对性的措施，避免锻件缺陷的再次出现。

通常，原材料在出厂和入厂时都要经过严格的质量检验和复验，但是由于缺陷的分散性、隐蔽性，仍然可能有一部分缺陷遗传给锻件。

钛合金锻件的主要缺陷及产生原因见表6-26。

表6-26 钛合金锻件的主要缺陷及产生原因

缺陷名称	主要特征	产生原因及后果	消除方法
形状和尺寸不合格	形状和尺寸不符合图纸要求	坯料尺寸不足或工艺余料太小；再烧次数过多，烧损太大；锻压操作不当；模锻时锻料放置不正、设备压力不够，上下模锁扣、导柱等导向或固定装置磨损太大。该缺陷的直接后果是加工不出合格零件	增大坯料尺寸；不要轻易增加再烧次数；开坯尺寸加大一些
折叠	锻件的表面向其深处扩展，造成锻件金属局部的不连续	拔长时送进量小于压下量，产生横向折叠；相对压下量过大，当翻转90°锻压时产生纵向折叠；锻造过程中产生的尖角凸起和较深凹坑没有及时修伤；毛料模、预锻模、终锻模之间各结构要素配合不好。折叠破坏了金属的连续性，是零件的裂纹源和疲劳源	减少相对压下量；加大相对进料量 l/h
内部分层及裂纹	锻件内部出现横向或纵向裂纹，一般位于锻件的心部，低倍检查或超声波探伤可发现此类缺陷	由于铸锭的冶金缺陷（内部的气孔、冷隔、疏松、夹杂物等）或者锻造中操作不当引起。拔长时，如果相对送进量太小（$l/h<0.5$），则坯料中心变形小，锻不透并受轴向拉应力，易产生横向内部裂纹；当相对送进量太大（$l/h>1$）时，坯料横断面对角线两侧的金属产生剧烈相对运动，容易产生横向对角线裂纹；圆断面坯料在平砧上拔长时，若压下量较小，接触面较窄、较长，金属主要横向流动，轴心受到较大拉应力，锻件心部易产生纵向裂纹，尤其在温度过低时更容易出现。内部裂纹破坏了金属连续性，属废品	通过超声探伤检测和挑选料坯；改进熔炼工艺，消除夹杂物；改进操作，使 l/h 控制在0.5～0.7之间

续表 6-26

缺陷名称	主要特征	产生原因及后果	消除方法
毛边裂纹	在模锻时，沿模锻件毛边出现的裂纹，切边后就暴露出来	当坯料在高于锻造温度、低于合金固相线温度模锻时，模具表面与锻件表面存在较大摩擦，表面金属处于相对静止状态，发生流动的是距离表面一定深度的金属；在模锻时，大量的多余金属流向毛边，流动的金属和相对静止的金属间产生大量的热量，使得材料处于过热状态，加剧了毛边处的裂纹形成。另外，模具设计不当，在毛边相邻处的垂直肋根圆角太小，模锻时肋根处相对静止的金属与流向毛边的金属间存在较大的剪应力，促使形成直线状的裂纹，多位于毛边的边缘处。裂纹深入零件区将导致锻件报废	优化模具设计，改善金属流动；适当降低模具表面粗糙度；改进润滑工艺；适当降低锻造温度和锻造速度
金属或非金属压入	在锻件表面压入与锻件金属有明显界限的外来金属或非金属	坯料表面不干净、下模具不清洁、存有金属或非金属脏物、润滑剂不干净等造成。影响锻件外观质量；缺陷深度超过零件加工余量时，该锻件报废	清理坯料表面及工模具；控制润滑剂质量
表面裂纹	锻件表面呈破坏金属连续的不规则开裂	铸锭皮下气孔或挤压坯料表面偏析、裂纹、气泡等缺陷未除净；加工表面太粗糙；锻造温度过低，相对变形量过大；相对进料量 l/h 过大；坯料工艺塑性低；工具未预热，锻造时局部温降太多；高温下加热时间太长，表面形成较深的脆性层。影响锻件表面质量，破坏了金属材料的连续性，甚至直接导致废品	除净皮下气孔等缺陷，表面加工粗糙度小于 6.3；在规定的温度范围内锻造，减少相对变形量；l/h 不应超过 0.5 ~ 0.7；采用型砧或摔子锻造；工具预热 300℃ 以上，锻造过程中要变换棱角；在符合工艺要求下尽量低温、短时间加热；炉内控制好合适的气氛或充入惰性气体保护

续表 6-26

缺陷名称	主要特征	产生原因及后果	消除方法
夹杂或偏析	锻件低倍分布无规律的色斑状或非定形缺陷，局部成堆或拉长成链状，断口上有时可见夹杂物	原材料混入不熔杂物、钛的氧化物/氮化物、高熔点组元未熔化或者自耗电弧熔炼时的电极质量不好等原因导致铸锭存在金属、非金属夹杂；偏析常与母合金选择不当、颗粒过大、熔炼工艺不当有关，还与合金含有过量的易偏析元素有关，如铁、铬等很容易产生β斑点；锻件中非金属夹杂正是应力集中处或疲劳裂纹源，它直接影响制成零件的寿命和强度，同时还破坏结构气密性。这类缺陷一般通过超声波探伤都可以发现	改进熔炼工艺；通过超声探伤检测和挑选坯料
端面开裂	锻件一端或者两端出现明显裂纹	主要发生在自由锻造过程中。原因：坯料未烧透，变形不均匀；拔长时变形过快，缩孔未除净	延长保温时间，使锭坯烧透；降低变形速度，拔方时不要连续翻转锻打同一段，要锻完一趟锤再翻转90°锻打；去净缩孔
表面粗糙	锻件表面凹凸不平	砧面或模膛表面的氧化皮、表面不光滑、润滑剂配制不当或涂抹过多	及时扫掉砧面上的氧化皮等杂物；修磨砧子、摔子，或更换新的锻造工具；加大砧面圆角或摔子圆角的半径
拔长时产生弯曲		原因：加热不均；上下砧面不平行或未对齐。严重情况下可导致废品	

续表 6-26

缺陷名称	主要特征	产生原因及后果	消除方法
组织粗大不均	在锻件低倍组织上出现粗晶组织	主要原因：锻造温度过高；变形程度小，锻造组织局部未破碎或落入临界变形程度范围内；变形不均、流动剧烈的部位极易出现粗晶；加热不均；变形速度过快，导致金属局部或整体过热。粗晶组织对锻件的疲劳性能、耐腐蚀性能、冲击韧性有不利影响，特别是飞机等的关键部件，限制使用具有粗晶组织的锻件	增加镦拔次数；降低锻造温度；改进加热工艺和操作方法，使坯料加热均匀；降低锻打次数或轻打，或改用压力机锻造；加大$\Delta h/h$，并使进料量合适
涡流	模锻件低倍流线呈回流状、旋涡状、树木年轮状	具有人形、U 形和 H 形截面的模锻件成形时，所用坯料过大，凸台和缘条充满后，腹板仍有多余金属继续流向毛边，使缘条处的金属产生相对回流，形成涡流。严重的涡流将使零件的疲劳强度大大降低	调整坯料尺寸和形状；改进锻造工艺
穿流	模锻件低倍流线穿透缘条的根部	同涡流产生原因一样。它破坏了流线的连续性，严重影响材料的耐腐蚀性和疲劳性能，属废品	调整坯料尺寸和形状；改进锻造工艺

6.5.3　锻件的质量控制

锻件生产过程的质量控制，应按人、机、料、法、环五大要素进行全面质量控制，涉及锻件图纸设计、锻件原材料、锻造工艺规程、锻件热处理、锻压设备及模具等多个方面。下面仅就设备和材料两个方面进行分析。

钛及钛合金的锻制产品主要有棒材、饼材、环材及板坯和挤压坯等。锻制产品规格及力学性能应符合相关标准。

6.5.3.1　棒材

标准规定的锻造棒材规格见表6-27。经供需双方协商可供冶标以外的棒材。棒材截面不同,其力学性能也有所不同。棒材的性能要求由国标(GB)或专用标准(如航空标准)规定。

表6-27　标准规定的锻造棒材规格(GB/T 2965—1996)

热锻棒直径或边长/mm	允许偏差/mm	锻棒经车(磨)光后的直径/mm	允许偏差/mm
8~15	±1.0	8~10	±0.3
15~20	±1.5	10~20	±0.4
20~35	±2.0	20~30	±0.5
35~50	±2.5	30~50	±0.6
50~80	±3.0	50~80	±0.8
80~125	±3.5	80~100	±1.1
125~150	±5.0	100~120	±1.3
150~200	±6.5	120~160	±1.8
		160~200	±2.0

注:1. 加工态棒材的不定尺长度为300~6000mm,退火状态棒材不定尺长度为300~2000mm,定尺或倍尺长度应在不定尺长度范围内。定尺长度允许偏差为+20mm;倍尺长度还应计入棒材的切口量,每一切口量为5mm。定尺或倍尺长度应在合同中注明。

2. 热加工经车(磨)光棒材的不圆度应不大于其尺寸公差之半。

3. 棒材两端应锯切平齐。直径或边长不大于35mm的棒材切斜应不大于3mm;直径或边长大于35mm的棒材切斜应不大于5mm。

6.5.3.2　饼材/环材

标准规定的锻制饼材、环材规格及力学性能见表6-28和表6-29。金相组织及超声波探伤等要求详见GB/T16598—1996。经供需双方协商,可生产标准规定以外的饼材、环材。

表 6-28　饼、环材规格及尺寸允许偏差(GB/T 16598—1996)　(mm)

饼直径	允许偏差	截面高度	允许偏差	环外径	允许偏差	环内径	允许偏差	截面高度	允许偏差
150 ~ 300	+3 -1	35 ~ 140	+3 -1	200 ~ 400	+3 -1	100 ~ 300	+1 -3	35 ~ 120	+3 -1
300 ~ 500	+3 -1	35 ~ 150	+3 -1	400 ~ 700	+4 -2	150 ~ 500	+2 -4	40 ~ 160	+4 -2
500 ~ 600	+3 -1	40 ~ 110	+4 -2	700 ~ 900	+5 -3	300 ~ 700	+3 -5	50 ~ 180	+5 -3
				900 ~ 1300	+6 -3	400 ~ 900	+3 -6	70 ~ 250	+6 -3

表 6-29　饼、环材室温力学性能(GB/T 16598—1996)

牌号	截面积 /cm^2	室温力学性能			
		抗拉强度 σ_b/MPa	规定残余伸长应力 $\sigma_{r0.2}$/MPa	伸长率 δ_5/%	断面收缩率 ψ/%
TA0	≤100	≥280	≥170	≥30	≥35
TA1		≥370	≥250	≥20	≥35
TA2		≥440	≥320	≥18	≥35
TA3		≥540	≥410	≥15	≥30
TA9		≥370	≥250	≥20	≥30
TA10		≥485	≥345	≥18	≥25
TC4		≥ 895	≥825	≥10	≥25

6.5.3.3　板坯和挤压坯

锻制板坯规格见表 6-30,锻制挤压坯规格见表 6-31。

表 6-30　锻制板坯规格　(mm)

规格(厚×宽×长)	厚度偏差	规格(厚×宽×长)	厚度偏差
220×600×1500		(55~75)×300×(350~500)	±5
150×(500~700)×1000	+0 -10	50×(300~350)×(800~1100)	±5
120×(500~700)×1000	+0 -10	50×175×(800~1100)	±5
100×(500~700)×1000	+0 -10	40×(100~300)×500	±5
80×(500~700)×1000	+0 -10		

表 6-31　锻制挤压坯规格　(mm)

挤压坯直径	65	85	100	120	220	260
允许偏差	+2 -1	+2 -1	+2 -1	+2 -1	+4 -2	+4 -2

锻件的控制应包含锻件生产原材料的控制、锻压生产过程的控制和锻件热处理的控制。

锻件生产前应对原材料进行复验,确保材料的成分、内部组织合乎要求,根据锻件类别不同确认毛坯的印记无误。

锻压生产过程中应严格控制开锻温度、终锻温度、工步变形尺寸。由于钛合金变形温度高、范围窄,一定要确保工模具均匀热透,应在专用的工模具加热炉内加热工模具。

钛合金导热性差,锻件热处理的控制应特别关注锻件加热温度的均匀性,并应严格按照锻件试制大纲和工艺规程执行,对热处理后的锻件应打上热处理炉号。

为了有效控制锻件的质量,应在各个工序对锻件的化学成分、力学性能、内部组织、内外表面质量和尺寸精度等进行严格而科学的检测,应按工艺规程采取必要的技术措施或科学管理手段加以控制。

7 模　锻

7.1 模锻概述

模锻是通过模具施力于加热的毛坯，使之逐步充满型槽，达到形状和性能合格的锻件的一种压力加工方法。模锻时，锻件成形过程通常可分为镦粗成形和挤压成形两种基本形式，如图 7-1 所示。设计锻件和制订工艺时，应该充分利用两种成形方式的特点，以求创造最佳的变形条件，获得满意的成形效果。

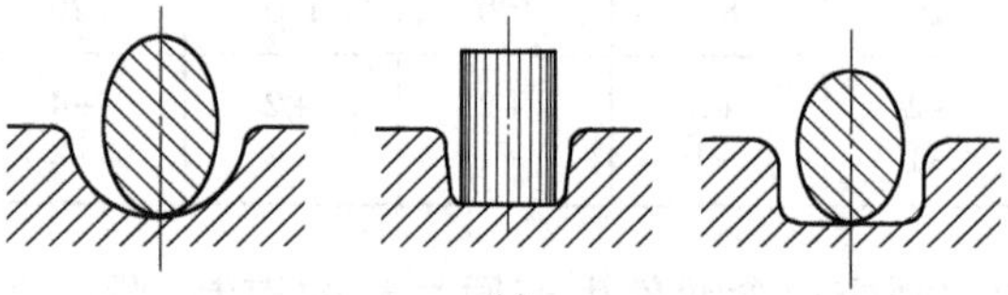

(a)

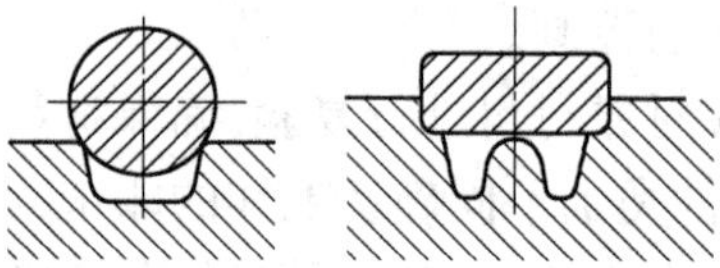

(b)

图 7-1　模锻时锻件成形的基本形式

(a)镦粗成形；(b)挤压成形

模锻通常是用来制造外形和尺寸接近成品，随后只进行热处理和切削加工的最后毛坯。锻造温度和变形程度是决定合金组织、性能的基本因素。钛合金的热处理与钢的热处理不同，它对合金的组织不起决定作用。因此，钛合金模锻的最后工步的工艺规范具有特别重要的作用。

为了使钛合金模锻件能同时获得较高的强度和塑性，必须使毛坯的整体变形量不低于30%，变形温度不超过相变温度，并且应力求温度和变形程度在整个变形毛坯中尽可能分布均匀。

钛合金模锻件组织和性能均匀性不及钢锻件。在金属激烈流动区，经再结晶热处理后，其低倍为模糊晶，高倍为等轴细晶；在难变形区，因变形量小或无变形，其组织往往保留变形前的状态。因此在模锻一些重要的钛合金零件（如压气机盘、叶片等）时，除了控制变形温度在T_B（相变点）以下和控制适当的变形程度外，控制原毛坯的组织也是十分重要的，否则，粗晶组织或某些缺陷会遗传到锻件中，而且其后的热处理又无法挽救这些缺陷，将导致锻件报废。

锤上模锻外形复杂的钛合金锻件时，在热效应局部集中的急剧变形区域内，即使严格控制加热温度，金属的温度可能还是会超过合金的相变点。例如，模锻横截面为工字形的钛合金毛坯时，锤击过重，因变形热效应的作用，中间（腹板区）部分的温度比边缘部分高约100℃。另外，在难变形区和具有临界变形程度区域，在模锻之后加热过程中易形成塑性和持久强度都比较低的粗晶组织。所以锤上模锻外形复杂的锻件，其力学性能常常很不稳定。降低模锻加热温度虽然可以消除毛坯产生局部过热的危险，但将导致变形抗力急剧提高，增加工具磨损和动力消耗，还必须使用更大功率的设备。锤上模锻时，采用多次轻击方法也能够减轻毛坯局部过热。不过，这时必须增加加热火次，以补偿毛坯与较冷的模具接触所损失的热量。

模锻形状比较简单的锻件，且对变形金属的塑性和持久强度指标要求又不太高时，以采用锤锻为佳。但β合金不宜采用锤锻，因为模锻过程中的多次加热会对力学性能产生不利影响。与锻锤相比，压力机（液压机等）的工作速度大大降低，能减小合金的变形抗力和变形热效应。在液压机上模锻钛合金时，毛坯的单位模锻力比锤上模锻约低30%，从而可提高模具的寿命。热效应的降低还有减小金属过热和温升超过相变温度的危险。

用压力机模锻时，在单位压力与锻锤模锻相同的条件下，可降低毛坯加热温度50~100℃。这样，被加热的金属与周期气体的相互作用，以及毛坯与模具之间的温差也相应地降低，从而提高变形的均匀性,模锻件的组织均匀性也大大提高,力学性能一致性也随之提高。降低变形速度,数值增长最明显的是断面收缩率,断面收缩率对过热造成的组织缺陷最敏感。

钛合金变形的特点是比钢更难流入深而窄的模槽。这是因为钛的变形抗力高,与工具的摩擦力较大以及毛坯的接触表面冷却太快。为改善钛合金的流动性和提高模具寿命,通常的做法是加大模锻斜度和圆角半径并使用润滑剂。锻模上的毛边桥部高度较钢大,一般大 2mm 左右。

为了使型槽容易充满,有时可采用桥部尺寸非均匀的毛边槽来限制或加速金属向型槽某部分的流动。例如,一个长方盒形锻件(见图 7-2),前后侧壁较薄,左右侧壁较厚。当在盒形件四周采

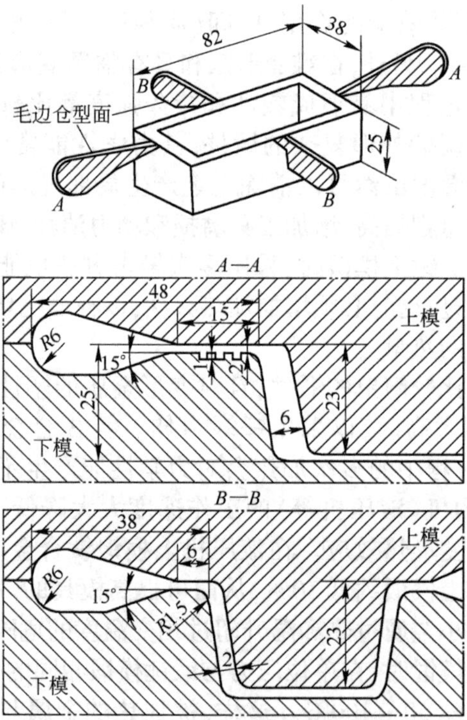

图 7-2　采用对称桥部改善金属的流动

用 $B—B$ 处所示的毛边槽时,由于金属流入左右侧壁的阻力小,致使金属向较薄的前后侧壁流动困难,充填不满。后来,在前后侧壁仍采用 $B—B$ 所示毛边槽,而左右侧壁改用 $A—A$ 处所示毛边槽,由于桥部尺寸宽,加上阻尼沟的阻碍,使得前后较薄的侧壁完全充满,而且比采用前述毛边槽方式节约金属。

提高钛合金流动性、降低变形抗力最有效的办法之一是提高模具的预热温度。国内外近二三十年以来发展起来的等温模锻、热模模锻,为解决大型复杂的钛合金精密锻件的成形提供了可行的方法。这种方法已广泛用于钛合金锻件生产。

7.2 模锻工艺分类和成形特点

模锻工艺可按下列原则分类:按金属变形时的流动条件可分为开式模锻和闭式模锻;按模锻时毛坯的温度可分为热锻、温锻和冷锻;按模锻工序的组合形式可分为单型槽模锻、多型槽模锻、连续模锻和联合模锻。常见的联合模锻有:自由锻锤制坯—模锻锤预锻和终锻;辊锻机制坯—曲柄压力机预锻和终锻;平锻机镦头—锤或压力机预锻和终锻;电镦机镦粗—压力机终锻;锤镦粗和冲孔—辗环机扩孔等。此外,还可按锻压设备分为锤上模锻、平锻机模锻,曲柄压力机模锻,螺旋压力机模锻和液压机模锻等。

7.2.1 开式模锻的成形特点

开式模锻成形过程中金属的流动大致可分为以下 4 个阶段(见图 7-3):

第一个阶段是自由变形或镦粗变形阶段,如图 7-3(a)所示。在这一阶段里,毛坯在型槽中受压发生镦粗变形,高度减小 ΔH_1,径向尺寸逐渐增大,直到毛坯与槽壁接触为止,镦粗所需的变形力不大。有些对应力敏感或表面易产生纵向缺陷(如发纹、带状组织)的材料,应减小镦粗比,以缩短这一过程。

第二个阶段是金属开始形成毛边阶段,如图 7-3(b)所示。在这一阶段里,毛坯继续受压,压下量 ΔH_2,逐步充满型槽形成少许

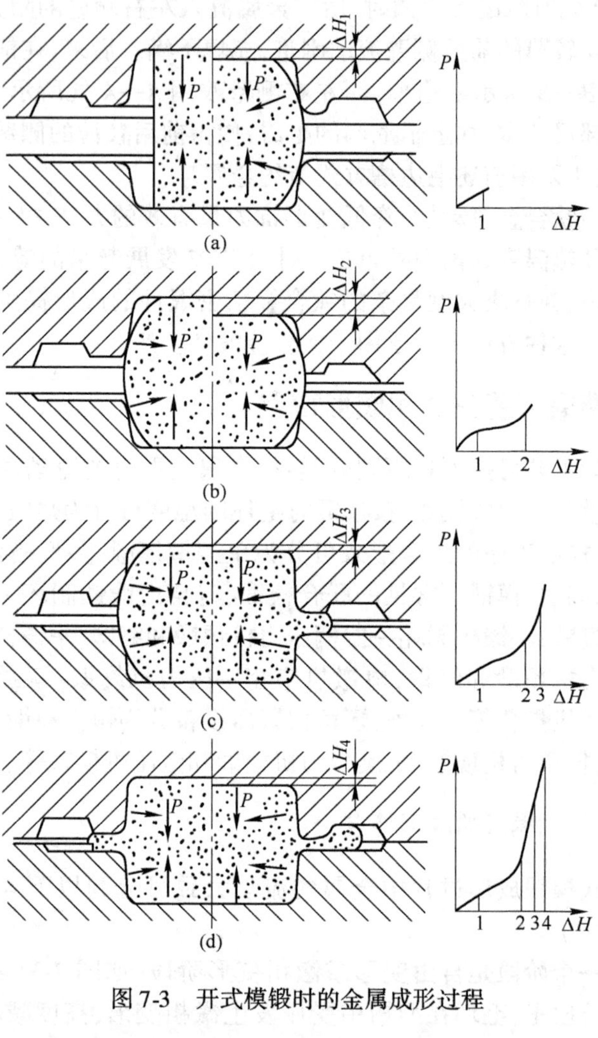

图 7-3　开式模锻时的金属成形过程

毛边。此时,金属径向流速减慢,所需变形力明显增大。

第三个阶段是金属充满型槽阶段,如图 7-3(c)所示。由于毛边的阻碍作用,在变形金属内部形成更强烈的三向压应力,随着压下量 ΔH_3 的增大,毛边厚度减小、宽度增大、温度下降和变形抗力增大,使型槽内部棱角、肋条处得到充满,而变形力则剧增。

第四个阶段是锻模完全闭合,锻件最终成形阶段,如图 7-3(d)所示。实践证明,由于工艺因素的影响,型槽充满时,上、下模并未闭合,因此必须继续压下,将多余金属排入毛边槽。但要尽量缩短这一过程,控制 ΔH_4 不超过 2mm。即使这样,这时的能量消耗也占整个模锻过程所消耗能量的 30% ~50%。这一阶段对锻件质量和生产率均有很大影响。

从上述情况可以看出,开式模锻的成形过程有如下特点:

(1)镦粗成形是开式模锻的主要成形方式。

(2)变形金属的应力状态逐步形成更为明显的三向压应力,从而使毛坯的塑性得到提高,有利于金属充满型槽。

(3)毛边对锻件成形、消除毛坯质量误差影响和锻模保护等都有好处。

(4)最终成形时,虽然变形程度很小,但所需的变形力最大,因此缩短这一变形阶段是减小锻压力的有效措施。

7.2.2 闭式模锻的成形特点

闭式模锻时,金属变形全过程是在封闭的型槽中进行。闭式模锻有如下特点:

(1)除变形开始时毛坯受压稍有镦粗现象外,基本上是靠挤压法成形的。

(2)毛坯在更加明显的三向压应力状态下变形,所以消耗的能量大。

(3)锻模不带毛边槽,因而不能容纳多余的金属。如果毛坯尺寸精度低,则将影响锻件厚度或高度尺寸。

当采用闭式模锻方法模锻钛合金时,由于压力大而降低了模具的寿命。因此,闭式模锻必须严格限定原始毛坯的体积,这使得备料工序复杂化。是否采用闭式模锻,要从成本和工艺可行性两方面考虑。

开式模锻时,毛边损耗占毛坯质量的 15% ~20%,夹持部分的工艺性废料(如果按模锻条件必须留有此部分)占毛坯质量的

10%,毛边金属相对损耗通常是随毛坯质量的减少而增加,某些结构不对称、截面面积差较大以及存在难以充填的部分的锻件,毛边消耗可高达50%。闭式模锻虽无毛边损耗,但制坯工艺复杂,需要添加较多过渡性型槽,无疑会增加辅助费用。

7.3 模锻件锻件图的设计

锻件图是根据零件图考虑分模面、加工余量、锻件公差、工艺余量、模锻斜度、圆角半径等而制定的。锻件图分冷锻件图和热锻件图。冷锻件图供锻件检验和生产管理用;热锻件图供模具制造和检验用。热锻件图等于冷锻件图尺寸加上材料的冷却收缩余量。下面介绍的锻件图都是指冷锻件图的设计原则。

7.3.1 分模面的选择

分模面的选择正确与否,不仅影响到模具和锻件的制造周期和成本,而且还严重影响到锻件的质量。因此,在选择分模面时必须注意以下几点:

(1)锻件的凹形只能顺着打击方向,以保证锻件能自由地从模膛中取出,即在锻件侧表面上不得出现内凹形,并保证有一定斜度。

(2)使金属沿着锻件外形朝一个方向流动,尽可能避免模锻时金属流动出现交叉或对流、急剧弯曲和涡流。因为金属流动方向的控制是决定锻件质量的一个极为重要的因素。如果金属流动方向选择不当,不仅影响到金属的成形,而且严重影响到锻件内在质量,使力学性能达不到要求。

(3)为使金属有着良好的流动和成形条件,分模面的位置应使模膛的深度最小而宽度最大,所以分模面一般定在锻件最大周边处,即在锻件最大断面处。这样模膛的深度最小,金属易于流动充满且成形良好。

(4)最好使分模面为一水平面或最大限度地接近一个水平面。这不仅造价低,上、下凹模不易错移,操作方便,而且废料少,锻件精度也高。对于空间曲面的分模面,应使它的各部分与水平的倾角不大于60°,以便改善模锻和切边条件。

(5)由于飞边处金属流动最不均匀,所以应使飞边尽可能不要位于零件受力最严重的部位。

(6)锻件较复杂部分应尽量安排在上模内,因为上模内的金属最容易充满模膛。

7.3.2　模锻件的余量和公差

模锻件大部分用做机加工零件的毛坯,所以必须留有足够的机加工余量。它有工艺余量与机械加工余量两类。

工艺余量是模锻工艺的要求。必须增大模锻件某些结构要素的尺寸而加上余量,当锻件的腹板太薄而筋太高,以及筋与腹板的连接半径太小时,可适当加留工艺余量,在机加工时除掉;对于长形锻件,由于纵向尺寸比横向尺寸大,横向上的加工余量应留得更大些,这主要是考虑模锻和锻件有可能出现错位;对于冷却速度不同的部位,冷却快的部位的余量应稍大些,而且锻造时必须严格控制锻造温度。锻件的加工偏差可查阅有关锻造工艺手册。

7.3.3　模锻斜度

为了易于从模膛中取出锻件,凡是与锻锤打击方向平行的锻件,所有壁表面都应做出模锻斜度。模锻斜度可按锻件材料、轮廓尺寸、断面形状以及高宽比查有关手册选取。一般模锻外模斜度α常取5°、7°,最大10°;内模锻斜度β常取7°、10°,最大12°。

7.3.4　圆角半径

合理的圆角半径有利于金属充满模膛、取出锻件和提高锻模寿命。圆角半径太小,模具热处理和锻造过程中易产生裂纹和崩塌,锻件也易产生折叠。圆角半径需查有关锻造手册选取,或按以下经验方法选取外圆角半径r和内圆角半径R:

$$r = 单面余量 + 零件圆角半径或倒角$$

$$R=(2\sim3)r$$

7.3.5　模膛设计

模膛设计是关系到锻件质量好坏、模锻工艺合理性、设备能力大小和锻件成本高低的重要问题。为了保证金属流动的合理性，对于复杂形状的锻件及性能要求较高的锻件，不能采用终模锻膛一步成形，即在坯料进入终模锻膛前，需先进行第一列的预锻工序（如镦粗、拔长、压肩、弯曲、预成形等）。坯料从终锻模膛取出后，大多还需要在切边模膛内切掉飞边，这样才能最后完成模锻工序。

7.3.6　热模锻图的制定

终锻模的形状和尺寸是按热终锻件图加工的，它是在冷锻件图基础上加上热锻件冷却收缩量而得到的，不过往往还得根据具体情况进行某些调整。

飞边槽的选定：在开模锻中，终锻模的周围还设有飞边槽。

飞边槽的作用是：

(1) 增加金属流出模膛的阻力，迫使金属充满模膛的各个部位；

(2) 容纳多余的金属；

(3) 形成的飞边对锻锤有缓冲作用，减弱上、下模的打击。

飞边槽的制作有：仅制作在下模膛；平分制作在上、下锻模膛；上模膛浅而下模膛深 3 种形式。飞边槽的主要尺寸是桥部高度 h 和宽度 b。h 增大，阻力减小，反之，阻力增大；b 增大，金属流程增长，则阻力增加，反之，阻力减小。锻件尺寸、形状复杂程度以及单位压力是选择飞边槽尺寸的主要依据，靠经验选取，也可按下式计算选取：

$$h=0.015\sqrt{F}$$

式中　F——锻件在水平面上的投影面积，mm^2。

7.4 锻压力的计算

锻压力是选择锻造设备和制定锻造工艺的基本力学参数。锻压力可以在生产现场或实验室应用各种仪表直接测定,其中电测法应用最广,它通常比计算法直观可靠,其可靠性取决于实验方案的选择、实验条件与生产条件的相近程度、仪表测定的精确程度等。实测法大多用于试验研究。

用计算法来确定锻压力比较灵活省事,一般采用经验公式或理论公式。它们的可信程度取决于应用经验公式的条件与实际生产条件是否相近,或理论公式中采用的假设条件是否接近现场实际,所选参数是否准确(特别是变形抗力、摩擦系数和锻造温度等)及求解精度等。因此,计算常常需要与实测结果进行比较和修正。

常用的锻压力 P 的工程计算公式为:

$$\boldsymbol{P = F n_{\mathrm{v}} \sigma_{\mathrm{T}} n_{\mathrm{d}}}$$

式中 F——变形后金属与工具的接触面积(在模锻时还包括飞边桥部接触面积);

n_{v}——速度影响系数;

σ_{T}——金属在变形温度下的变形抗力,可查找有关金属变形抗力手册;

n_{d}——单位压力系数,根据锻压类型选择。

当镦粗圆形锻件时:

$$n_{\mathrm{d}} = 1 + fd/(3h)$$

当镦粗矩形锻件时:

$$n_{\mathrm{d}} = 1 + (3b - a)fa/(6bh)$$

当模锻轴对称件时:

$$n_{\mathrm{d}} = [(1 + fC/h)F_{\mathrm{mh}} + (1 + 2fC/h)]F_{\mathrm{df}}/(F_{\mathrm{mh}} + F_{\mathrm{df}})$$

式中 d——圆锻件直径;

h——锻件高度或飞边槽高度;

a,b——矩形锻件的两边长,且 $a \leqslant b$;

C——飞边槽桥部的宽度；

F_{mh}, F_{df}——分别为飞边槽桥部和模锻件水平投影面积，且 $F = F_{mh} + F_{df}$；

f——摩擦系数。

7.5 钛及钛合金的润滑

钛合金与模具表面的黏结比其他金属强烈，这是因为钛的化学活性很高，在与工具接触的部位使氧化膜发生还原作用，当滑动持续时间很长时，则为纯净表面产生大面积接触创造了条件，导致表面被焊合。焊合的部位分布在金属沿接触面剧烈流动的区域。

钛合金的黏结倾向给热模锻和挤压造成了很大困难。为了预防在变形过程中产生黏结和减小摩擦，必须正确地选择变形热力规范、模锻毛坯的结构要素和有效的润滑剂。

模锻钛合金所用润滑剂必须满足下述基本要求：

(1) 在整个变形过程中能够形成牢固而连续的保护膜。

(2) 在加热和变形过程中能够保护毛坯，防止氧化和气体污染。

(3) 具有良好的隔热性能，使毛坯从炉子转移到模具以及在变形过程中减少热量损失。

(4) 不与毛坯和模具的表面发生化学作用。

(5) 容易涂到毛坯表面上，并便于使该工序机械化。

(6) 容易从锻件表面上清除。

(7) 能在较长时间内保持润滑性能。

常规润滑剂不能满足上述全部要求。石墨与水玻璃和润滑油混合的膏状润滑剂会使钛合金表面产生裂纹，其原因是表面上存在脆性的 α 层，在变形时被破坏。这些裂纹是应力集中源，继续变形时可能向金属内部扩展。

对于钛合金来说，玻璃润滑剂是目前所研制的润滑剂中最好的。在模锻和局部挤压变形条件下，如玻璃涂料的成分选择得当，则能保持液态摩擦。

玻璃润滑剂成分应含有 SiO_2,K_2O,Na_2O,CaO,Al_2O_3,Li_2O,B_2O_3,BaO,MgO,PbO 等氧化物。适用于钛合金模锻用的玻璃粉的化学成分见表 7-1。

表 7-1 适用于钛合金模锻用的玻璃粉的化学成分(质量分数) (%)

玻璃粉编号	SiO_2	Al_2O_3	B_2O_3	Na_2O	CaO	MgO
1	57~61		17~18	18~20	4~5	
2	61	3	1	15	6	
3	40	5	35	5	5	
4	55	14	13	2	16	
5	34	1.7	35	17	7.5	4.8
6	54	5	8.5	27.5	5	

玻璃润滑剂只有在熔融状态才保持润滑性能。不同玻璃润滑剂的黏度与温度密切相关。润滑剂保持最佳黏度的温度范围越宽,润滑效果越好。黏度的变化与玻璃化学成分有关(见表 7-2)。可降低黏度的氧化物有 Li_2O,Na_2O,K_2O,PbO,BaO;而提高黏度的氧化物是 SiO_2,Al_2O_3,ZrO_2。最佳黏度值为 $10^{2.8}$ ~ 10^4Pa·s。

表 7-2 适用于钛合金模锻用的玻璃润滑剂黏度 (Pa·s)

玻璃粉编号	玻璃润滑剂在下述温度下的黏度				
	800℃	900℃	1000℃	1050℃	1100℃
1	136400	5234	784		185
2	1067950	50030	6507		1327
3	437350	22690	3156		708
4		100000	10000	7400	4500
5①		30	15	12	
6		1000	80	50	

① 在配制玻璃润滑剂时用做其他玻璃的添料。

钛合金在 850 ~ 950℃温度范围内模锻时使用 6 号或 2 号玻璃粉；在 800 ~ 1080℃温度范围内模锻时使用 4 号(80%) + 5 号(20%)或 2 号(60%) + 3 号(40%)混合玻璃粉。

玻璃润滑剂是由玻璃粉、稳定剂、固结剂以及水构成的悬浮液。稳定剂一般采用黏土或膨润土，用水玻璃、酪素胶或亚硫酸酒精糟作固结剂，用水作稀释剂，1000g 玻璃粉加水 400g。

为了润滑剂能黏附在坯料表面上，涂润滑剂前，坯料要进行喷砂处理。涂润滑剂的方法有下列几种：将坯料浸入悬浮液内浸涂；用刷子刷到坯料表面上；用喷雾器喷到坯料表面。浸涂时，悬浮液要经过仔细搅拌。悬浮液可以不加热，也可以加热到 80℃以下。一般来说，坯料在悬浮液内浸一下就行了。浸涂后，坯料在空气中干燥 20 ~ 30min，也可在 60 ~ 80℃的烘箱内烘干。干燥后，坯料表面涂层厚度大约为 0.2 ~ 0.3mm，如涂层厚度不均匀，应去掉重涂。喷雾涂前，坯料最好在烘箱内预热至 150℃左右。喷雾涂层厚薄均匀，且容易掌握。

涂有玻璃润滑剂的毛坯干燥后，在箱式电炉中加热时，应放置在耐蚀钢或耐热合金底板上；用自动化炉或半自动炉加热时，则放入盒式夹具中。毛坯间要留有足够的间隔，以防止毛坯在加热过程中彼此接触和黏在一起。毛坯不得堆放在底板上。要用专用夹钳在炉中取放毛坯，并使夹钳与毛坯的接触面最小。

钛合金模锻时，采用玻璃润滑剂后得到如下效果：

(1) 由于玻璃润滑涂料是良绝热体，因此，坯料加热后从炉子转移到模具过程中的温降减少。涂有保护 - 润滑涂料的钛合金毛坯的模锻温度比未涂涂料的约高 60 ~ 80℃。

(2) 玻璃润滑剂在坯料表面形成的连续薄膜绝热性好，降低了向工具上的热传导，因而使型槽表面温度降低 100 ~ 150℃，从而使模具寿命提高 20% ~ 30%。

(3) 由于润滑剂的保护，降低了毛坯表面与心部的温差，有助于提高金属流动的均匀性、塑性，同时也降低了单位模锻压力。

(4) 玻璃润滑剂中的玻璃始熔温度低于金属急剧氧化的温

度，防止金属氧化的作用是从玻璃开始熔化以及在加热的毛坯上刚刚形成黏性膜时开始的。保持的程度取决于黏性膜的厚度，而黏性膜的厚度又取决于悬浮液的密度和玻璃的黏度。研究表明，使用保护－润滑涂料时，在加热到变形温度的毛坯表面上，α层的厚度小于0.1mm，而未使用涂料时，α层厚度为0.3～0.5mm。

(5)由于玻璃润滑剂在坯料表面所形成的薄膜在变形过程中起润滑作用，因而使摩擦系数减少，有利于金属充填深的型槽。计算和实测结果一致，采用玻璃润滑时，摩擦系数μ为0.04～0.06。

7.6　钛合金锻件的精整

7.6.1　切边

钛合金锻件切边必须满足以下要求：

(1)切口平整，毛坯上的金属不得崩落。

(2)邻接毛坯切口面的部位不许有裂纹，也不得有因切边变形不均引起的晶粒度不均现象。

(3)在切边的毛坯上不得留有凸模压痕，凸模与零件在外形上应完全一致。

批量小时，可用铣床切边或用带锯及配有特别设计的摩擦片裁除毛边。对大锻件及厚毛边，不论零件的尺寸大小或批量如何，不便于热裁边，此时火焰切割是有效的方法。采用氧气－燃气、等离子及其他技术可成功并经济地切割50mm或更厚的毛边，火焰切割后应进行热处理，使其热影响区可进行机械加工。对于较大批量的中、小型钛合金锻件，通常在曲柄压力机上用模具热切边，切边在600～800℃下进行。如果切边后必须马上进行矫正，切边温度应接近上限。钛合金很少在冷态用模具切边，因毛边很硬而且很脆，容易造成切口不平，甚至引起金属崩裂、碎屑飞溅的危险；对于某些合金化程度高的合金，冷切边会使剪切面产生裂纹，裂纹有时会扩展到金属内部。

7.6.2 校正

钛合金在高温下有自重下弯倾向,从而增加了制品在模锻、冷却和热处理时扭曲倾向,复杂模锻件的起模及切边常常是导致扭曲变形的重要因素。扭曲特别明显的是截面变化剧烈或是截面特别细薄的制品,因此,常需对钛合金锻件进行矫正以满足尺寸要求。与铝合金不同,钛合金不易进行冷校形,因其屈服强度及弹性系数高,从而产生很大的回弹,因此钛合金锻件的校形主要靠蠕变校形及热校形,前者更普遍。多数钛合金的蠕变校形可以在退火及时效过程中完成,其温度就是退火及时效温度。然而,若退火及时效温度低于540℃,则对于不同的合金,蠕变校形完成所需的时间可能要延长。蠕变校形需要简单或复杂的夹具、模具。模具中热校形多用于中等尺寸的锻件,锻件加热到退火或时效温度进行热校形,然后在低于热校形温度下进行应力释放。

7.6.3 表面净化处理

钛合金锻件在加热过程中形成的氧化物锈皮及 α 壳层很脆,并在随后的锻造或在终锻中诱发裂纹或在其后的机械加工过程中造成刀具磨损。因此,最好在连续锻造之间清理掉锈皮及 α 壳层。锻件的氧化皮常常覆盖了表面的缺陷,所以锻件最终校验之前必须进行表面净化处理,在锻件交付用户前必须去除锈皮及 α 壳层。

钛合金锻件的表面净化处理技术首先需进行氧化皮的清除,锈皮可用机械方法,如喷砂清除;或用化学方法,如熔融盐除锈法。除锈方法的选择取决于零件大小、复杂程度及其成本。

零件不需要酸洗的部分,事先应涂上油漆以保护。但需注意,夹持零件的挂架只能与锻件涂有漆层部分接触。任何带有 α 层表面的钛合金锻件是不允许装上发动机或飞机的。

7.7 钛合金锻造新工艺

为了保证钛合金锻件在室温和高温下均具有良好的综合性能，α 合金、(α+β)两相合金通常都是在低于 β 转变温度以下以中等应变速率锻造的。这种方法是一种传统的锻造方式，常称为(α+β)两相锻造或常规锻造。但是，由于锻造温度低，变形抗力大，变形不均匀，难以锻出形状复杂、尺寸精确度高的锻件，同时由于锻造所需设备吨位大、材料利用率低、机械加工量大等不足，为了解决上述问题，出现了 β 锻造、近 β 锻造、等温模锻和热模锻造等模锻方法。各种方法各有利弊，现将目前研究并应用得较普遍的锻造新工艺做简单介绍。

7.7.1 热模锻造

与等温锻造一样，热模锻造也是一种较有发展前途的精密锻造工艺。所不同的是热模锻造的模具温度高于普通锻造的模具温度，但低于等温锻造的模具温度。典型的热模锻造模具温度比坯料温度低 110~225℃。与等温锻造相比较，模具温度降低，可以较广泛地选用模具材料，但锻造成形很薄和复杂形状锻件的能力稍差。

热模锻造与常规锻造相比，具有如下优点：

(1)降低锻件材料消耗。热模锻造时减轻了模具接触坯料的激冷和材料的加工硬化，提高了材料的可锻能力，因此，允许锻件带有较小圆角半径、拔模斜度和锻造余量，从而大大减少了锻件的质量。例如，某 Ti-6Al-4V 合金结构零件，质量为 28kg，采用常规锻造工艺生产的锻件为 154kg，而采用热模锻造工艺生产的锻件为 109kg，两种方法生产的锻件质量相差 45kg。

(2)减少锻造操作次数，提高压力机的工作能力。因热模锻造时模具温度较高，坯料温降少，常规锻造需两火、三火或更多火才能成形的锻件，热模锻造只需一次，最多两火就能完成。又由于热模锻造金属的变形抗力较低，相对地增大了设备的工作能力。

(3)减少锻件的机械加工量。因为生产的锻件接近零件的质量和轮廓尺寸,所以与常规锻造生产的锻件相比较,热模锻造生产的锻件机械加工中材料的去除量减少。

(4)产品的均匀性较好。因热模锻造过程中温度梯度大为减小,由温度梯度造成的变形不均易减轻,所以产品的组织及性能的均匀性、一致性优于常规锻造生产的锻件,但不及等温锻造生产的锻件。

热模锻造时,坯料虽有温降,但仍处在锻造温度范围,变形抗力上升不像常规锻造时那样急剧。热模锻造时使用的应变速率在 $0.05 \sim 0.2 s^{-1}$ 范围内变化,若应变速率太低,坯料温度可能降低。

在钛合金的热模锻造中,锻造加热温度、应变速率、保压时间和预制坯的显微组织是极重要的因素,对成形件的尺寸精度和显微组织起决定的作用。通常,较低的应变速率和较长的保压时间提高了精密成形的可能性。而预制坯的显微组织对材料的流动应力和超塑性有直接的影响,尤其对锻后组织影响较大,不能企图通过等温锻造或热模锻造完全消除原材料中的缺陷和晶粒不均匀。

目前,钛合金是否采用热模锻造工艺主要取决于锻件总成本或产品的均匀性和一致性的需要。该工艺发展趋势是利用常规锻造预制坯,最后进行等温或热模终锻。

7.7.2　β 锻造

一般(α + β)和 α 钛合金始锻在低于 T_B(相变点)温度下的(α + β)两相区进行。在这种条件下,通常可保证金属在变形和热处理后有最佳的组织和力学性能。

但是在(α + β)两相区变形时,钛合金的工艺塑性不够好,单位变形力很大,形状复杂的模锻件不能很好地成形。采用等温锻造虽然能保证获得较好的工艺塑性,但成本较高,模具结构复杂,生产效率低。

β 锻造是(α + β)钛合金从始锻到终锻完全是 β 相的较高温度下进行的锻造。经 β 锻造的锻件的显微组织,完全没有等轴的

α 相,其室温下塑性有一定损失,但断裂韧性和高温性能较好。

也有将在 β 区始锻而在(α+β)区终锻的跨区锻造工艺称为 β 锻造的,但这时所得的组织主要取决于在(α+β)区终锻的温度和在(α+β)区的变形量。两相区不同的变形有不同的组织,所以在生产中不好控制,性能波动大。

β 锻造最大的优点是工艺塑性好,变形抗力低。锻锤模锻的生产率可提高 20% ~40%。同时能提高模锻设备的寿命。经验表明,β 区模锻与(α+β)区模锻相比,可使模锻件的质量精度系数提高 10% ~15%。

钛及钛合金 β 模锻工艺过程的设计,与包括闭式模锻过程在内的常规锻造过程没有特殊差异。在开式模锻时,由于变形金属塑性较高,应调整毛边槽的参数。

当采用 β 模锻工艺时,应仔细控制工艺过程,以免塑性指标下降过多。若控制得当,伸长率只会下降 1% ~2%,断面收缩率下降 5% ~8%。对于近 α 和(α+β)合金来说,控制和细化 β 锻造后原始 β 晶粒度,将有效地减少塑性的损失,这是 β 锻造中值得探讨的课题。

β 模锻生产的锻件虽然室温塑性降低,但是,断裂韧性和抗蠕变性能较高。例如 TC4 合金,在 970℃ 进行常规锻造,在 370℃,492MPa 应力作用下,产生 0.2% 永久变形的时间是 134h;而在 1150℃ 经 β 锻造后,在 370℃,492MPa 应力作用下,产生 0.2% 永久变形的时间是 348h。

β 锻造后锻件室温塑性降低,高温性能提高,这与锻后获得网篮状组织或魏氏组织,或这两种组织的混合组织有关。因为裂纹沿针状 α 相扩展的路径要比沿等轴 α 组织扩展的路径长得多,因而吸收的能量也就越多。但在这种组织中,裂纹萌生的时间较短。所以表现为塑性低而断裂韧性及抗蠕变性能高。

当在(α+β)区上部温度始锻时,获得网篮状组织与等轴 α 组织混合的双态组织(见图 7-4),此种组织的塑性优于网篮状组织和魏氏组织,不及等轴 α 组织。但高温持久、蠕变性能及断裂韧性又优于等轴α组织,而不及网篮或魏氏组织。在工艺上比较好控制。

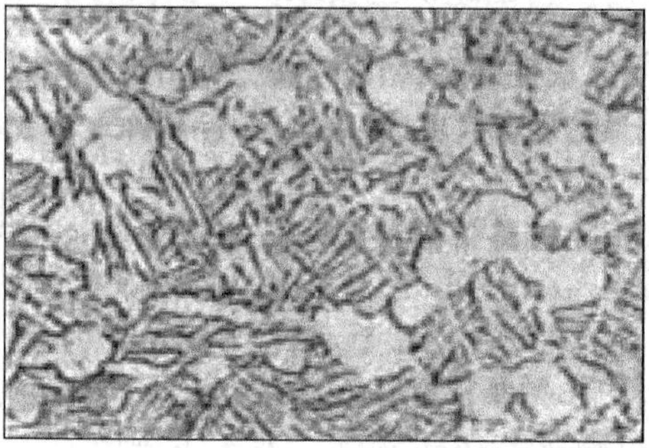

图7-4　TC4合金中的混合双态组织(×500)

8 精密锻造

8.1 变形钛合金精密模锻件的工艺

8.1.1 变形钛合金的精密锻造

在大量生产和批量生产变形钛合金锻件工艺实践中，变形钛合金锻件半精密锻造工艺逐步发展为精密锻造。无余量精密锻造成为发展趋势，它的生产效率高，模具精密加工质量提升，节省原材料，简化中间机械加工，部件强度性能提高，可大规模批量制造，部件成本可严格控制，因此，国内外都在积极发展精密锻造工艺技术。

变形钛合金锻件精密锻造的特点是锻件具有较小的圆角半径、较小的模锻斜度（1°～2°）和较小的毛坯加工余量（能小到0.25mm，精密锻造零件的周边不要拔模斜度，错移公差可以消除），材料利用率高，有时高达80%～90%，同粗锻件或普通公差锻件半精密锻件相比，精密锻造模具有时设计得较复杂，需要配套的制坯成形设备和辅助工艺技术条件的配合，制坯成形阶段要将毛坯进行合理分布，以便毛坯能在精密模具中顺利生产出零件。

20世纪80年代，变形高温钛合金部件的研究制造主要是通过成分的调整以提高合金的性能。80年代中期以后，变形高温热强钛合金部件主要以工艺的改进来不断提高使用性能，如真空冶炼、反复镦拔工艺、等径通道挤压、大挤压比变形、单相区加热双相区模锻、精密锻造、超塑性等温精密锻造工艺等，不但使钛合金质量得到保证，而且其力学性能、表面质量也进一步得到提高。进入21世纪以来，相继出现了双性能压气机盘、包套亚温挤压、激光快速成形、大尺寸环件精密轧制、大尺寸环件精密碾压等新工艺，使变形高温热强钛合金部件性能不断提高，应用范围越来越大。

几十年来,变形钛合金部件研究制造的发展经历了"合金化"、"冶金工艺"、"进一步合金化"、"更先进冶金工艺"、"半精密锻造"、"精密锻造"、"等温精密模锻"、"亚温精密模锻"工艺交替发展的历程。未来发展中的变形钛铝金属间化合物合金锻件需要采用真空精密锻造或气体保护氛围的变形钛合金部件的精密锻造模锻工艺。与先进的热加工装备和先进的热工艺的研究相结合,使变形钛合金部件的使用发展提高到新的水平。

本章介绍的主要是航空发动机用叶片的精密锻造。叶片的精密锻造模具设计与普通锻件模具的设计不同。因为叶片精密锻模要抵抗 1400MPa/mm^2 的压应力,而普通锻件模具的压应力却很少超过 700 ~ 900MPa/mm^2 的范围。经受高压力的模具结构使模具的制造总费用增加。在某些情况下,把锻件变形钛合金叶片尺寸锻造到接近成品叶片尺寸可以获得优良的力学性能和物理性能。图 8-1 所示为典型的采用精密锻造工艺研制的航空发动机用钛合金叶片。

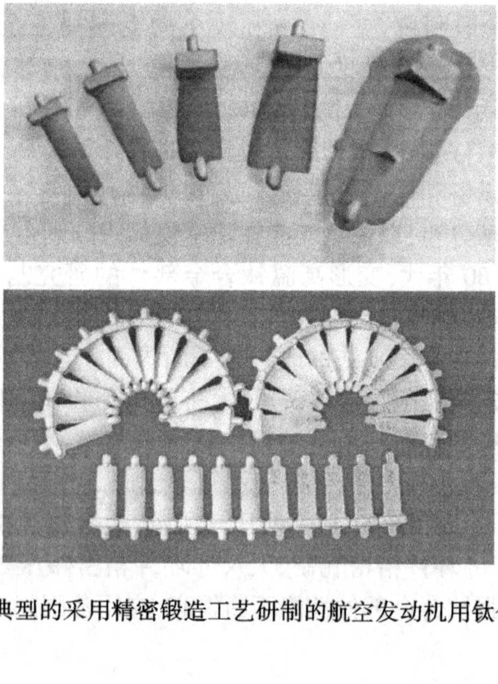

图 8-1　典型的采用精密锻造工艺研制的航空发动机用钛合金叶片

8.1.2 航空发动机压气机转子叶片精密锻造

航空发动机压气机转子变形钛合金精密锻造叶片需要加工部分的余量小，型面、安装板内侧无余量。一般锻造叶片与成品零件重量比通常在1.5～2.0之间。精锻叶片工艺要求较高质量的制坯件和精密的模具制造水平、较高的辅助工艺配合以及精密的检测设备和非常重要的精密锻造设备。同时要靠产品的批量和质量控制程序的健全以及后续机械加工的工艺条件。精密锻造叶片常用设备的精度要求见表8-1。

表8-1 5000t以下精密锻造设备要求精度

技术要求	要求内容	精度/mm
平面度	上下工作台面	$5\times10^{-5}\sim6\times10^{-5}$
平行度	上滑块台面，下工作台面	$1\times10^{-5}\sim1.2\times10^{-5}$
垂直度	上滑块对工作台面	$3\times10^{-5}\sim5\times10^{-5}$
闭合间隙	连杆、曲轴凹瓦、安全垫块、滑块综合间隙	1.2～1.5
刚度弹性变形	名义打击力状态下	$\leqslant10^{-3}$
机械压力机组装预应力要求	大于2倍以上	

8.1.3 叶片精密锻件工艺设计方案和技术途径

现代航空发动机用叶片大多数由高温钛合金、高温合金、不锈钢等材料制造。采用精密锻造工艺生产的叶片精密锻件叶片表面质量、内部组织、流线分布要求非常严格，需要设计实施最佳的模锻工艺设计方案，和一系列辅助工艺合理配合才能实现叶片锻件的精密锻造。一般情况下叶片精密锻件的工艺设计为：

(1)卧式平锻机制坯＋螺旋压力机预锻＋电动螺旋压力机终锻＋机械抛光＋电解加工型面。

(2)电镦机挤压、镦头制坯+机械曲柄压力机预锻+机械曲柄压力机终锻+机械抛光+电解加工型面。

(3)电镦机挤压、镦头制坯+等温锻造压力机预锻+等温锻压力机终锻+机械抛光+电解加工型面。

(4)摩擦压力机挤压、镦头制坯+机械曲柄压力机预锻+机械曲柄压力机终锻+机械抛光+电解加工型面。

上述最为常用的热工艺为:电镦机挤压、镦头制坯+机械曲柄压力机预锻+机械曲柄压力机终锻+机械抛光+电解加工型面,或将“机械曲柄压力机预锻+机械曲柄压力机终锻”改为“电动螺旋压力机预锻+电动螺旋压力机终锻”。

根据叶片材料、外观形状和生产条件的不同,叶片精密锻造的工艺流程有所变化,特别是辅助工艺。在编制精密模锻工艺时,要根据锻件叶片类型和具体生产条件及经验安排工艺程序,选择合理的工艺参数。叶片精密锻造主要流程为:原材料准备→下料(辅助工艺处理表面吹砂、浸涂玻璃润滑剂)→挤压+镦头制坯→(辅助工艺处理)→预锻+终锻→(辅助工艺处理)→热处理→校正→机械抛光+电解加工型面抛光→校正→打标记→最终检验(外观尺寸和冶金性能、组织)。

钛合金叶片精锻件典型的金相组织可分为4种类型:

(1)等轴α组织(合金在低于相变点30~60℃相区加热后在锻造变形时形成);

(2)网篮状组织(合金在β相区加热后锻造变形在刚进入(α+β)相区时即刻形成);

(3)魏氏组织(合金在β相区加热后在锻造变形时形成);

(4)混合组织(合金在接近相变点区域加热后在锻造变形时形成)。

钛合金叶片的锻造加热温度工艺控制,一般是根据钛合金原材料冶炼方提供的合金相变点的温度来制定锻件加热温度范围的。叶片终锻时要求控制单火次的变形量,一般控制在30%~60%。

8.2 精密模锻设备的选择及模具设计

精锻工艺对精密制坯、预锻、终锻、切毛边设备有严格的要求。这是因为锻造设备及其工装条件对精密锻造效果有直接的影响，因此，选择合适的设备就成为完成精密锻造的重要条件。

8.2.1 设备选择的原则

如何选择锻造设备，取决于所锻造的零件及其材料的要求，同时要考虑以下几个因素：

(1)满足锻件变形所需要的能量。一定材料的不同工序(如挤压、镦粗、弯曲、锻造变形等)，在设备的滑块行程的范围内锻造所需要的能量不同。锻件最大几何形状载荷能量的最大值受工艺参数的影响，在工作行程的瞬间，设备的有效载荷能量应该大于锻造所需要的最大能量，否则锻造设备将有可能因过载而遭到损坏。

(2)工艺所要求的特性。主要指设备单位时间的行程次数、滑块加载期间的速度。设备的行程次数不仅决定生产率，也决定锻造时滑块的加载速度，而加载速度又决定加压过程的时间和变形速度或应变速率，进而影响变形材料的流动应力和锻造所需要的载荷能量。加压过程的接触时间或锻件在模膛中受到变形载荷的时间越长，锻件与模具之间的热传导越严重，这将使模膛中的锻件迅速降温，从而造成模具的快速磨损。所以应该根据锻件的材料和几何形状来选择合适的行程次数、加载速度以及短的接触时间。

(3)满足锻件所要求的精密度。设备的精密度特性对锻件的形状尺寸公差产生直接的影响。例如，设备上下工作台面的平行度、导轨间隙、模具模座的同心度、结构强度等，特别是在承受偏心载荷条件下，如果上述因素不符合要求，将导致模具磨损和锻件形状尺寸超差。一般情况下，刚性大的压力机的变形较小。在同样条件下，设备刚性越好，由于毛坯体积和温度变化所引起的锻件厚度的变化越小。因此，精密锻造应该选择刚性大的锻造设备。

(4)精密锻造设备的比较。当前使用比较普遍的精密锻造终锻设备主要是热模锻曲柄机械压力机、电动螺旋压力机、液压螺旋压力机、摩擦压力机、全液压机等,这些设备各有其不同的工艺参数和锻造特性。

8.2.2　热模锻机械压力机

8.2.2.1　热模锻曲柄机械压力机恒载荷精密锻造原理

曲柄压力机有相对固定的下死点,当锻造载荷超过设备公称压力时,有可能产生闷车现象。工作时的作用力一般只允许用到其公称压力的70% ~80%,打击能量不可调节,变形时模具与工件的接触时间较长,变形抗力较大,成形性能较差。从锻造工艺因素对锻件尺寸精度的影响来看,下列因素将直接影响锻件厚度尺寸的精度:锻造温度的波动范围、模具温度、锻件变形量、润滑、操作速度。在锻件的普通模锻工艺中,由于上述工艺因素的影响,锻件的变形抗力往往有较大的波动,同时机床产生相应的弹性变形,使上模向上抬起的波动量也较大。因此,影响了锻件高度尺寸的精度。为在曲柄压力机上实现锻件的精密锻造,同样要设法克服由于锻件变形抗力变化引起机床产生的弹性变形对锻件厚度尺寸造成的影响,只有这样才能保证得到精密的锻件。

在曲柄压力机上实现精密模锻的调节原理为:由于曲柄压力机的结构是曲轴滑块机构,在压力机运转时,滑块有固定的下死点。变形过程中每一锻件产生不同的变形抗力,反映出机床弹性变形的差异(或下死点上移量,示意图如图 8-2 所示)。一般认为曲柄压力机的滑块有固定的下死点,而每个锻件需要的变形力又各不相同,因此,引起设备的弹性变形也不相同,导致每个锻件的厚度尺寸不一致。普通模锻的锻件厚度波动在 0.5mm 以上,达不到精锻的要求。本精密模锻的调节原理是采用在模座上加吻合板的方法,使压力机每一锻造行程都比锻件抗力造成的机架伸长稍大一些,以保证吻合板靠合,然后以吻合板为基准调节模具,从而保证锻件厚度尺寸的一致性。为在曲柄压力机上实现锻件的精密锻造,要设法克服由于锻件变形抗力变化引起机床产生的弹性变形、变化对锻件厚度尺寸造成的影响，只有这样才能保证得到精密的锻件。

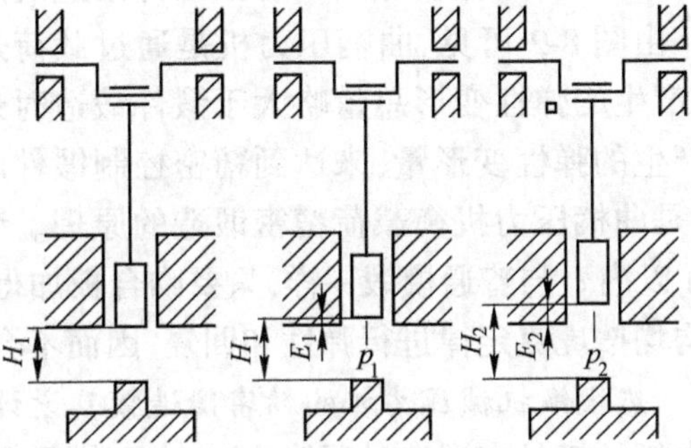

图 8-2 锻造载荷下死点上移量的示意图

设 H_0 为空载时模座的闭合高度，H_1 为开锻温度下变形抗力为 p_1 时的闭合高度，此时机床的弹性变形量为 E_1（即下死点的上移量），即：

$$E_1 = H_1 - H_0$$

图 8-2 中，H_2 为开锻温度下变形抗力为 p_2 时的闭合高度，此时机床的弹性变形量为 E_2（即下死点的上移量），即：

$$E_2 = H_2 - H_0$$

已知锻件的变形抗力 $p_2 > p_1$，$E_2 > E_1$，由此可见，如果在曲柄压力机上要实现精锻，必须在模座上装有合适的吻合板（$H_{吻}$）。锻造时，要使上下模座压靠，并使压力机的模座吻合板压靠过盈，使其过盈量为 $E_{吻}$。即：

$$E_{吻} = E_2 + \Delta E$$

因此，取模座吻合板的厚度尺寸 $H_{吻}$ 为：

$$H_{吻} = H_0 + E_2 + \Delta E$$

式中 $H_{吻}$——吻合板的厚度；

H_0——空载时模具吻合板处的名义闭合高度；

E_2——锻件在终锻温度下机床的弹性变形量；

ΔE——锻件厚度尺寸稳定系数,一般取 $\Delta E = 0.1E_2 \sim 0.2E_2$。

这样就控制了模座的下死点。再通过模具垫板的调整将锻件调到要求的厚度尺寸,这样就保证了每批锻件锻造时厚度尺寸的相对稳定性。由图 8-2 可见,曲柄压力机是通过载荷过盈压靠吻合板,使机床产生的弹性变形总量略大于锻件锻造时最大变形抗力引起机床产生的弹性变形量,来达到精密控制锻件厚度尺寸的目的,这也就是曲柄压力机衡载荷精密锻造的原理。锻件厚度波动在 0.13mm 以内。与普通模锻一样,只要吻合板加得适当,每一锻造行程机构均按虎克定律进行弹性和回复,因而不会造成闷车。

8.2.2.2 热模锻机械压力机的精密锻造模具设计

机械压力机的模具在锻造过程终止时,上下模具是不接触的。一般情况下,机械压力机主要用来制造中小型的模锻件,模具毛边桥部结构设计成开式结构,如图 8-3 所示。其他设计跟普通模锻参数差别不大。模具材料尽量选用 5CrNiMo、5CrMnMo、H13(4Cr5MoSiV1)等模具钢材料,模具热处理硬度控制在 HRC47 ~ 50,模具型腔粗糙度值 R_a 在 1.6μm 以上。在设计精密锻造模具过程中,也要同时考虑压力机设备性能参数的概况影响,相关数据见表 8-2 ~ 表 8-5。

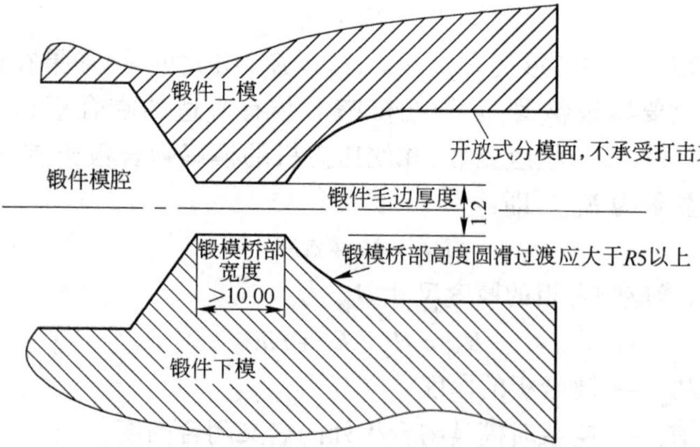

图 8-3 精密模锻用模具毛边桥部的开式结构设计

表 8-2 模锻设备对钛合金锻件充填模腔的影响

锻件特征尺寸	锻压设备类型	
	曲柄压力机	螺旋压力机
最小壁厚/mm	3.0~4.0	2.0
最小筋厚/mm	2.0~4.0	1.5~2.0
最小腹板/mm	2~3	1.5~2.0
最小圆角半径/mm	3~5	2~3

8.2.2.3 热模锻压力机精密锻造模具的加热

为减少锻模开裂倾向和减少锻件与模具接触的瞬时温降，同时要考虑润滑剂喷涂后模具表面的快速干燥成膜，一般要对模具进行加热(可采用电热管状加热器)。精密模锻用工装模具加热温度范围见表 8-3。

表 8-3 精密模锻用工装模具加热温度范围

锻造工艺及设备	模具温度/℃	锻造工艺及设备	模具温度/℃
机械压力机	150~350	液压机	300~400
螺旋压力机	150~350		

8.2.2.4 热模锻曲柄机械压力机

采用机械压力机进行精密模锻工艺设计制造锻件的主要优点是：锻件几何尺寸稳定、可控，行程速度高，生产率高，大批量生产容易实现自动化，相对来说设备投资少，国内采购方便，资金回收周期短，适宜国内的工业发展。国内主要用于精密锻造的热模锻曲柄机械压力机设备外观如图 8-4 所示，性能参数概况见表 8-4。

表 8-4 国内 MP 系列主要用于精密锻造的热模锻曲柄机械压力机设备性能参数概况

参数名称	公称压力①/MN						
	10	16	20	25	40	63	80
最大模具高度/mm	700	875	950	1000	1110	1250	1350
行程距离/mm	250	280	300	320	360	450	450

续表 8-4

参数名称	公称压力①/MN						
	10	16	20	25	40	63	80
行程次数/次 · min^{-1}	100	90	70	65	55	42	40
滑块调整量/mm	14	18	20	22.5	28	35	38
工作台面积/mm × mm	850 × 1020	1050 × 1400	1210 × 1530	1300 × 1700	1500 × 2050	1840 × 2300	1840 × 2400
下顶杆能力/kN	150	200	300	300	400		
滑块顶杆能力/kN	100	100	150	200	300		
主电机功率/kW	45	75	90	110	185	300	370

① 公称压力指滑块速度约 0.7m/s 时运动部分总动能,变化应少于 10%。

图 8-4　用于精密锻造的热模锻曲柄机械压力机设备外观

8.2.2.5　热模锻电动螺旋压力机

热模锻电动螺旋压力机主要用于热模锻造、多工位模锻、精密锻造、镦粗、挤压、精整等钛合金叶片及其他合金叶片、人工假肢、人工关节的精密锻造。电动螺旋压力机分为直接用电机驱动的和用传动机构驱动的两大类。

小型压力机多用电机直接驱动。它具有结构简单、体积小、效率高等优点。较大型的电动螺旋压力机要直接用电机传动,必须采用功率大的低速电动机，相应地使设备轮廓尺寸增大、整机造价提高。因此，大型电动螺旋压力机多采用电机、传动机构驱动，其中以电机、齿轮传动的最多。目前，国外已能生产 80000 ~ 125000kN 的电动螺旋压力机。

电动螺旋压力机用可逆电动机直接驱动时，当可逆电动机正反转时，直接通过转子带动飞轮和螺杆旋转，使滑块上下移动并进行工作。这种电动螺旋压力机的工作循环时间很短，可逆电动机的转子与飞轮之间不打滑，机械效率高，功率消耗低，打击能力不仅能精确调整，而且比较稳定。

螺旋压力机用弧线直线电机传动时，弧线直线电机的转子就是飞轮。当电机正反转时，可以直接通过飞轮和螺杆带动滑块上下移动并进行工作。螺旋压力机作用在锻件上的载荷大小可以自动进行控制，具有较好的轴向配合精度，在压机的底部有顶出机构，容易从模具中取出锻件。模具上可以采用无毛边的、无拔模斜度的和较深的模腔进行精密模锻件的制造。国内主要用于精密锻造的螺旋压力机设备外观如图 8-5 所示，性能参数概况见表 8-5、表 8-6，制造精密模锻叶片技术参数比较见表 8-7。

图 8-5　用于精密锻造的螺旋压力机设备外观

表 8-5　国内 PSS 系列主要用于热模锻电动螺旋压力机设备性能参数

参数名称	公称压力①/kN					
	10	16	25	31.5	40	50
行程次数/次 · min^{-1}	16	12	11	11	10	9
滑块行程/mm	500	600	700	720	750	800
工作台面积/mm × mm	920 × 1050	1000 × 1250	1200 × 1400	1300 × 1400	1640 × 2000	1640 × 2000
台面与滑块间距最小高度/mm	750	960	1050	1450	1460	1500
最大许用载荷/kN	1600	25000	40000	50000	63000	80000

① 公称压力指滑块速度约 0.7m/s 时运动部分总动能，变化应少于 10%。

表 8-6　联邦德国 Weingarten 公司 PSS 系列主要用于热模锻电动螺旋压力机设备性能参数

参数名称	公称压力①/MN				
	4	8	16	21	26
行程次数/次 · min^{-1}	38	35	31	26	24
滑块行程（最大/最小）/mm	350/120	400/140	480/180	530/200	600/230
工作台面积/mm^2	540/600	680/700	800/900	850/950	1000/1050
台面与滑块间距（最大/最小）高度/mm	600/250	900/500	1180/700	1330/800	1520/920
主电机功率/kW	10	22/25	50/65	65/75	75/100

① 公称压力指滑块速度约 0.7m/s 时运动部分总动能，变化应少于 10%。

表 8-7 国内外钛合金制造精密模锻叶片技术参数比较

国别		叶片 材料	叶片 长度尺寸/mm	厚度公差/mm	余量波动量/mm	余量分散度/mm	弯曲公差/(′)	扭曲公差/(′)	内侧V点公差/mm	型面形状公差/mm	表面粗糙度 R_a/μm
中国	北京航空材料研究院	TC4	110	$A^{+0.78}_{+0.58}$	0.20	0.13	±0.13	±20	±0.13	±0.065	3.2
中国	北京航空材料研究院	TC11 TA12	70	$A^{+0.71}_{+0.52}$ $A^{+0.4}_{-0.8}$	0.19	0.12 0.20	±0.13	±20	±0.13	±0.065	3.2
英国	罗尔罗伊斯公司	Ti-6Al-4V	76~152	$A^{+0.80}_{+0.38}$	0.22	0.08	±0.13	±20	±0.13	±0.076	3.2
英国	精密锻造公司		76~152		0.20	0.13	±0.13	±(20~30)	±0.13		

8.3 精密锻造钛合金叶片的热处理和性能

8.3.1 精密锻造钛合金叶片的热处理

叶片精锻件经最终热处理后供应。推荐的最终热处理制度见表8-8。精锻件经过热处理后必须保证获得合格的冶金组织。对于航空发动机用的叶片精密锻件来说,低倍组织主要取决于热加工工艺,较轻的花纹是允许的,但其高倍组织必须合格,纵向低倍流线应沿叶片锻件轮廓分布顺畅,不允许有严重涡流和穿流。高倍组织一般是双态(α+β)组织,它具有较高的塑性、疲劳强度和低的震动应力缺口敏感性。锻件横向剖面上的高倍组织应是(α+β)两相区加工的组织,如图8-6所示,在变形过程中应将所有的原始β晶界破碎。对于长期在高温和拉应力下工作的零件(盘和其他零件)来说,则要求网篮组织,如图8-7所示,它能保证有最高的热强性和抗蠕变性能,疲劳性能和热稳定性能等方面的综合性能也要好。获得这种组织的办法是最后一火在β区加热坯料,随后进行50%~70%的变形,而最终变形是在(α+β)区完成。精密锻造钛合金叶片的组织形态取决于锻造工艺过程控制,在热处理过程中变化不大,必须通过设计工艺的组织热变形才能得到理想的组织,这是非常重要的条件之一。

表8-8 航空发动机常用变形热强钛合金叶片精密模锻件热处理制度

牌号	钛合金叶片精锻件热处理制度	
TC4	普通退火	[(700~800)±10]℃保温1~2h,空冷
TC6	等温退火	(870±10)℃保温1h,空冷+(600±10)℃保温2h,空冷
TC11	双重处理	(950±10)℃保温1h,空冷+(530±10)℃保温6h,空冷
TA11	双重处理	1040℃
TA12	双重处理	(980±10)℃保温1.5h,空冷+(600±10)℃保温2h,空冷
Ti60	双重处理	(995±10)℃保温2h,空冷+(700±10)℃保温2h,空冷

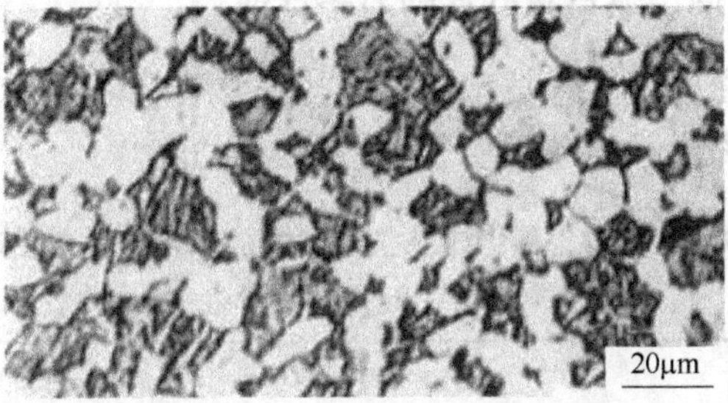

图 8-6 双态(α+β)组织

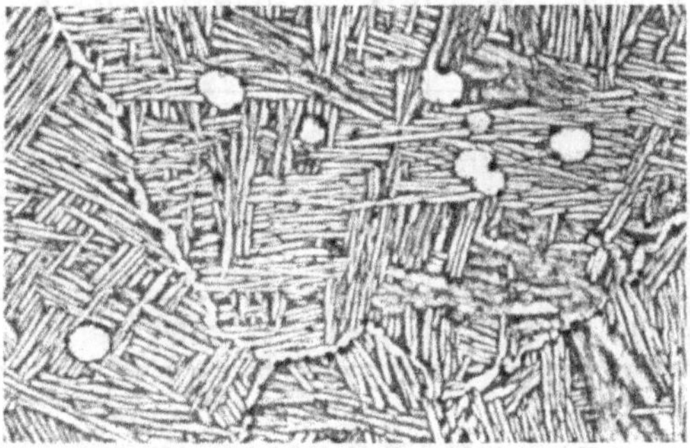

图 8-7 网篮组织

锻造钛合金叶片在热处理过程中如加热温度超过 β 单相区以上时,叶片金相组织的晶粒尺寸会增大,在随后的叶片冷却过程中粗大的 β 晶粒会保留下来。单靠热处理工艺不能消除叶片粗大的金相组织,但可以通过热处理方法来调整合金组织中的不同相的比例来获得不同的力学性能。高温下,叶片吸氢和增氧,因此可以采用真空热处理工艺来解决此问题,热强钛合金叶片精密模锻件一般热处理制度见表 8-8,热处理后测试的力学性能见表 8-9。对于吸氢和增氧一般技术条件要求是氢含量不超过 $0.006 \times 10^{-4}\%$,氧含量不超过 $0.015 \times 10^{-4}\%$。

8.3.2 精密锻造钛合金叶片的力学性能

采用精密模锻工艺技术制造的热强钛合金航空发动机用高压转子叶片的力学性能数据见表 8-9 ~ 表 8-11。

表 8-9　采用精密模锻工艺技术制造的钛合金航空发动机用高压转子叶片的力学性能

牌号	室温力学性能					
	抗拉强度 σ_b/MPa	屈服强度 $\sigma_{0.2}$/MPa	伸长率 δ_5/%	断面收缩率 ψ/%	冲击功 a_{KU2}/J	布氏硬度 HBS
TC4	≥930	≥860	≥10	≥25	≥32	≥331
TC6	980 ~ 1180	≥840	≥10	≥25	≥24	269 ~ 363
TC11	1030 ~ 1225	≥930	≥9	≥30	≥24	269 ~ 363
TA11	1040					
TA12	≥980	≥900	≥10	≥25		
Ti60	≥1030	≥930	≥8	≥17		

表 8-10　采用精密模锻工艺技术制造的钛合金航空发动机用高压转子叶片的高温力学性能

牌号	试验温度/℃	高温力学性能			
		抗拉强度 σ_b /MPa	伸长率 δ_5 /%	断面收缩率 ψ /%	持久强度 σ_{100h}/MPa
TC4	400	≥615	≥12	≥40	≥570
TC6	400	≥735	≥12	≥38	≥665
TC11	500	≥685	≥12	≥45	≥590
TA12	550	≥610	≥12	≥30	≥430
Ti60	600	≥600	≥10	≥20	≥310

表 8-11 采用精密模锻工艺技术制造的钛合金航空发动机用高压转子叶片的热稳定力学性能

牌号	热暴露条件	室温力学性能		
		抗拉强度 σ_b /MPa	伸长率 δ_5 /%	断面收缩率 ψ /%
TC4	400℃×100h	≥930	≥8	≥25
TC6	400℃×100h	≥980	≥8	≥25
TC11	500℃×100h	≥1030	≥8	≥25
TA12	550℃×100h	≥980	≥7	≥15
Ti60	600℃×100h	≥1030	≥8	≥16

8.4 钛合金精密锻件防护用玻璃润滑剂

根据不同变形工艺需要,钛合金材料热成形时都力求减少摩擦力与变形抗力,减少氧化、渗氢、表面污染问题,因此,要求玻璃润滑剂在工作条件下应有较宽的黏度范围,以适应精密锻造工艺参数的变化,提高叶片精密锻件的冶金质量,所以采用防护涂层润滑技术十分关键。常规难变形材料的最佳热变形温度一般窗口很窄,而采用涂层热性能好的工艺涂层,将是减少温降的一个有力措施。在形变热处理工艺中采用防护润滑技术可以起到控制最佳终锻温度的要求,可得到最佳的性能和组织状态。

目前使用的 FR 系列玻璃防护润滑剂本身是一种临时性的工艺涂料,在钛合金模锻高温成形时起到高温防护、润滑的作用。此系列防护润滑剂是专门配制的一种悬浮液浆料,它以硅酸盐为主要成分,以水溶性树脂为黏结剂,这种润滑剂涂覆在钛合金毛坯上能迅速干燥、成膜并具有一定的干燥强度,操作工艺简单。FR 系列玻璃防护润滑剂产品不但用于军品生产,还大量应用在民品锻件生产上。例如,航空航天用钛合金大中小型精密模锻件、航空发动机高压压气机盘、转子叶片、汽轮机叶片、挤压件、人工关节、航天武器导弹系列的精密锻造都使用 FR 系列玻璃防护润滑剂。

在钛合金材料热成形过程中使用的玻璃防护润滑剂涂层,是在锻件毛坯与模具表面之间存在着第三种介质——一层玻璃态物质润滑剂“釉”,其厚度通常为0.15～0.2mm,它是固体、塑性黏性物质、液体、气体或者是它们之间的混合物。它们在一定条件下可以部分地或全部地完成表面和防护润滑效能。钛合金材料在热变形过程中,由于金属的塑性变形流动而不断产生新鲜的金属表面,同时在高温下(700～1180℃)还要承受很大的变形压力,所以对玻璃防护润滑剂的基本要求是:

(1)在高温下能够在金属表面形成致密的连续的保护膜层,变形时能随金属一起流动并承受高温、高压。

(2)变形时由于接触压力变化很大(200～1000MPa),金属流动速度为0.01×10^3m/s,静压力可在$0\sim500\times10^2$MPa范围内变化,因此要求玻璃润滑剂在工作条件下有较宽的黏度范围,以适应工艺参数的变化。

(3)能起到高温防护作用,能够防止与减少表层氧化与渗氢。选择的玻璃防护润滑剂在高温时不与基体金属和模具起化学反应,不产生腐蚀作用。

(4)表面的工艺涂层高温下能牢固地依附在锻件表面,可以经受数次的重复锻造,有利于金属均匀变形,避免模具过热和工件迅速变冷。

(5)涂敷工艺方便,能适应人工或机械化涂敷,以满足批量生产的要求。

(6)锻造变形后涂层去除方便。

(7)润滑剂应是无毒或低毒的,不产生烟雾或有害气体,不造成对环境的污染。

(8)润滑剂应制备、供应方便,价格便宜。

对于不同的热锻工艺,润滑剂还要有不同的特殊要求:

(1)对于一火次成形的锻件,要求涂层最好是自剥的,这样使用起来方便;

(2)对于多火成形的零件,则要求涂层是非自剥的,使多火次变形的零件在中间工序进行过程中不用再涂敷润滑剂，使附在金属表面的涂层依然存在，仍能起到防护润滑作用；

(3)对于薄壁的热冲压件，要求涂层本身是水溶性的，或其他溶剂溶解型的，或自剥性的，以利于润滑剂涂层在变形后去除。

研制的钛合金锻造防护用玻璃润滑剂见表8-12。在圆形试样上涂敷 TFR-6 锻造防护用玻璃润滑剂，高温加热镦粗变形后的试样外观如图 8-8 所示。

表 8-12 钛合金锻造防护用玻璃润滑剂

序号	防护润滑剂牌号	适用工艺种类	使用温度范围/℃	适用合金种类
1	TFR-6	模锻、挤压	800~1020	TC4、TC11、TA11、TA12、Ti60、Ti811
2	TFR-7	模锻、挤压	750~850	Ti1023、Ti700、Ti811
3	TFR-8	模锻、挤压	950~1100	TA12、Ti60、Ti811、
4	TFR-11	等温锻造	800~980	TC4、TC11、TA11、Ti60、Ti811、TA12
5	TFR-85	等温锻造	750~850	Ti1023、Ti700

图 8-8 精密钛合金模锻件用防护玻璃润滑剂高温试样外观

8.5 钛合金精密锻造的质量控制要求

一个能生产优质精密锻件的研究机构、厂商应该具备下列基本条件：

(1)有一套组织良好而完整的质量规范程序；

(2)拥有与行政组织生产部门相分离的、具有相对独特权力的质量保证部门；

(3)建立对原材料供应厂、商进行签订合格与否的制度和质量认可制度；

(4)在工艺执行的所有工序中能保证锻件炉号标志一致性的有效方法程序和控制制度；

(5)锻造加热炉记录温度用的温度控制仪表及其生产制造的时间表；

(6)定期校准锻件加热设备、热处理设备和控制仪表的制度；

(7)现代化的无损检测设备和熟练的操作人员；

(8)专门用于清理锻件表面和锻件缺陷的专业设备和熟练的操作人员；

(9)有适宜的冶金实验室及金相检验设备和熟练的操作人员；

(10)有适宜的力学性能试样加工、力学性能测试检验设备和熟练的操作人员；

(11)具有检验锻件尺寸用的合适的夹具、样板、量规、仪器等；

(12)具有现代管理和设计用的各类专业计算机软件；

(13)具有掌握现代精密锻造设计和生产管理的专业人员；

(14)具有掌握先进科技情报技术资料存档系统，以保存工艺文件各类图标、化学分析、性能测试、各类数据和记录资料，至少保存10年和熟练的专业人员。

8.6 典型金属间化合物钛铝合金的包套挤压精密锻造

未来的航空发动机要求向高速、高温(涡轮进口温度提高到870℃以上)、高压、大功率和小型化方向发展。必然要求材料具有高熔点、低密度、高比强度、高比模量、高蠕变抗力、高韧性、抗氧化、抗燃烧等优异的性能，这就对燃烧室、涡轮盘、叶片用的合金提出了更高要求，目前金属间化合物材料钛铝合金已经成为新一代高推比航空发动机的关键材料之一。金属间化合物材料是当前航空发动机高温材料领域研究的热点。金属间化合物材料质量轻、强度高，在高温下能保持高强度并具有良好的抗氧化性能，与其同时进行的金属间化合物钛铝合金材料构件制造技术正在深入地发展研究中。金属间化合物材料钛铝合金部件应用于现代航空发动机结构以后，可使现代发动机的结构设计在多方面取得飞跃的变化。金属间化合物钛铝基合金材料具有低密度（3.7～3.9g/cm^3）和较高的使用温度（700～850℃）及优良的高温性能，可替代部分镍基高温合金组件，可用于高压转子压气机盘、高压转子压气机叶片等的制造，因而成为发展高推比发动机不可缺少的结构材料。钛铝合金包套热挤压成形和等温精密锻造成形需要在1200～1350℃高温范围内加工，采用等温精密真空模锻工艺可制备出钛铝合金航空发动机用部件。

钛铝基变形合金的超塑性锻造几乎与陶瓷碳素强化合金同时出现，但由于力学性能和成本方面的原因未得到连续的发展。由于变形热加工性能的限制，采用传统方法来加工钛铝基合金已不可能，因此，钛铝基合金发展转向超塑性锻造、包套精密锻造等，从而扩大了钛铝基合金变形的范围。

我国研究变形TC4、TC6、TC11、Ti811、Ti55钛合金的超塑性精密锻造技术始于1978年，至今主要应用于压气机轮盘、叶片的航空发动机部件上，但是超塑性精密锻造钛铝基合金叶片直到目前未见报道。国外在合金成分和包套挤压、热处理工艺上有突破，因此钛铝基合金的超塑性精密锻造得到快速发展。

钛铝合金锻造状态下的基体是层片状和等轴状的混合显微组织，目前生产合金的典型工艺是“铸造＋包套挤压＋包套锻造”，具体包括以下几步：

（1）熔炼和铸造；

（2）开坯即粗大组织的破碎；

（3）后续热塑性加工工艺。

现已有 3 种冶炼方法被成功地应用在钛铝基合金的生产上，即凝壳感应熔炼(induction skull melting)、真空电弧熔炼(vacuum are melting)和等离子束熔炼(plasma melting)。

凝壳感应熔炼主要用来生产试验室用小直径(75 ~ 125mm)铸锭。

真空电弧熔炼：电弧、等离子束熔炼及凝固过程会在大直径铸锭中造成高的热应力甚至使铸锭开裂。含 46% ~ 48%(摩尔分数)铝的铸态钛铝合金的板条晶粒通常为 100 ~ 300μm。而铝的摩尔分数小于 46% 的合金，因不存在枝晶间 γ 相钉扎 α 晶粒的生长，其铸态板条晶粒较粗大，却明显受冷却速度的影响；如在 ϕ70mm 的 Ti-45.5Al-2Cr-2Nb 合金铸锭中板条晶粒约为 150μm，而 ϕ200mm 的铸锭中板条晶粒则为 700μm。这表明该合金铸态试样组织在 1050℃、10^{-2}/s 应变速率以及在 1250℃、1/s 应变速率下无拉伸塑性。因此，铸态钛铝合金不可能采用常规的热变形工艺。在已研制的多种钛铝化合物合金中，只有美国的 GE 公司研制开发的 Ti-48Al-2Cr-2Nb(摩尔分数/%)合金能在一个较宽的温度和应变速率范围内进行热变形加工。美国的 Textron 特殊材料公司已经制造出 SiC/Ti_3Al 大型件。应用高应变速率锻造设备加工钛铝合金会导致部件结构碎裂，显微组织无法控制，因此，必须采用高温蠕变成形工艺大约 10^{-3}/s 低应变速率对钛铝合金进行等温模锻加工成形。

钛铝合金铸锭坯材不能够直接进行模锻成形应用，需要对铸锭进行碎化合金组织的热加工工艺。成功用于碎化铸造钛铝合金组织的热加工工艺主要有 3 种：包套挤压制坯、真空等温锻造、包套精密锻造。无论是哪种工艺方法，加工前都需要将铸锭进行预热等静压和均匀化热处理。

8.6.1 包套挤压制坯

包套挤压已被成功地应用于热加工钛铝基合金，适合制造有均匀截面且较长的棒材，以及杆状和条状的材料。它是在高温、高应力、高应变速率和较大压力下进行的。热挤压使颗粒有较高的切应变,可以去除颗粒表面的氧化膜,使晶粒细化。合理选择设计钛铝基合金铸锭毛坯外观形状、挤压比值、包套材料、包套外观形状和尺寸、挤压加工温度、模具加热温度、绝缘材料及加工参数,对获得致密均匀的挤压坯件和棒材是至关重要的。挤压时,钛铝基合金这种脆性材料在切应变的作用下很容易在垂直于挤压方向产生裂纹。为了防止表面产生裂纹,包套材料可以选择 304、1Cr18Ni9Ti 不锈钢,温度较高时选用 Ti-6Al-4V 或工业纯钛,也可以采用高温、高塑性材料作为包套。在铸锭毛坯和包套之间选用绝热膜,可以减少包套挤压过程中固有的温度损失,以增加包套材料的抗拉强度,保证包套挤压坯件表面的完整性。

钛铝基合金挤压压力 F 计算一般为:

$$F = CA\ln R = (40 \sim 50)A\ln R$$

式中 C——常数,一般取 40 ~ 50,与变形和流动有关;

A——材料的横截面积;

R——挤压比,它是材料挤压前后的横截面积之比。

挤压比 R 增大,可使材料致密度提高,孔隙分布更均匀,组织更细化,抗弯强度提高。因此,在挤压过程中必须选择合适的挤压温度、挤压速度和挤压比。图 8-9 所示为钛铝基合金包套挤压坯件外观,图 8-10 所示为挤压模具外观。

图 8-9 钛铝基合金包套挤压坯件外观

图 8-10 挤压模具外观

8.6.2 钛铝合金大直径铸锭包套复合挤压工艺试制

研究钛铝合金铸锭包套挤压制坯工艺发现,对其影响最大的是钛铝合金挤压毛坯进入挤压缸后在模膛的快速散热,其材料的物理特性决定了温度快速下降将导致毛坯表面出现裂纹。因此,掌握铸锭包套挤压制坯技术,尽量采用包套铸锭,减少温度损失,这是解决钛铝合金挤压变形的技术前提。采用包套工艺的目的是减轻坯料在工艺操作过程和挤压工艺过程中合金铸锭坯的冷却。由于摩擦阻力及热量散失的影响,要保证坯料和包套的均匀变形,挤压过程中合金棒材表面应得到均匀的覆盖层,这需要严格设计包套厚度,隔热辅助材料应合理配合使用,其他相应工艺参数应正确选择。经过包套热挤压加工的铸锭毛坯棒材剖面外观如图 8-11 所示,获得的均匀细小的钛铝基合金金相组织如图 8-12 和图 8-13 所示。由于包套挤压成形较等温锻造的应变速率明显要高,在相同的形变温度即形变比条件下,包套等温锻造组织要更均匀细化,而且残余板条组织很少,等温锻造变形后试样外观如图 8-14 所示,金相组织如图 8-15 所示。

典型棒材的力学性能见表 8-13,国内外部分金属间化合物的力学性能和物理化学性能见表 8-14。

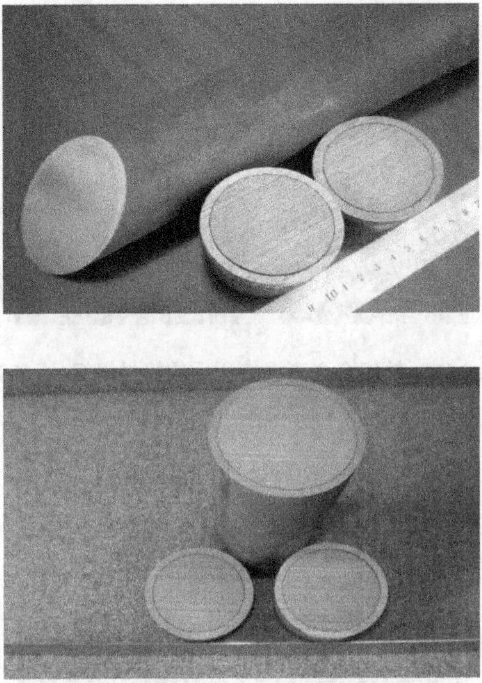

图 8-11　钛铝合金包套热挤压棒材剖面外观

图 8-12　钛铝合金铸锭粗大的原始组织(×500)

图 8-13　钛铝合金高温挤压后的棒材组织(×500)

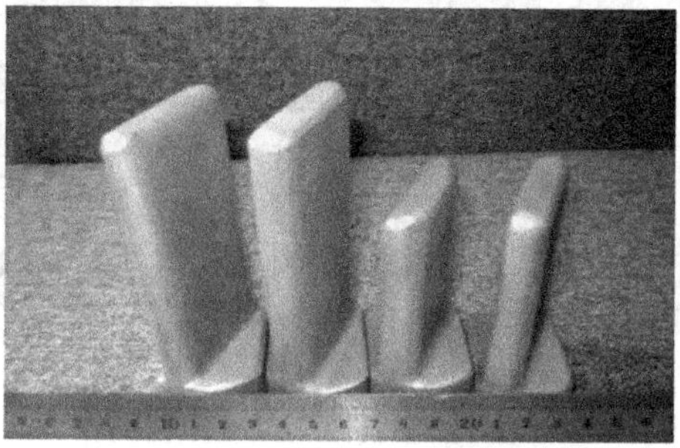

图 8-14　钛铝合金叶片预锻件外观

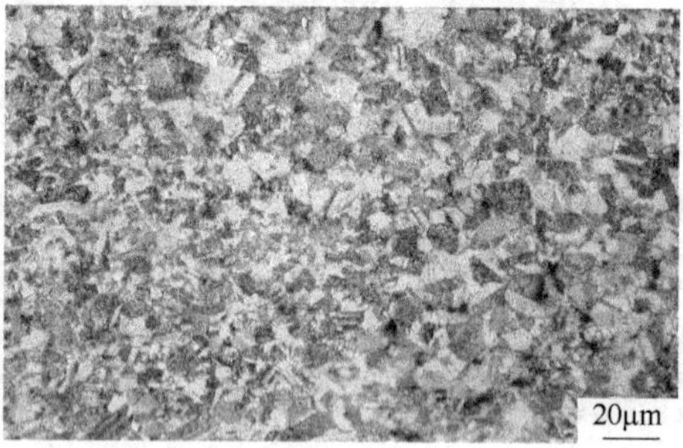

图 8-15　钛铝合金叶片金相组织(×500)

表 8-13 钛铝合金挤压棒材 850℃时的力学性能

力学性能	屈服强度 $\sigma_{0.2}$/MPa	抗拉强度 σ_b/MPa	伸长率 δ_5/%	断面收缩率 ψ/%
α 单相区热处理	480 ~ 520	630 ~ 680	9.0 ~ 11	7.0 ~ 10

表 8-14 部分金属间化合物的力学性能和物理化学性能

类型	NiAl	Ni_3Al	FeAl	Fe_3Al	TiAl	Ti_3Al
结构	B2	L12	B2	DO3	L10	DO19
熔点/℃	1638	1397	1250	1540	1480	1680
密度/g·cm^{-3}	5.9	7.4	5.56	6.72	3.8	4.5
线膨胀系数/℃$^{-1}$	14.0×10^{-6}	16.0×10^{-6}			11.0×10^{-6}	12.0×10^{-6}
室温屈服强度/MPa	175 ~ 200	200 ~ 900	30 ~ 1100	750	400 ~ 775	700 ~ 900
室温伸长率/%	0 ~ 6.0	1.0 ~ 54.0	2.0 ~ 4.0	2.0 ~ 15.0	1.0 ~ 4.0	2.0 ~ 10.0
氧化抗力	好	好	好	好	好	差
工作使用温度/℃					980	820

8.6.3 钛铝合金的等温精密锻造成形技术

钛铝合金的等温精密锻造成形特点是锻件毛坯在成形过程中始终处于蠕变恒应力可控状态,锻件在模具内能得到充分的蠕变成形,应变速率控制速度调节范围最好是在 10^{-2} ~ 10^{-3}/s,变形比为4∶1 ~ 6∶1。钛铝合金客观上不可能有一个较宽的温度和应变速率范围进行热变形。铸态试样组织在 1050℃、10^{-2}/s 应变速率以及在 1250℃、1/s 应变速率下无拉伸塑性。高应变速率热成形加工会导致成形失败,材料失稳,组织碎裂。因此,易采用 10^{-3}/s 低应变速率对钛铝合金进行等温精密锻造成形。

钛铝合金的等温精密锻造成形,是当今世界金属热塑性成形研究的重点之一。对于难变形钛铝合金的锻造成形工艺,需要不断积累经验研究适应该热锻工艺的同时要研究相互适宜的辅助工艺、设备、高温及高强度模具的使用,这样配合才能实现(如真空锻造工艺)。应用"等温精密模锻"工艺试制的钛铝合金叶片外观如图 8-16 所示。钛铝合金构件高温锻造成形属于热加工与高温防护学科的相互结合,属创新范畴,需要解决一系列技术问题,如高温合金模具材料(使用温度在 1200 ~ 1350℃)、模锻时的真空或惰性气体保护、锻模和锻件的润滑防护等。

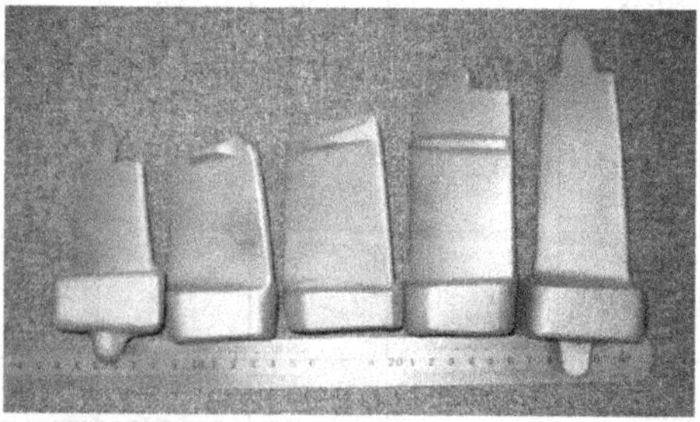

图 8-16　钛铝合金"等温精密模锻"叶片外观

9 等温锻造

9.1 概述

9.1.1 钛合金等温锻造的发展背景

9.1.1.1 钛合金锻件尺寸精化

钛合金有非常高的强度,小的密度,良好的耐腐蚀性。钛合金作为耐腐蚀材料大量应用于化工工业,也成为航空航天领域不可或缺的高比强度的金属材料。钛合金的大量应用对提高发动机的推重比、提高飞机的飞行速度和战斗特性都起到了特别重要的作用。而钛合金锻件大多用于航空工业。现在钛合金在飞机上得到了越来越多的应用。如在苏-27中钛合金用量达飞机总质量的18%,在美国第四代战斗机F-22上,钛合金用量达41%。作为我国国防的重要力量,第四代战斗机和大型军用运输机中钛合金用量也很大。大型民用飞机中钛合金的用量也是越来越大。世界大型飞机钛用量随年代的变化如图9-1所示。

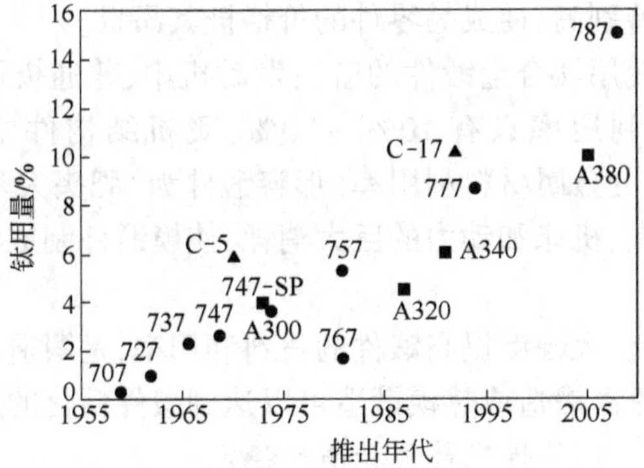

图 9-1 世界大型飞机钛用量随年代的变化

航空锻件占飞机、发动机金属材料消耗定额的1/3或一半以上，锻件制成的零件质量约占飞机结构零件总质量的20%～40%，占发动机结构零件总质量的30%～50%。由此说明，锻件在飞机、发动机研制生产中占有重要地位及很大作用，同时还说明，航空锻件及其所用的金属材料对飞机、发动机的研制生产周期以及飞机、发动机的性能、寿命、可靠性和经济性都有十分重要的影响。

航空锻件属于小批量生产，品种繁多，变化快，而且不具有在各种型号航空产品上应用的通用性。尽管每一种航空产品的批量少，但产品定形后各种锻件必须是模锻件，以保证锻件生产的优质稳定。航空锻件成本对飞机、发动机成本和价格有重要影响。

钛合金是价格非常昂贵的金属材料，又属于难加工的材料。这里所讲的加工包括热加工和机械加工。由于航空航天的特殊需要，对材料的性能有特别高的要求，变形的温度只能在一个较低的狭窄的范围进行，造成变形抗力很大。模锻常用模锻锤、对击锤、机械压力机、摩擦压力机、螺旋压力机、液压机等。通常模锻只能锻成粗锻件，一般来说，其加工余量为6～12mm，大型锻件加工余量甚至更大，其圆角、公差、表面光洁度和表面完整性都比较差。钛合金的强度高，弹性模量低，导热性差，化学性能活泼，这使其机械加工性能特别差，要求加工机床刚度大，加工速度必须慢，所以机加工费用特别高，使成品零件的价格极其昂贵。

在大量使用钛合金锻件的航空发动机中，普通模锻的钛合金锻件的金属利用率只有10%～20%，飞机结构件中甚至低于10%，如此低的金属材料利用率（形容锻件为“肥头大耳”）造成材料、工时、工具、机床和动力的巨大消耗，使模锻件制成的零件价格很高。

锻件精化，大幅度提高锻件的材料利用率，是锻造工程技术人员的责任。等温锻造或热模锻造可以达到锻件精化的效果。

9.1.1.2　锻件性能最佳和高度稳定

尽一切可能降低每一克质量是航空、航天产品设计的原则，因此,希望锻件性能稳定地达到材料的最高水平。钛合金锻件冶金质量不容易控制,锻造的参数对钛合金的性能影响非常敏感,工艺参数的小小波动往往造成锻件性能比较大的波动。普通模锻是多火次、多次打击的方法成形,锤锻时往往一火次打六七下甚至十几下,每次打击的力量往往由操作工凭经验掌握,打得太轻,变形不够,要增加火次,打得太重,锻件升温太高,会造成锻件组织性能不合格而报废。因为锻造做的功大约95%转变为热量,在应变速率相当高的普通锻造中,大部分的变形功不均匀地提高了锻件的局部温度。在绝热条件下(普通锻造过程一般可近似地看做绝热过程),热量没有损失,其温度的升高取决于锻件材料。在相同变形条件下,钛合金因为导热性低,锻件的温升约为钢的2.5倍。温升造成了锻件不同部位的变形量不同,组织性能不同,因此,应变速率相当高的普通锻造对钛合金很不利。普通锻造工艺参数的不精确性使锻件性能一致性较差,以至于设计不能采用材料的最佳性能指标,从而增加了零件的重量。

有的钛合金牌号,如TC17,普通锻造工艺参数的不精确性造成组织和性能不能达到该材料的最低要求,因而无法生产。随着大型整体叶盘,尤其是双性能叶盘需求的提出,普通模锻就更加无能为力了。

锻造生产工艺参数精确控制是多年来锻造工作者不断努力的又一个方向。

9.1.1.3 锻件大型、超大型化

为了进一步提高飞机的性能,航空发动机的推重比越来越高,必须尽一切可能降低每一克质量。以往采用由小锻件连接的一些大部件将尽可能改用整体的结构形式,这可以明显提高结构的刚性和减轻重量。如航空发动机的钛合金压气机盘和叶片通常用榫头进行连接,新的设计改成整体结构,即把叶片和盘件做成一个整体,总重量可以减轻20%。但整体锻件的投影面积和重量将增加一倍多。由于焊接技术难度很大,因此更希望做成大锻件。

随着飞机的发展,制造钛合金特大型锻件的需求更加迫切。

战斗机机身的钛合金框由6~7件组装而成(见图9-2)。其最大外形尺寸达1680mm×1450mm×100mm,总投影面积约为$1m^2$,质量高达350kg。飞机框做成整体件,强度和刚度比多件连接结构要高得多。

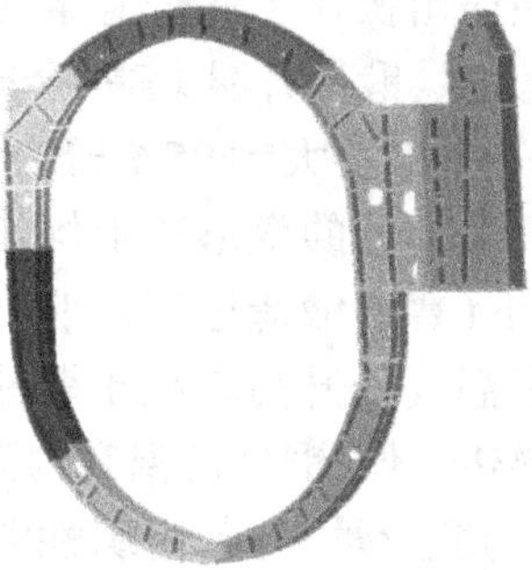

图9-2　飞机框(外廓尺寸:1680mm×1450mm×100mm)

俄罗斯在大型飞机起落架上用的整体钛锻件也非常大,长超过3m,重达1.5t,是在75kt水压机上生产的(见图9-3)。

图9-3　俄罗斯生产的钛合金大锻件

美国报道了带有双发动机舱孔的整体框架锻件,材料是Ti-6Al-4V,投影面积为$5.53m^2$,模锻件重2976kg,零件质量143.8kg,材料利用率为4.83%,机加工时间大于6个月。在45kt

水压机上生产(见图 9-4)。还有很多其他的特大钛合金锻件,如图 9-5 所示。

图 9-4 F-22:Ti-6Al-4V 加强框

随着我国经济的飞跃发展,大型钛合金锻件的需求越来越多。如飞机的整体框、发动机的大型整体叶盘和双性能叶盘、燃汽轮机和汽轮机的大型叶片及大型盘,投影面积在 0.5 ~ 5m^2,质量在 300 ~ 2000kg。特大型钛合金锻件的生产技术是必须解决的重大技术关键。我国现有的锻压设备是无法生产特大型钛合金锻件的。国外用 45 ~ 75kt 的液压机生产这种特大锻件。俄罗斯拥有世界上最大的模锻设备:750MN 即 75000t 模锻水压机;法国拥有 650MN 即 65000t 模锻水压机;美国拥有 450MN 即 45000t 模锻水压机。我国除了建造昂贵的 80 ~ 100kt 的大型液压机生产大锻件外,另一种方法是直接用厚板加工出大锻件。现在我国可以生产厚板的轧机有很多,但是具备生产钛合金厚板技术的企业只有宝鸡钛业股份公司和上海宝钢集团。在飞机设计的初期, 直接用厚板加工出

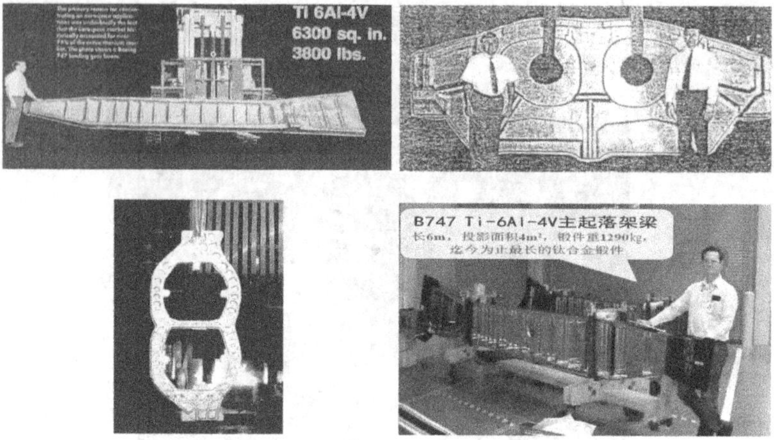

(a)

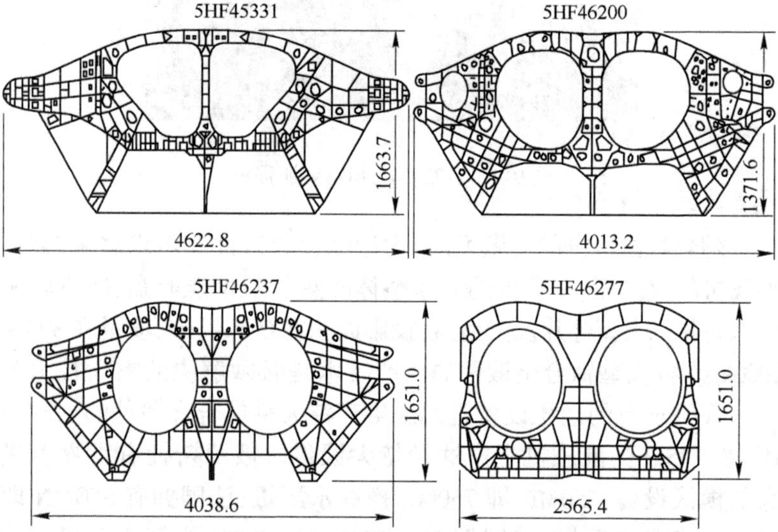

(b)

图 9-5　特大钛合金锻件

(a)飞机的超大锻件;(b)Ti-6Al-4V ELI(TC4-DT)损伤容限型钛合金制造的F/A-22 中机身大型整体承力框锻件(占总机身质量约 35%)(最大锻件投影面积达 5.53m^2,最大轮廓尺寸为 4.6m×1.6m)

大锻件可以很快生产出钛合金零件,可以加快研制的进度,但是这种方法的材料利用率很低,约是锻件的1/4,用于生产是很不经济的,而且厚板的力学性能不及模锻件好,不能充分发挥材料的潜能,不利于飞行器的减重。

等温锻造技术提供了新的办法。等温锻造是利用钛合金的超塑性特性发展起来的新技术,它将模具加热到锻件的锻造温度,慢速变形,避免了模具的激冷,可以生产精密锻件,整个锻造过程可以对锻压各主要参数精确控制,因此锻件的性能可以在最高的水平,锻件的质量更稳定、更可靠。特别是同样的锻件等温锻造所需要的锻压吨位只有普通锻造的1/5～1/10,可以用相对小的压力锻造更大的锻件。实践经验表明,1～1.5m^2的钛合金锻件用100MPa的等温锻造液压机就可以整体锻造出精密锻件,如图9-6所示。

图9-6　等温锻造TA15钛合金整体框(锻件投影面积为1.3m^2)

9.1.2　钛合金等温锻造在我国的发展

20世纪70年代初,我国不少高校和科研单位开展了金属的超塑性研究,并很快进入了等温锻造技术研究,取得了很好的效果。北京机电研究所在70年代后期开展的钛合金涡轮盘的精密锻造取得了突破。涡轮材料为 TC4，直径 101.6mm，带有 72 个轴向小叶片，通道间隙 1.8mm，叶片高度有 3.2mm 和 6mm 两种。锻件在占全部机械加工工时 90% 的叶形部分不留加工余量，锻后喷砂。其余部分如叶片顶面、盘体、轴套凸台等部分留有适当余量。该锻件首先投入了批量生产。该成果用 ϕ101.6mm × 7mm 的饼一火次锻成涡轮盘。这揭示了钛合金在超塑性条件下具有惊人的变形能力，可以用全新的观念设计锻造过程。

80 年代初，上海钢铁研究所(现为宝钢股份特殊钢事业部，简称宝钢)用一块矩形饼一次锻成了钛合金喷嘴壳体精密锻件(0.45kg)，用一段圆棒一次锻成空心作动筒筒体(1.5kg)，并投入批量生产，如图 9-7 所示。这开创了等温锻造航空用钛合金精密锻件的先河。

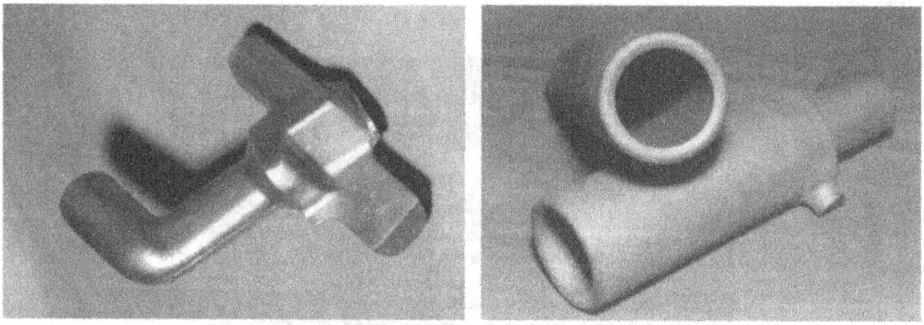

(a)　　(b)

图 9-7　TC4 钛合金喷嘴壳体和 TC6 钛合金空心作动筒筒体

(a)喷嘴壳体；(b)空心作动筒筒体

90 年代，宝钢用 3000t 压机开发了多种钛合金风扇盘(ϕ510mm，25 ~ 40kg/个)，比原普通锻件减重 30% ~ 50%。锻成了普通锻造无法生产的 ϕ420mm × 450mmTC4 空心轴颈锻件、ϕ110mm × ϕ90mm × 820mm TC11 空气导管、ϕ730mm × 420mm 机匣锻件(投影面积 0.48m^2)、β 锻造 ϕ720mm TC17 风扇盘等等温锻件。

21 世纪初，宝钢锻成最大直径 1.1m、质量 550kg 的 TC17 双性能盘以及投影面积 1.3m^2 的整体框精密锻件，材料利用率达21%。

我国陕西宏远航空锻造有限责任公司、贵州安大航空锻造有限责任公司等厂也成功生产了类似的锻件。

我国各厂建立了等温锻造生产线，配备的等温锻造专用压机有500t、800t、2000t、3000t（3150t）、5000t、6000t（6300t）、8000t、10000t，正在建设20000t，主要生产钛合金等温锻件。

9.1.3 钛合金等温锻造特性

9.1.3.1 等温锻造时的慢变形速率

等温锻造时的慢变形速率使钛合金具有极低的变形抗力及高伸长率。金属超塑性是部分金属具有的奇异特性。超塑性分为细晶超塑性和相变超塑性两类。在细晶超塑性条件下，其力学特性符合式(9-1)：

$$\sigma = k\dot{\varepsilon}^{m} \tag{9-1}$$

式中 σ——流变应力；

$\dot{\varepsilon}$——应变速率；

m——应变速率敏感系数。

式(9-1)表明金属材料在超塑条件下金属的流变应力 σ 随着应变速率的下降而下降。

对钛合金进行研究，结果表明($\alpha + \beta$)钛合金经过两相区足够的变形就能得到小于 10μm 的细晶组织，钛合金还有非常好的超塑性。

图9-8～图9-10所示为TC4钛合金超塑拉伸的结果。可以看出，TC4钛合金细晶状态在850～920℃有很好的超塑性，最大伸长率达1500%，随晶粒组织的粗化，最大伸长率下降。铸态组织伸长率最低，只有150%。同时，流变应力随晶粒组织的细化而降低，细晶组织的流变应力不到20MPa。还可以看出，随变形速率下降，TC4钛合金伸长率明显提高，流变应力明显下降，当应变速率降到 $5.2\times10^{-4}s^{-1}$、温度为950℃时，流变应力只有13MPa。

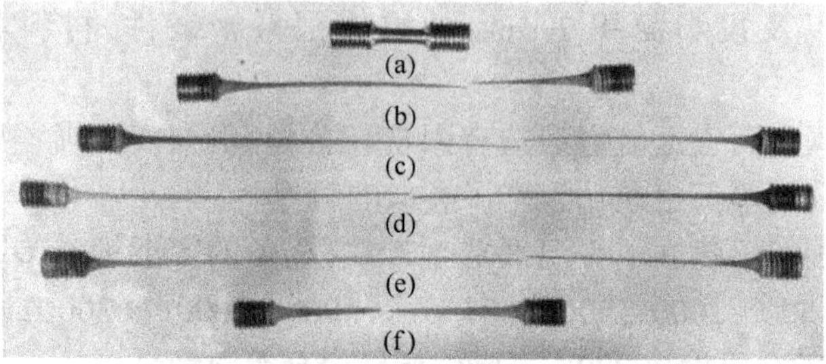

图 9-8　TC4 钛合金在不同温度慢速拉伸试样

(a)原始状态；(b)800℃拉伸；(c)850℃拉伸；(d)900℃拉伸；(e)920℃拉伸；(f)950℃拉伸

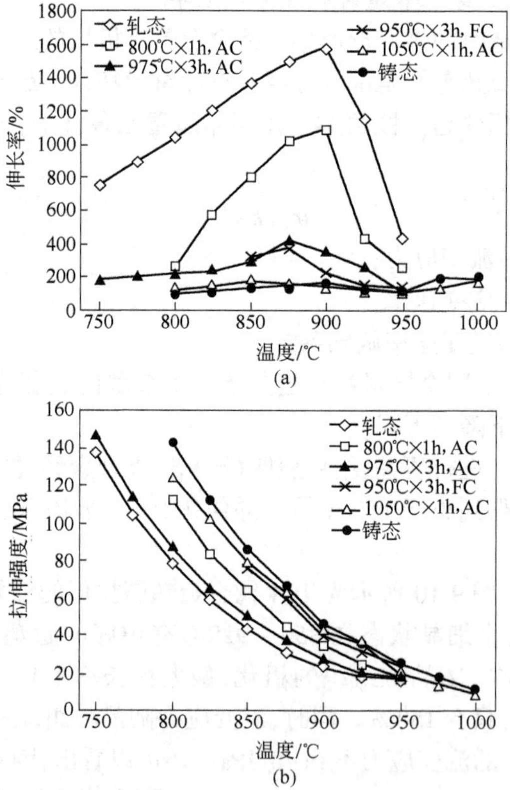

图 9-9　温度对 TC4 钛合金拉伸特性的影响

(AC 为空冷，FC 为炉冷)

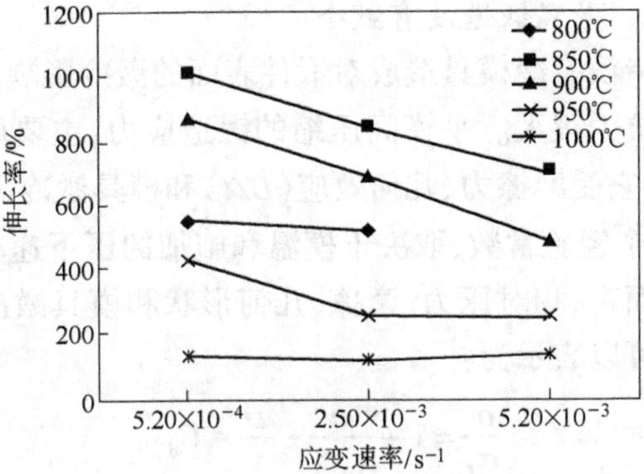

(a)

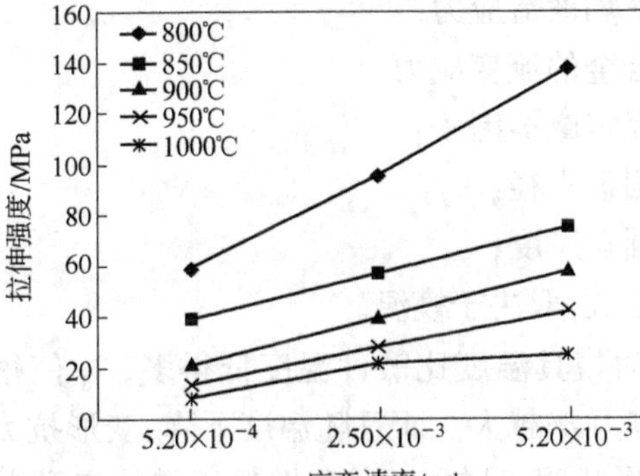

(b)

图 9-10 TC4 钛合金应变速率对拉伸特性的影响

各种锻压设备上普通锻造时金属的应变速率 $\dot{\varepsilon}$ 见表 9-1，普通锻造时的应变速率相比超塑性锻造时的应变速率要高得多，因此，钛合金材料普通锻造时的流变应力比超塑性锻造时要高得多。

表 9-1 各种锻压设备上普通锻造时金属的应变速率 $\dot{\varepsilon}$

锻压设备名称	应变速率 $\dot{\varepsilon}$ /s^{-1}	锻压设备名称	应变速率 $\dot{\varepsilon}$ /s^{-1}
高速锤	200 ~ 1000	液压机	0.03 ~ 0.06
锻锤	10 ~ 250	等温锻专用液压机	0.0001 ~ 0.1
螺旋压力机	2 ~ 10	材料试验机	0.001 ~ 0.03
曲柄压力机	1 ~ 5		

9.1.3.2　等温锻造没有激冷

等温锻造没有冷模具造成对锻件表面的激冷影响。钛合金在锻造时变形抗力很大。平模间压缩的锻造应力，主要取决于合金的流变应力、它受摩擦力、几何效应（D/t）和模具激冷因素（C_d）影响。C_d 是一个经验常数，取决于模温和施加的压下速率。对实心圆盘的锻造而言，相对压力、摩擦、几何形状和模具激冷效应之间的相互关系可以表示为：

$$\frac{\sigma}{\sigma_f} = 1 + \frac{m}{3\sqrt{3}} \cdot \frac{D}{t} + C_d \tag{9-2}$$

式中　σ——平均锻造应力；

σ_f——合金的流变应力；

m——固定摩擦因子；

D——圆盘直径；

t——圆盘厚度；

C_d——常数，取决于模温。

普通锻造时模具温度比锻件温度低得多，C_d 值很大，锻件越精密，t 越小，应力 σ 越大。而且随温度下降，变形抗力明显增加，表面低温层的影响明显增加。普通锻造所需的变形应力为 400 ~ 600MPa，精锻所需的变形应力达 500 ~ 1000MPa。如此大的应力对模具材料是很大的考验，大应力变形会造成模具局部升温而软化，使模具寿命降低，这是严重限制模锻精化的重要原因。对大的锻件来讲，要求有特别大的变形力，如锻件的轮缘或筋较高，锻造就更困难了，精密锻造就无法实现。

在超塑性下变形，必须满足的条件是锻件保持在一个较窄的温度范围，以很慢的速度变形，整个变形时间长达 3 ~ 60min。只有模具温度等于锻件温度时才能在很慢的变形速度下锻件温度不变，这就是等温锻造。等温锻造时不存在表面低温层，即 $C_d \approx 0$，再加上慢速变形，σ_f 不到普通锻造的 1/3，等温锻造需要的变形应力为 70 ~ 150MPa，只有普通锻造的 1/5 ~ 1/10。

9.1.3.3 小余量和无余量的精密锻造

等温锻造可以实现小余量和无余量的精密锻造。变形死区是锻造中难以避免的现象，是造成锻件中组织不均匀的重要原因。无论是制坯过程还是模锻中，模具的制冷作用都强烈影响工件与模具接触的表面，再加上摩擦力，使工件表面的低温层变形量特别低，无法破碎原有的粗晶。为了减少粗晶对零件的影响，加大余量，将这些不良组织在后步工序中加工去除是经常采用的一种办法，这样就不可避免地增加了金属消耗，这也是普通锻造难以实现精密锻造的原因之一。

图 9-11 所示为不同锻造方法镦粗后的 Ti6242 钛合金宏观组织的低倍照片。由图 9-11 可以看到，常规的锻造都有明显的死区，而等温锻造和热模锻造避免了模具的激冷，几乎看不到死区，没有死区才能使精密锻造真正实现。

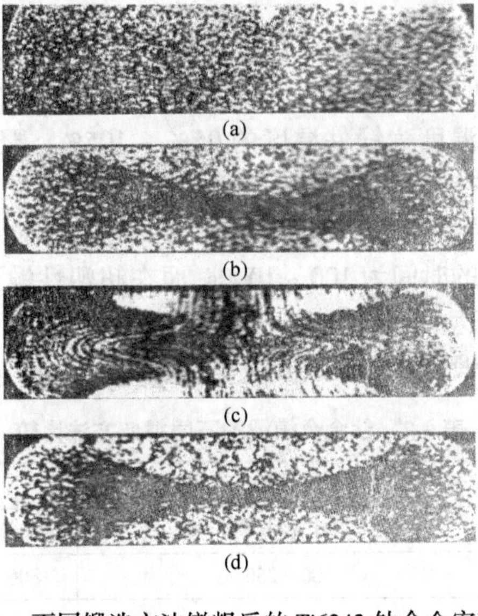

图 9-11 不同锻造方法镦粗后的 Ti6242 钛合金宏观组织

(a)等温锻造/热模锻造；(b)温模锻；(c)传统锻造(β 预成形)；

(d)传统锻造((α + β)预成形)

9.1.4 普通锻造、热模/等温锻造和超塑性锻造

不同锻造方法模具和锻件的温度状态如图 9-12 所示。

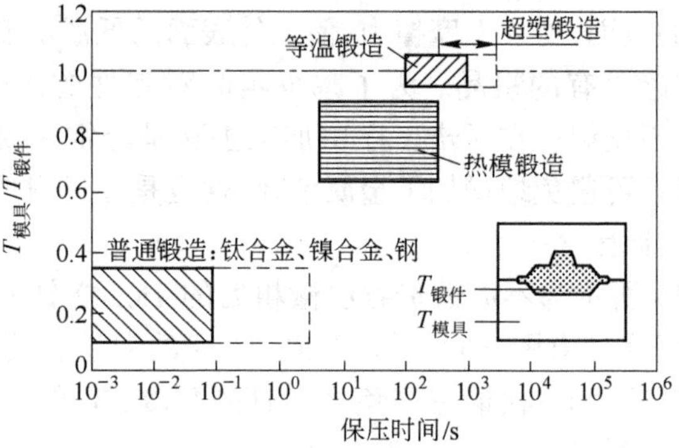

图 9-12 不同锻造方法模具和锻件的温度状态

从图 9-12 中可以看到：普通锻造时模具温度为锻件温度的 10% ~35%，热模锻造时模具温度为锻件温度的 60% ~90%，等温锻造时模具温度为锻件温度的 95% ~105%。还可以看到：普通锻造压力保持的时间通常小于 0.1s，大型水压机压力保持的时间可能有几秒钟，热模锻造时压力保持的时间为 5 ~300s，等温锻造时压力保持的时间为 100 ~1000s，而在超塑性锻造时压力保持的时间可能长达 1h。

钛合金模锻的不同锻造方法比较见表 9-2。

表 9-2 钛合金模锻的不同锻造方法比较

锻造方法	普通锻造	等温锻造
模具材料	热作模具钢	铸造高温合金
模具温度/℃	100 ~250	800 ~950
模具加热装置	无	电加热，带自动控制温度和加热冷却速度装置

续表 9-2

锻造方法	普通锻造		等温锻造
锻造设备及成形速率/s^{-1}	高速锤	200~1000	油压机,约 0.0001
	锻锤	10~250	
	螺旋压力机	2~10	
	曲柄压力机	1~5	
	液压机	0.03~0.06	
顶出装置	无		配有多点上下顶出的液压垫,顶出力和顶出速度可控
锻造力	螺旋压力机、液压机可控		锻造力和回程力控制
锻造速度控制	无		0.02~10mm/s,可控
保压时间/s	0.001~5		100~3600
锻件精度	粗锻、半精锻		精密锻
换模时间	快		慢
生产批量	小批量~大批量		小批量
锻造变形应力/MPa	普通锻 400~600, 精锻 500~1000		70~150

9.1.5　钛合金等温锻造的经济性

钛合金等温锻造的经济性是影响其能否大量应用的重要问题。钛合金等温锻件需要锻压设备小,锻件精度高,机加工少,性能高,性能稳定,这是长处,但是模具材料昂贵,生产效率低,这是短处。

如果精心设计等温锻件和整个锻造工艺,扬长避短,完全可以做到钛合金等温锻件的成本与普通锻件的成本相当,甚至更低。实践表明,采用无飞边闭式精密锻造与普通锻造相比可以降低材料消耗 30%~60%。锻造操作次数减少,以最短的生产工序可以降低生产费用,这证实了等温锻件成本比普通锻件的成本甚至更低。

9.1.6　热模/等温锻造的优点

热模/等温锻造的优点是:

(1)可生产近净形锻件。热模/等温锻造的变形抗力低,塑性好,金属的可锻性可以达到最大,不存在表面低温层,锻件形状可以更精密,材料利用率大大提高,后续机械加工工时大大减少,实现良好的经济性。

(2)锻件的组织和性能可以最优化。等温锻造时锻件各部位变形均匀,锻造工艺参数容易精确控制,所以锻件的显微组织可以达到最理想的状态,从而得到最好的性能水平,并且锻造工艺重复性最好,锻件的性能非常稳定。

(3)可生产大型和特大型锻件。热模/等温锻造时不存在表面低温层,金属变形抗力接近材料的真实塑性性能,慢速变形使材料的流变应力很低。工件与模具间还有一层润滑层,使摩擦力降到最低,通常热模/等温锻造变形所需压力只用常规模锻 1/5 ~ 1/10 的吨位,实现了小设备生产大锻件。等温锻造仅用 3000t 压力就生产了投影面积达 0.48m^2 的精锻件,如用普通锻造,10000t 压力都有困难。等温锻造仅用 10000t 压力就生产了投影面积达 1.3m^2 的精锻件,如用普通锻造,至少需要 80000t 压力。这为钛合金大型锻件的生产提供了一条新的技术路线。

9.2　等温锻造模具材料和工艺

9.2.1　模具材料

模具材料采用铸造高温合金。

9.2.1.1　铸造高温合金选择

等温锻造的基本方法是把模具的温度保持在锻件的变形温度。锻件的变形速度相当慢,整个锻造时间处于 2 ~ 20min 之间,甚至可达到 1h。不同牌号钛合金的锻造温度为 750 ~ 980℃,在如此高温下应该选择什么材料作为模具是很重要的问题。

能够具有 750 ~ 980℃高温强度的材料应该是镍基高温合金。几种高温合金的化学成分见表 9-3,几种高温合金的典型高温拉伸性能见表 9-4 ~ 表 9-9 和图 9-13。

表 9-3　几种高温合金的化学成分　　（%）

牌号	C	Cr	Mo	W	Co	Ti	Al	Fe	B	Zr	V	Nb	Ce	Ni
K417（IN100）	0.13～0.22	8.5～9.5	2.5～3.5		14～16	4.5～5.0	4.8～5.7		0.012～0.022	0.05～0.09	10.6～10.9			基
K403	0.11～0.18	10.0～12.0	3.8～4.5	4.8～5.5	4.5～6.0	2.3～2.9	5.3～5.9	≤2.0	0.012～0.022	0.03～0.08			0.01	基
K405	0.11～0.18	9.5～11.0	3.5～4.2	4.5～5.2	9.5～10.5	2.0～2.9	5.0～5.8	≤0.5	0.015～0.026	0.05～0.10				基
IC6	≤0.2		13.5～14.3				7.4～8.0	≤1.0	0.02～0.06					基
MAR-M-200	0.15	9		12.5	10	2.0			0.015	0.05		1.8		基
GH4049	0.04～0.10	9.5～11.0	4.5～5.5	5.0～6.0	14.0～16.0	1.4～1.9	3.7～4.4	≤1.50	0.025		0.20～0.50		≤0.02	基
GH4220	≤0.08	9.0～12.0	5.0～7.0	5.0～6.5	14.0～15.5	2.2～2.9	3.9～4.8	≤3.0	≤0.02		0.25～0.80		≤0.02	基

表 9-4　高温合金 K417(IN100)、K403、IC6 的典型高温拉伸性能

温度 /℃	K417 (IN100)				K403				IC6			
	$\sigma_{p0.2}$ /MPa	σ_b /MPa	δ /%	ψ /%	$\sigma_{p0.2}$ /MPa	σ_b /MPa	δ /%	ψ /%	$\sigma_{p0.2}$ /MPa	σ_b /MPa	δ /%	ψ /%
700	775	1000	13.0	20.0		1000	4.0	11.0	995	1090	8.5	21.0
750						935	3.5	8.5				
760									1100	1180	6.5	17.0
800	880	975	9.0	15.0		990	3.5	4.5	1240	1280	1.6	4.5
850	690	875	9.0	15.0		980	3.0	5.0	1040	1110	3.0	7.5
870									950	1040	10.0	14.5
900	640	745	10.0	15.0		835	4.0	5.5	925	1000	4.0	9.5
950	440	545	8.5	18.0		700	5.0	8.5	765	840	10.0	22.0
1000	425	490	10.0	20.0		540	3.0	3.0	640	720	25.0	32.0
1050									520	585	26.0	32.0
1100									395	500	32.0	45.0
1150									280	310		53.0

表 9-5　高温合金 GH4049、GH4220 的典型高温拉伸性能

温度/℃	GH4049				GH4220			
	$\sigma_{p0.2}$/MPa	σ_b/MPa	δ/%	ψ/%	$\sigma_{p0.2}$/MPa	σ_b/MPa	δ/%	ψ/%
700	994	9	11					
750						1006	11	13
800	942	10	11		726	957	9	10
850					662	824	10	11
900	663	17	21		559	702	14	19
950						564	18	19
1000					304	427	20	13

表 9-6　K403 合金的高温持久性能

试样状态	温度/℃	σ_{100}/MPa	σ_{300}/MPa	σ_{500}/MPa	σ_{1000}/MPa	σ_{2000}/MPa	σ_{3000}/MPa
标准热处理	700	718	652				
	800	508	443				
	900	314	261				
	1000	165	129				
铸态	700	749	696	671	638	606	587
	800	524	452	429	398	368	351
	900	298	285	236	212	190	178
	1000	151	122	110	95	81	74

表 9-7　IC6 合金的高温持久性能

温度/℃	σ_{100}/MPa	σ_{200}/MPa	σ_{500}/MPa	σ_{1000}/MPa	σ_{2000}/MPa
700	952	915	862	822	784
800	660	610	540	490	440
900	385	336	270	220	170
1000	180	150	120	96	80

表 9-8　变形高温合金 GH4049、GH4220 的高温持久性能

材料	温度/℃	σ_{100}/MPa	σ_{300}/MPa	σ_{500}/MPa	σ_{1000}/MPa	σ_{2000}/MPa	σ_{3000}/MPa
GH4049	700	742	693	633	591	552	504
	800	470	425	372	336	304	266
	900	241	203	153	123	100	75
	1000	69					
GH4220	700	755					
	800	471	402		363	333	
	900	265	196		167	147	
	1000	88					

表 9-9　K403 合金铸态的高温蠕变性能

试样状态	温度/℃	σ/MPa	100h 的蠕变量/%		$\sigma_{0.2/100}$/MPa
			ε_t	ε_p	
铸态	750	382	0. 288	0. 048	
	800	353	0. 355	0. 141	392
		373	0. 373	0. 140	
		382	0. 446	0. 174	
		392	0. 467	0. 205	
	900	186	0. 325	0. 195	190
		196	0. 367	0. 221	

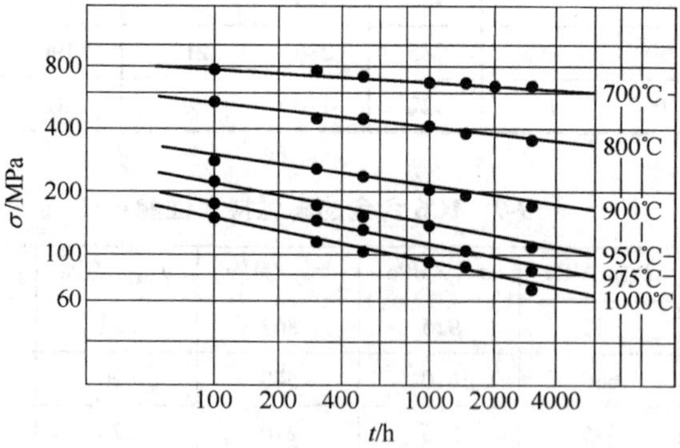

图 9-13　K403 合金铸态的持久应力 – 寿命曲线

由上述高温合金的性能可以知道,变形高温合金的强度,尤其是900℃以上的长期高温性能明显低于铸造高温合金。等温锻造模具主要是长期高温受力状态,长期高温性能特别重要。因此等温锻造模具应该选择铸造高温合金。

另外,高温合金的切削加工性能特别差,通常采用制成模块再切削加工生产模腔的方法,这种方法耗费工时,无法进行生产,因此,减少高温合金的切削加工量变得十分重要。采用铸造出型腔的方法生产等温锻造模具,可以大大减少高温合金的机械加工量,这成为钛合金等温锻造模具的重要方法。

铸造高温合金模具在美国多采用IN100(我国近似牌号为K417)和MAR－M200铸造高温合金。

IN100(K417)中的铝和钛含量较高,它们所形成的$\gamma'[Ni_3(Al,Ti)]$强化相占合金质量的87%,因而高温强度高,塑性也较高,适于制造950℃长期工作的航空发动机转动件,也适于制造相应温度工作的等温锻造模具。但该合金的组织稳定性较差,特别是当成分偏上限或铸造工艺参数控制不当时。如铸件在850～950℃长期工作时,有σ相析出的倾向。

IN100(K417)合金的强度不但能满足钛合金在760～980℃之间等温锻造对模具强度的要求,而且在该温度范围内的塑性也很好,这对于模具寿命很有利,应该说该合金是一个很好的钛合金等温模锻模具材料。

美国采用IN100合金已成功地浇铸出640kg的模块,并成功地用在980℃温度下等温锻造Ti-6Al-6V-2Sn合金盘锻件。

我国多采用K403(与俄罗斯的ЖС6К相近)铸造高温合金作为钛合金等温锻造模具材料。该合金用铝和钛等多种金属元素强化,其主要强化相为$\gamma'[Ni_3(Al,Ti)]$,具有高的高温强度,适于制造900℃温度下长期工作的航空发动机转动件和1000℃温度下工作的涡轮导向叶片;该合金的铸造工艺性较好,也适于制造相应温度工作的等温锻造模具。当合金中铬、铝、钛和钼的含量偏上限时,在850℃长期时效中有σ相析出的倾向。此外,该合金的抗腐蚀性也较差,长期在高温下使用时,需要涂防护涂层。

K403 合金的高温强度高于 IN100(K417)合金,但其塑性远低于 IN100(K417)合金。

我国采用 K403 铸造高温合金生产了最大的 8500kg 的模块,等温锻造 TA15 钛合金框尺寸达到 1.5m × 1.3m,投影面积达 1.3m²。

有的单位也曾经采用 K21 铸造高温合金,该合金的高温强度高于 K403 合金,但其铸造工艺性能差,铸造大尺寸的模块时极易产生疏松和缩孔等铸造缺陷,甚至在铸件冷却过程中也会因热应力过大而开裂。

Ni_3Al 金属间化合物合金 IC6 的高温强度优于 IN100(K417)和 K403 合金,但其抗氧化性能差。铸造工艺性能差。如果解决其抗氧化涂层并改进其铸造工艺,IC6 将是一个很好的高温模具材料。

9.2.1.2　铸造高温合金的熔炼

高温合金应该真空冶炼浇铸。如果非真空重熔浇铸铸件,高温性能会大大降低。真空与非真空重熔的铸件的化学成分见表 9-10,真空与非真空重熔的铸件的力学性能见表 9-11。

9.2.2　模具的工艺性设计

模具材料必须用铸造高温合金,模具结构设计不能像普通锻造用变形模具材料的方法来设计,必须按照铸件设计要点和铸件的工艺性来设计。

铸造成形的工艺过程是:首先制造一个形状、尺寸与所需零件相应的铸型型腔,然后将液态金属充填入型腔,待其冷却凝固后获得零件(称为铸件)。

凝固成形的方法很多,根据金属液充填进铸型方法的不同可分为重力铸造(液态金属靠自身重力充填型腔)、低压铸造、挤压铸造、压力铸造(液态金属在一定的压力下充填型腔)等。根据形成铸型材料的不同,可分为一次型(如砂型铸造、陶瓷型铸造、壳

表 9-10 真空与非真空重熔的铸件的化学成分 （%）

牌号	冶炼条件	C	Cr	Al	Ti	Co	Mo	W	Nb	Zr	Ta	B	Mn	Fe	S	P	Si
K409	真空	0.08 ~ 0.13	7.5 ~ 8.5	5.75 ~ 6.20	0.85 ~ 1.20	9.5 ~ 10.5	5.76 ~ 6.25	≤0.10	≤0.10	0.05 ~ 0.10	4.0 ~ 4.5	0.01 ~ 0.02	≤0.20	≤0.35	≤0.015	≤0.03	≤0.25
	非真空	0.11	8.1	6.01	1.09	9.51	6.02	0.17	0.04	0.07	4.14	0.015	<0.01	0.32	0.002	0.005	0.25
K419	真空	0.09 ~ 0.14	5.5 ~ 6.3	5.3 ~ 5.7	1.1 ~ 1.5	11 ~ 13	1.7 ~ 2.3	9 ~ 10.5	2.5 ~ 3.7	0.04 ~ 0.10		0.05 ~ 0.10					
	非真空	0.12	6.46	5.62	1.28	9.96	2.18	10.5	2.74	0.11		0.01	<0.01	0.90	0.003	0.003	0.16

表 9-11 真空与非真空重熔的铸件的力学性能

牌号	冶炼条件	室温				900℃			950℃			持久		
		σ_b /MPa	$\sigma_{0.2}$ /MPa	δ /%	ψ /%	σ_b /MPa	δ /%	ψ /%	σ_b /MPa	δ /%	ψ /%	T /℃	σ_b /MPa	τ /h : min
K409	真空	1110		13.3	14.5	900	9.5	11.5	730	9.5	11.5	980	208	61 : 48
	非真空	1060	1010	6.5	12.5	620	脆断	脆断	430	脆断	脆断	980	208	4 : 15
		1070	1030	7.0	13.5	650			340					
K419	真空	918		4.0	8	890	2	4	715	1.0		950	265	119
		1070		5.0	12	920	3.7	8	755	1.8				141
	非真空	1110	1090	3.0	8.0	515	脆断	脆断	375	脆断	脆断	950	265	26 : 45
		1120	1100	4.5	4.5	555			445					13 : 30

型铸造）和永久型（如金属型铸造）。对于砂型铸造，型砂黏结剂不同，有黏土砂、树脂砂、水玻璃砂等。根据造型方法不同，有手工造型和机械造型。此外，对于一些特殊的凝固成形件，还可采用连续铸造（等截面长铸件）、离心铸造（四筒形铸件）、实型铸造、熔模铸造等方法。

液态合金材料的结晶与凝固是铸件形成过程的核心问题，它在很大程度上决定了铸件的铸态组织及某些铸造缺陷的形成，因为材料一旦凝成固体后，在后续的其他加工中几乎无法使其品质有本质上的改变，所以冷却凝固对铸件质量，特别是铸件力学性能起着决定性的作用。控制凝固过程以提高铸件质量、获得所要求的组织与性能，是铸造技术的重要内容。

9.2.2.1 结晶及凝固组织的形成与控制

液体金属的结构，晶核的形成与长大，晶粒的大小、方向和形态等，与铸件的凝固组织密切相关，它们对铸件的物理性能和力学性能有着重大的影响。

液体金属的凝固组织如图 9-14 所示。当液态的高温合金注入型模内，与冷的型模接触的金属液被激冷，大的过冷度使形核率很高，形成细小致密的细晶层，以后金属液的冷却速度降低，沿着传热方向生长出柱状晶。最后中心的金属液冷却速度更低，形成

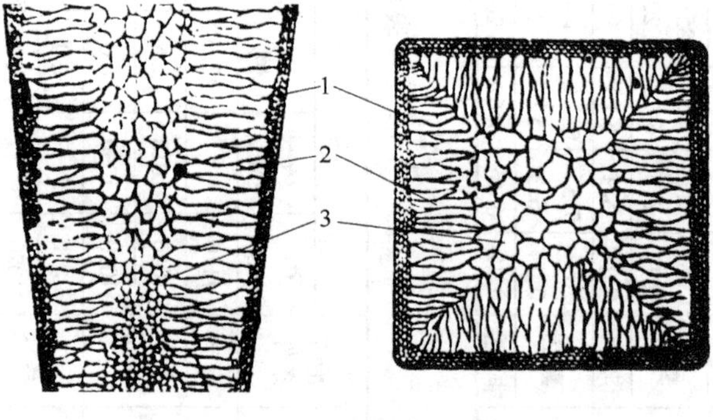

图 9-14 液体金属的凝固组织

1—表面细等轴晶；2—柱状晶；3—中心粗大等轴晶

粗大等轴晶。这部分最后凝固的金属,浓缩了一部分偏析元素,力学性能最差。由于结晶的金属收缩,需要液态金属补充,低温的金属流动性很差,不能充分补充,造成最后凝固的部位形成空洞,数目很多的分散在枝晶间的小孔称为疏松,集中的较大的孔称为缩孔。铸件越厚,疏松、缩孔越多越大。高温合金铸造流动性很差,铸件当中的疏松、缩孔是无法完全避免的。

模具铸件设计时,尽量减少铸件表面的细小致密的细晶层被加工掉是保证模具质量的重要措施。铸件表面大量加工掉的模具的寿命将大大降低。

9.2.2.2 铸件尺寸精度和表面粗糙度控制

铸件尺寸精度和表面粗糙度由于受到诸多因素(如铸型表面的作用、凝固热应力、凝固收缩等)的影响和制约,控制难度很大。另一方面,被保留的铸造原始表面细等轴晶有益于保持铸件的耐蚀和耐疲劳等优越性能,从而提高产品寿命。努力提高铸件的尺寸精度和降低表面粗糙度是努力的方向。

9.2.2.3 铸造缺陷的防止与控制

铸造缺陷是造成废品的主要原因,是对铸件质量的严重威胁。由于方方面面的原因,铸件中存在的缺陷五花八门,由于凝固成形时条件的差异,缺陷的种类表现为形态和表现部位不尽相同。如液态金属的凝固收缩会形成缩孔、疏松;凝固期间元素在固相和液相中的再分配会形成偏析;冷却过程中热应力的集中会造成铸件裂纹和变形。应根据缺陷产生的原因和出现的程度不同,采取相应措施加以控制,使之消除或降至最低程度。

合理的零件结构可简便地消除许多铸造缺陷,保证铸件品质(质量)。

A 铸件的壁厚应合理

每一种铸造合金的铸件都有其合适的壁厚范围,如果选择得当,既可保证铸件的力学性能要求,又可方便铸造生产,同时还可节约金属材料,减轻铸件质量。在一定铸造条件下,铸造合金能充满铸型的最小厚度称为该铸造合金的最小壁厚。为了避免铸件的浇不足和冷隔等缺陷,铸件的设计壁厚应不小于最小壁厚。最小壁厚的数值除与铸造合金的种类有关外,还与铸造方法、铸件形状、大小等因素有关。

砂型铸造高温合金铸件的最小壁厚可以参考不锈钢、耐热钢的最小壁厚,由于高温合金流动性更差,铸件的最小壁厚应该增加20% ~50% ,见表 9-12。

表 9-12　砂型铸造铸件的最小壁厚　　(mm)

铸钢种类	铸件最大轮廓尺寸					
	<200	200 ~ 400	400 ~ 800	800 ~ 1250	1250 ~ 2000	2000 ~ 3000
不锈钢	8 ~ 10	10 ~ 12	12 ~ 16	16 ~ 20	20 ~ 25	25
耐热钢	8 ~ 10	10 ~ 12	12 ~ 16	16 ~ 20	20 ~ 25	25
高温合金	8 ~ 10	12 ~ 15	15 ~ 20	20 ~ 25	25 ~ 35	35

在确定铸件壁厚时,为了充分发挥金属的强度潜力,必须考虑铸造合金的力学性能对铸件壁厚的敏感性。当铸件的壁厚超过这个厚度以后,铸件的强度并不是按比例地随着铸件厚度的增加而增加。在砂型铸造条件下,各种铸造合金铸件的临界壁厚可按其最小壁厚的 3 倍来考虑。当设计的铸件厚度必须更厚时,计算强度时应该适当降低材料的许用强度。

B　铸件壁的过渡和连接

正确地设计壁连接,对防止缩孔、疏松、裂纹、变形、黏砂等铸造缺陷,提高铸件质量等有着十分重要的意义。在连接形式的选用与设计中应优先选用 L 形连接。接头的圆角半径与应力集中系数之间的关系如图 9-15 和图 9-16 所示。

在设计过程中,应尽量减少与分散热节点,避免壁的交叉。对于互相连接的壁,当壁厚不相等时,应采取逐渐过渡的方式连接。为便于起模,简化铸造工艺,应在铸件非加工面上铸件壁的内、外两侧沿起模方向设计适当的斜度,即铸造斜度。

C　加强肋(筋)

加强肋可以在不显著增加甚至减轻铸件质量的情况下增加铸

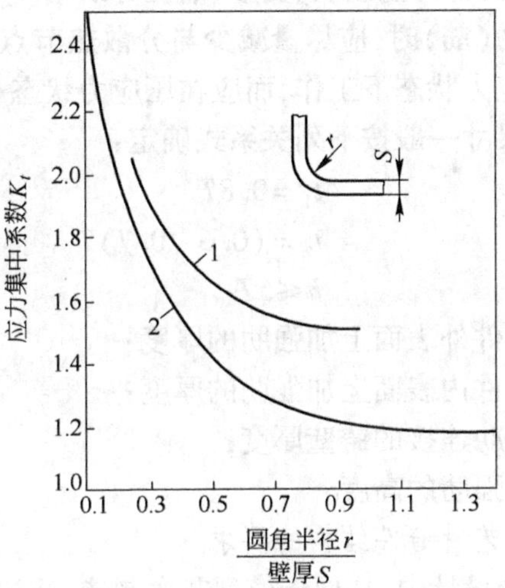

图 9-15 L 形连接圆角半径与应力集中系数的关系

1—扭转载荷下应力集中系数;2—拉伸载荷下应力集中系数

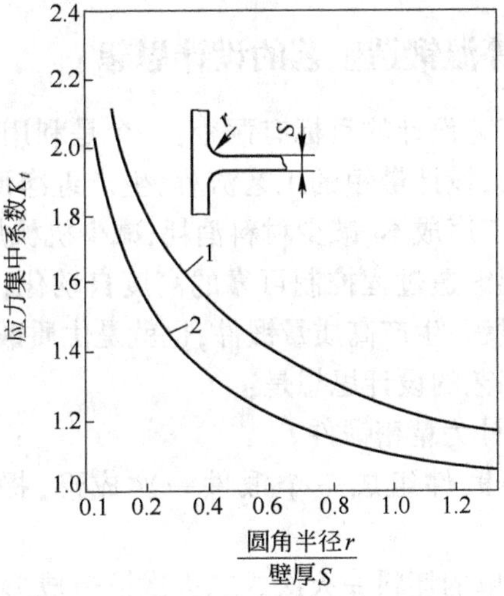

图 9-16 T 形连接圆角半径与应力集中系数的关系

1—扭转载荷下应力集中系数;2—拉伸载荷下应力集中系数

件的强度,防止铸件产生裂纹、变形、缩孔等缺陷。

设计加强肋(筋)时,应尽量减少与分散热节点。铸件的加强肋不应在抗拉应力状态下工作,而应在压应力状态下工作。

加强肋的尺寸一般按下列关系式确定:

$$t_1=0.8T$$

$$t_2=(0.6\sim0.7)T$$

$$h\leqslant 5T$$

式中 t_1——铸件外表面上加强肋的厚度;

t_2——铸件内表面上加强肋的厚度;

T——与肋连接的铸壁厚度;

h——加强肋的高度。

D 铸造工艺对铸件结构的要求

在铸件结构设计中,从便于模型芯盒制造、节约模型材料和人工费用的角度出发,铸件应尽量采用规则的且易加工的平面、圆柱面、垂直连接等结构,简化分型面,减少砂芯数量并便于固定和排气,方便铸件加工面的加工。

9.3 钛合金等温锻造工艺的设计思想

等温锻造工艺设计的目标有两个:一个是利用材料的高流动性和低流变应力,设计最短的工艺流程,生产近净形锻件,也就是精密锻造,减少工序成本,减少材料消耗,减少机械加工工作量;另一个是利用等温锻造过程控制可靠的高度自动化,设计合理的变形参数和生产过程,生产高质量锻件,也就是优质锻造。

等温锻造工艺的设计思想是:

(1)锻件设计为精密锻件。

(2)几个小锻件组成一个锻件一次成形,提高效率,提高质量。

(3)用很简单的坯料一火次或二火次锻造成形状复杂的精密锻件,实现短流程锻造。

(4)采用闭式模锻造,取消飞边,提高材料利用率。

(5)采用机械顶出。

(6)采用良好的玻璃润滑。

(7)精心设计变形过程的工艺参数,有效控制锻件的组织和性能,生产优质锻件。

(8)锻造、矫形和热处理联合操作。

9.4 成形工艺设计

9.4.1 等温锻造的锻造温度

9.4.1.1 锻造温度设定

钛合金坯料已经是具有细小均匀的两相区组织,这种组织已经具有超塑性。钛合金锻造温度都处于钛合金的超塑性变形范围,温度的确定主要是保证锻件达到技术条件规定的组织和性能。

9.4.1.2 锻坯的加热

等温锻造用的钛合金坯料表面应该经过机械加工或喷砂,没有黑皮,涂有防氧化涂料。

采用温度波动范围小于 10℃ 的电炉加热。通常在炉温到加热温度后入炉,快速加热。常用钛合金锻件的等温锻造温度见表 9-13。

表 9-13 常用钛合金锻件的等温锻造温度

钛合金	等温锻造温度/℃	钛合金	等温锻造温度/℃
TC4	950	TC17β 锻	920
TC6	970	TA15	980
TC11	960	TA19	950
TC17 两相区锻	860	TB6	800

为了防止带加热元件的炉底板造成坯料底部过热,坯料应该放在便于空气流通的耐热架上,并且坯料之间要留有足够的距离,以防止炉顶的热电偶被冷坯料屏蔽而显示温度过低。

钛合金坯料包括预锻坯的加热不仅仅是加热到温度便于锻造，实际上还是一个组织状态的控制过程，因此加热保温时间不应该尽量短，应该让组织有一个足够转变的时间。通常保温时间按坯料的最小厚度计算，即 1mm/min。

9.4.2　等温锻造压力设计

利用材料的超塑性的等温锻造工艺，其锻造压力明显低于普通锻造。对于形状较简单的锻件，锻造的单位压力只要材料在锻造温度时的超塑变形流变应力的 3 ~ 4 倍，大多数钛合金的锻造应力为 60 ~ 70MPa。形状复杂的锻件的锻造应力也只要 100 ~ 150MPa。过分大的压力容易造成模具损坏，因为模具 K3 高温合金材料在等温锻造温度 950℃ 时 100h 的持久强度为 220MPa，但是模具的疏松、缩孔是无法避免的，估计模具强度只有 180MPa。设计锻造应力取 150MPa 已经是最大值了。

9.4.3　等温锻造速度设计

等温锻造是利用钛合金的超塑性发展的一种新技术。超塑性是在很慢的变形速率下出现的特性。但是等温锻造是否需要在很慢的变形速率下完成整个锻造过程呢，答案是否定的。等温锻造需要解决普通锻造锻造力大的困难。而锻造的前期锻造力不大，如果采用低的锻造速度，锻造力非常小，设备能力远远没有发挥出来，钛合金在普通锻造速度下的塑性较好，而花费了很长时间，是不合理的。

钛合金等温锻造的速度设计主要是设定初始锻造速度，常用的钛合金等温锻造速度设为 5mm/s。对于变形行程特别大的件，可以设定初始锻造速度为 10mm/s。对于脆性的钛基复合材料和钛铝金属间化合物，初始锻造速度根据不同材料设定在 0.05 ~ 0.5mm/s。到了锻造后期，锻坯已经和模具大部分接触，需要填充模腔的细节部分。这时候用常规锻造速度需要很大的锻造力，把速度降低到超塑性范围，需要的力只有常规锻造速度的 1/5 ~ 1/10。

这时的变形量只有总变形量的1/3～1/5。

在设定锻造速度的同时设定锻造压力。起始用快速锻压，压力不是很大。随着变形量的增加，变形压力逐渐提高。到了设定的锻造压力时，由于压力的限制，速度自然下降，这时实际的锻造速度已经不是设定的初始锻造速度，而是锻件自己的随变形速度下降流变应力下降的能力决定的速度。速度下降使钛合金的流变应力明显下降，继续变形，逐渐进入了超塑性变形状态。在保持设定压力下，最后速度可能降低到0.001mm/s。锻件可以充满非常好，实现精密锻造。

9.4.4 锻件设计

等温锻件设计成小余量或无余量锻件。采用闭式模锻，没有飞边。航空锻件要求预留2.5～4mm超声波探伤盲区的余量，锻造工艺余量一般留1～2.5mm，脱模角0°～3°，内圆角*R*5～8mm，外圆角*R*1～5mm，连皮厚度3～8mm。

等温锻造模具多采用组合模，由多块模块组成。分模面一般指上模与下模的闭合面，放在金属最后成形的地方，并不要求在同一平面。

由于等温锻造材料的变形抗力小，一些小锻件可以同时锻造2个以上锻件。一来可以充分利用压机的能量，提高生产率；二来可以加大锻件的变形量，改善锻件的组织和性能。

9.4.5 等温自由锻造制坯

用等温自由锻造制坯料有很好的效果。制坯料一个目的是得到终锻需要的各部位的金属分配，另一个目的是得到合乎技术条件的低倍和高倍组织。形状制备可以采用普通锻造，但是等温锻造制坯的表面光洁，不用加工就可进行超声波探伤，这是普通锻造做不到的。等温锻造没有激冷造成的变形死区，而且一火次压下的变形比达到5～10，甚至更大，可以很好地细化晶粒，获得良好的低倍和高倍组织，满足超声波探伤指标要求。

9.4.6 等温锻件工序设计

9.4.6.1 小、中型锻件

小、中型锻件的工序设计为：圆光棒下料—涂刷（喷涂）防氧化润滑涂料—等温自由锻坯料—清除表面涂料—再涂刷（喷涂）防氧化润滑涂料—一次等温锻造成形精密锻件—热处理—去除连皮、毛刺—喷砂—检验。

9.4.6.2 大型轴对称件

大型轴对称件（以盘为例）的工序设计为：圆光棒下料—涂刷（喷涂）防氧化润滑涂料—等温自由锻饼或环—清除表面涂料—机加工—超声波探伤检验—再涂刷（喷涂）防氧化润滑涂料——次等温锻造成形精密锻件—热处理—去除连皮、毛刺—喷砂—检验。

9.4.6.3 大型非轴对称件

大型非轴对称件（以大型叶片为例）的工序设计为：圆光棒下料—涂刷（喷涂）防氧化润滑涂料—等温自由锻坯料—清除表面涂料—再涂刷（喷涂）防氧化润滑涂料—等温锻造预锻件—超声波探伤检验—清除表面涂料—再涂刷（喷涂）防氧化润滑涂料——次等温锻造成形精密锻件—热处理、矫形联合操作—去除连皮、毛刺—喷砂—检验。

9.4.6.4 特大非轴对称件

特大非轴对称件（以大型框为例）的工序设计为：矩形棒下料—涂刷（喷涂）防氧化润滑涂料—自由锻荒坯料—清除表面涂料—再涂刷（喷涂）防氧化润滑涂料—等温锻造预锻件—去除连皮、毛刺—超声波探伤检验—清除表面涂料—再涂刷（喷涂）防氧化润滑涂料——次等温锻造成形精密锻件—热处理、矫形联合操作—去除毛刺、取下试样块—锻件喷砂—检验。

9.5 计算机数值模拟

利用有限元方法在计算机上对锻造过程进行数值模拟（forging simulation),目的在于通过建立分析模型,对金属的变形、应力、应变、组织等进行仿真,实现对工艺过程、毛坯形状以及模具结构的优化,这样可缩短研发周期,提高产品质量,延长模具寿命,降低生产成本。数值模拟已成为新产品开发链条中不可缺少的一环,同时,数值模拟对优化已有产品的生产工艺同样具有重要意义。

锻造过程数值模拟结果的精度取决于输入数据的准确性,例如,材料屈服强度随温度的变化规律、应变、应变速率、微观结构、摩擦性能等。在分析形状复杂、精度高零件的成形过程时,不可以忽略模具的弹性变形。

摩擦系数对模拟结果有重要影响,应通过实验的方法获取合理的摩擦系数的数据。基于反向分析原理,美国俄亥俄州立大学精密成形制造工程研究中心(ERC/NSM)开发出了一种由圆环镦粗实验同时获得材料流动应力和界面摩擦系数的方法。上海宝山钢铁股份公司开发了圆柱镦粗实验同时获得材料流动应力和界面摩擦系数的方法。

开展计算机数值模拟,不仅需要掌握塑性加工及有限元等方面的基础理论知识,而且需要熟悉锻造生产的实际过程。

9.6 模具设计

9.6.1 模具设计最小化原则

由于高温合金价格高,为了降低模具成本,模具设计应该尽可能小。通常办法是把型面局部受力大或受力条件恶劣且无法改善,以及容易损坏的部分作为易耗件,设计成比较小的零件,以便更换,这样可以降低修复费用。把承力的部位设计成承力框(环)或承力座,使受力条件转换成实际应力比较低或受力状况单纯,这样不容易损坏。

对于类似的几个锻件,经常把承力框(环)或承力座设计成通用件,更换少量模块就成了另一副模具。如钛合金压气机盘,外径接近。设计一个通用的承力模框,不同形状盘的模具设计成较小的模芯(上模、下模),共用这一个承力框。

9.6.2　模架(座)、模具加热炉通用

等温锻造模具需要加热到相当高的温度,但是压机不能被加热,所以在热模具与压机连接的地方必须用空冷散热架或水冷板隔开。空冷散热架尺寸比较大,特别在大型压机,巨大的压力使空冷散热架很难设计,水冷板是首选。

热模具直接与空冷散热架或水冷板接触,模具温度无法达到钛合金锻造需要的温度。模架就承担了连接高温端模具与低温端压机的过渡功能,同时又能承受全部压力。压气机盘模具结构如图 9-17 所示。

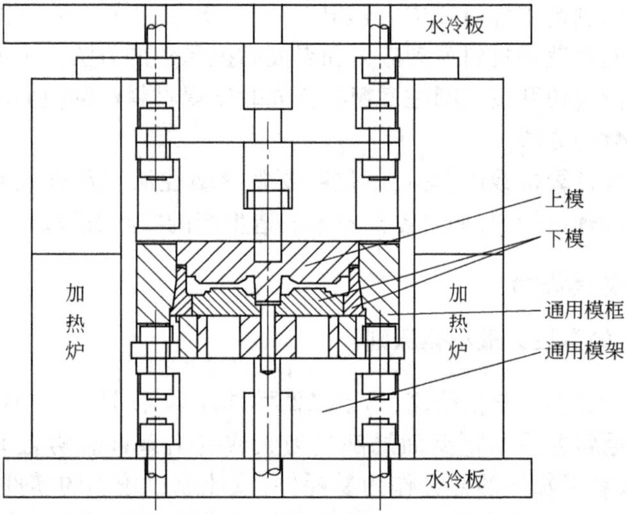

图 9-17　压气机盘模具结构

模架一端处在高温,只能用高温合金,因此模架费用很高。每一套模具使用一套专用模架是很不经济的,采用可以适用大多数模具的通用模架才是合理的。

同样道理,每一套模具使用一套模具加热炉也是很不经济的,设计适用大多数模具的通用模架的加热炉才是合理的。

9.6.3 模具强度设计

9.6.3.1 模具材料的许用强度

钛合金等温锻造模具的工作条件非常严酷。它需要耐受850~980℃的高温。加热—工作—冷却3个阶段都处于高温状态,加热、冷却过程模具内部温差很大,内应力很大。锻压保压时间很长,模具长期处于高应力状态。因此,模具的许用强度不能只考虑模具材料的高温瞬时强度,而是应该按照高温持久强度作为计算的依据,还需要兼顾材料的蠕变强度。

等温锻造常用的K403高温合金950℃下100h的持久强度为220MPa,300h的持久强度为180MPa。每个锻件保压时间如果15min,100h相当于可以锻造400个。考虑到模具高温保持时间比锻压时间更长的影响,模具能锻造的寿命可能只有200个。这时的许用强度选的是220MPa。但是,这个是细晶铸造的试样的数据,模具铸造中无法避免疏松缺陷,能选用的许用强度要降低,只能是200MPa。倘若希望使用寿命更长,就要参考持久强度和时间的关系,降低许用强度。

9.6.3.2 模具受力的简化概念

锻件的形状比较复杂,模具的受力状态也很复杂。但是等温锻造时,在保压阶段,材料近似处于超塑性状态,可以理解为黏性流体。同时变形速度极慢,黏性流体的内摩擦造成的应力不均匀已经消失,因此可以近似地按照流体力学的概念去分析模具的受力。

9.6.4 模腔设计

9.6.4.1 模腔尺寸

钛合金的膨胀系数较小,高温合金模具的膨胀系数较大。要得到尺寸精密的锻件,模腔尺寸应该比锻件名义尺寸小。等温锻造锻件的终锻温度就是模具温度,在这个温度下模具尺寸应该是钛合金锻件在这个温度下的尺寸。模具冷却到室温的尺寸就是模腔尺寸。模腔尺寸计算式为:

$$A_{\mathrm{t}} = A_{\text{锻件}}(1 + \alpha_{\text{钛合金}} t)$$

$$A_{\mathrm{t}} = A_{\text{模腔}}(1 + \alpha_{\text{高温合金}} t)$$

$$A_{\text{模腔}} = A_{\text{锻件}} \cdot \frac{1 + \alpha_{\text{钛合金}} t}{1 + \alpha_{\text{高温合金}} t}$$

式中 A_{t}——模具温度 t 时的尺寸;

$A_{\text{锻件}}$——锻件名义尺寸;

$A_{\text{模腔}}$——模腔室温尺寸;

$\alpha_{\text{钛合金}}$——钛合金(20℃ ~ 温度 t)的膨胀系数;

$\alpha_{\text{高温合金}}$——高温合金(20℃ ~ 温度 t)的膨胀系数;

t——模具温度。

相关材料的膨胀系数见表 9-14。

9.6.4.2 侧向力控制

轴对称件侧向力很小,非轴对称件很难避免侧向力。侧向力会造成模具偏移、磨损甚至破裂。

为了减少侧向力,在模腔设计时,将模腔倾斜一个角度可以达到模腔内侧向力自平衡。对于较小的锻件,可以将 2 个以上的锻件放在一个模腔,达到模腔内侧向力自平衡。

9.6.4.3 承力点设计

将模腔承力点放在压机的中心,可以避免压机承受偏载力。锻造过程从坯料逐渐变形到型腔充满,锻件的承力点会不断变化。设计合理的坯料和模腔,使锻件承力点造成的压机偏载力尽量小,这是保护压机和保证锻件尺寸精度的措施。

轴对称件的承力点比较容易确定,对非轴对称件来说,从坯料到型腔充满整个锻造过程中,承力点的位置和压力应仔细考虑,以决定型腔放置的位置。

9.6.4.4 工艺块

工艺块有性能检验需要的试样块、机械加工需要的加工工艺

表 9-14 相关材料的膨胀系数 α （℃$^{-1}$）

材料 \ 温度/℃	20~100	20~200	20~300	20~400	20~500	20~600	20~700	20~800	20~900	20~950
TC4	9.1×10^{-6}	9.2×10^{-6}	9.3×10^{-6}	9.5×10^{-6}	9.7×10^{-6}	10.0×10^{-6}			(10.6×10^{-6})	
TC6	9.2×10^{-6}	9.3×10^{-6}	9.5×10^{-6}	9.7×10^{-6}	9.9×10^{-6}	10.1×10^{-6}	10.2×10^{-6}	10.3×10^{-6}	(10.7×10^{-6})	
TC11	9.3×10^{-6}	9.3×10^{-6}	9.5×10^{-6}	9.7×10^{-6}	10.0×10^{-6}	10.2×10^{-6}	10.4×10^{-6}		(10.8×10^{-6})	
TC17	9.0×10^{-6}	9.0×10^{-6}	9.4×10^{-6}	9.7×10^{-6}	9.9×10^{-6}					
TA15		8.9×10^{-6}	9.0×10^{-6}	9.2×10^{-6}	9.3×10^{-6}	9.5×10^{-6}	9.7×10^{-6}			(10.1×10^{-6})
TA19	9.5×10^{-6}	9.6×10^{-6}	9.8×10^{-6}	9.9×10^{-6}	10.0×10^{-6}					(10.8×10^{-6})
TB6	8.9×10^{-6}	9.1×10^{-6}	9.1×10^{-6}	9.4×10^{-6}	10.2×10^{-6}	11.2×10^{-6}	13.0×10^{-6}	13.3×10^{-6}		
K403	11.6×10^{-6}	12.2×10^{-6}	12.6×10^{-6}	12.9×10^{-6}	13.2×10^{-6}	13.4×10^{-6}	13.8×10^{-6}	14.3×10^{-6}	15.0×10^{-6}	16.0×10^{-6}

块,还有锻造过程需要的锻造工艺块。

工艺块设计应该满足工艺块使用目的。试样块的位置应该能代表锻件受力位置的金相组织和力学性能,大小能满足取样的数量。

工艺块的增加会造成锻件投影面积的增加。工艺块增加不但增加了需要的锻造力,还增加了锻件重量,增加了成本。精密闭式锻造其实就是大大减少锻造工艺块,如飞边、连板等。

9.6.4.5　排气槽

等温锻造锻件一次变形量很大,往往造成型腔中的气体和玻璃润滑剂堆积在一起,使局部无法充满型腔。在容易堆积的部位安排适当尺寸的排气槽或排气缝,可以解决这个问题。

9.6.5　模具定位设计

等温锻件需要设计成精密锻件,单边实际加工余量只有1.5~3mm,因此,上下模设计的允许错移在0.5~1mm。

等温锻造采用无飞边设计,也就是用闭式模设计,上模要准确进入下模,模具定位需要精确。

等温锻造模具有多层连接,累计偏差比较大,为了加料,上模打开时模具不均匀冷却使上下模具温度差大,偏差更大。只用压机滑块定位是不可取的。如果在模架上设计双导柱–导套结构定位,对小型模具适用。但是大型模具就不适用。因为温差造成双导柱与导套的中心距波动大,它只能加大导柱与导套的间距,无法精确定位。

等温锻造模具常用的定位方法是单导柱加角向定位,或直接用型腔定位。

导柱高度应该是上模型腔接触到放在下模上的坯料时,导柱已经深入导套10~30mm。

导柱直径应该能承受锻造的侧向力,如不够还应设计平衡锁扣,以防止模具错移。

导柱直径参见表9-15。

表 9-15 导柱直径

锻件的投影面积 /mm²	推荐导柱的直径 /mm	锻件的投影面积 /mm²	推荐导柱的直径 /mm
<40000	60	400000~550000	140
40000~100000	80	550000~800000	160
100000~250000	100	800000~1000000	180
250000~400000	120	>1000000	200

9.6.6 顶出结构

等温锻造模具按闭式精密锻造设计,必须设计顶出机构。

小型锻件和轴对称锻件只用中心顶出,如图 9-17 所示。顶出块的面积要足够大,这样才可使锻件在顶出过程不变形。

非轴对称锻件通常设计若干个顶出块,这样可保证锻件平行、不变形地顶出。

闭式模具模腔比较深,顶出高度比较高,造成模具高度增加,模具成本增加。多级式顶出结构可以满足模具高度不增加的同时又满足高的顶出高度,如图 9-18 所示。

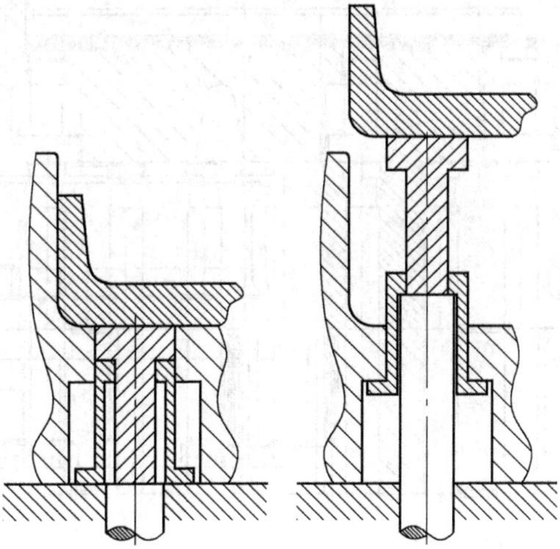

图 9-18 多级式顶出结构

9.6.7 模具连接

螺栓连接在中小型模具(1m 以下)中广泛使用,如图 9-17 所示。

大型模具和分模力、顶出力很大的模具需要很多数量的大螺栓,结构设计困难,装卸操作很不方便。卡环连接是比较成功的结构,如图 9-19 所示。

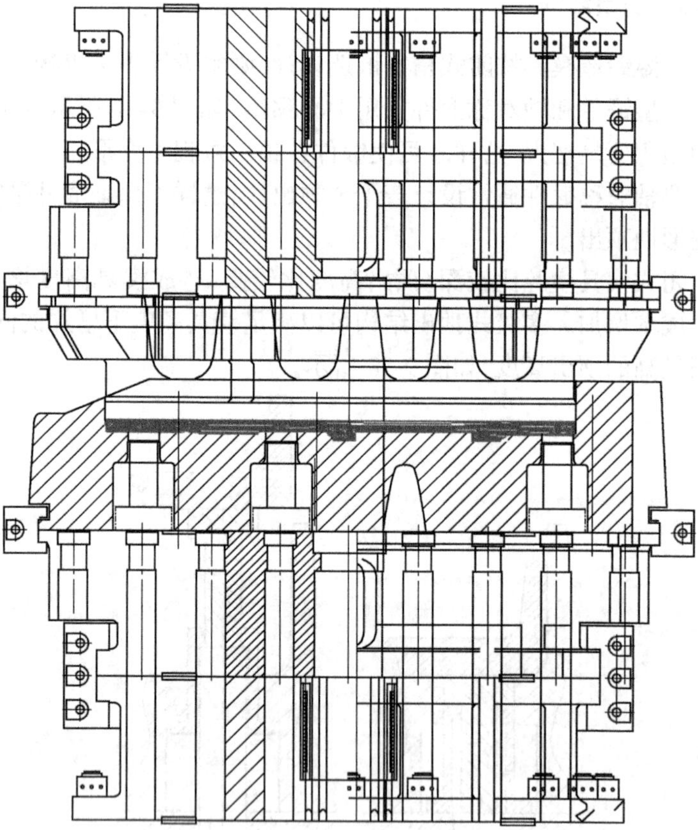

图 9-19　卡环连接结构

9.6.8 模具加热

模具加热方法有模具外加热和内加热。热源有电阻丝加热和感应加热。

模具加热采用热电偶自动温度控制。对于1m以上的大型模具,升温速度和降温速度不可以太快,需要自动控制,防止大型模具因为内外温度差太大而开裂,造成模具寿命降低。模具升温、降温速度和保温时间见表9-16。

表9-16 模具升温、降温速度和保温时间

模具尺寸/mm	模具升温和降温速度/℃·h^{-1}	保温时间/h
<400	300	2~4
400~800	150~300	4~12
800~1200	70~150	12~24
1200~1600	30~70	24~48
1600~2500	20~30	48~72

9.6.9 润滑

等温锻造变形量很大,金属流动距离很长,润滑是很关键的。由于应用的温度高到950℃,因此采用玻璃作为润滑剂。

对玻璃润滑剂的要求是:使用温度范围为750~980℃,有适当的黏度,成膜而不流下;对钛合金和高温合金不腐蚀;在钛合金和高温合金表面保持30~120min不变性;在使用温度有良好的润滑性。

涂敷方法是采用喷涂或涂刷。

去除方法是碱水洗或喷砂。

9.7 组织性能工艺设计

锻件生产一方面是得到符合锻件图的尺寸和表面质量;另一方面是达到锻件技术条件规定的力学性能、超声波性能、金相低倍

和高倍组织。因此,锻造的工艺设计需要保证锻件组织性能合格。

9.7.1 原材料的组织性能要求

钛合金模锻件要求组织均匀细小,超声波达到 AA 级。虽然等温锻造一次可以大变形,但是终锻的变形量不可能太大,所以用的坯料应该是两相区下部锻造的。超声波探伤达到 A 级,可以直接锻成锻件。倘若在 B 级,坯料组织均匀性较差,必须经过两相区足够的大变形,达到 A 级才可以用来锻模锻件。

坯料的组织准备应该在锻制荒坯和预锻件的阶段完成。如果锻制荒坯和预锻件的阶段没有足够的变形量以改善坯料的组织,那就必须在制荒坯前,两相区反复镦拔,充分变形,达到 A 级才可以使用。

1 ~2t 锻件用的大坯料,组织要控制到细小均匀是非常困难的,这是大型锻件生产的技术关键。

9.7.2 预锻和终锻件质量控制的锻压工艺参数设计

9.7.2.1 等温锻造的温度设计

对于要求是两相区锻造的锻件,预锻主要是采用两相区下部大变形,得到细小均匀的两相等轴组织。终锻时,对于要求高的高周疲劳性能的锻件,如叶片,锻造温度在相变点以下 30 ~50℃;要求高的断裂韧度的锻件,锻造温度在相变点以下 7 ~10℃。

对于要求是 β 锻造组织的锻件,预锻采用两相区下部大变形,得到细小均匀的两相等轴组织。终锻时,在相变点以上 15 ~30℃加热,获得合适的晶粒尺寸,大变形终锻,还要根据不同材料确定锻后的冷却速度,获得合格的组织和性能。

对于要求是 β 热处理组织的锻件,终锻需要控制材料的晶粒尺寸,为 β 热处理做好组织准备。

9.7.2.2 等温锻造的速度控制

等温锻造速度和压力是同时设定的。起始用快速锻压,压力不是很大。随着变形量的增加,变形压力逐渐提高。到了设定的锻造压力时,由于压力的限制,压机的压下速度自然下降,逐渐进入了超塑性变形状态。起始用 5 ~ 10mm/s 快速锻压,可以细化晶粒,对锻件质量是有益的。但是,过分快的锻造速度会造成变形热来不及传导出去而形成局部高温,形成不允许的组织。

锻造压力设定得高,超塑性变形阶段短,晶粒比较细小,再结晶不充分,存在部分内应力,表现出锻件的强度较高,机械加工时变形较大。锻造压力设定得高,模具承受的力大,不能超过模具材料允许的极限,否则模具的寿命会降低。

压力设定得低,超塑性变形阶段长,再结晶充分,晶粒比较大,内应力小,没有各向异性,表现出锻件的强度较低,机械加工时变形很小。

形状不复杂、没有很薄的辐板和壁的锻件,其锻造力设定为 80 ~ 100MPa。

形状复杂、有很薄的辐板和壁的锻件,其锻造力设定为 120 ~ 150MPa。

9.7.2.3 变形量控制

等温锻造时锻件具有极好的塑性,可以一次变形很大,这有利于细化晶粒,改善锻件性能,也可以缩短锻造工序,降低工缴费,所以工艺设计时,应尽量加大每火次的变形量。

对某些 β 锻造的锻件,在 β 锻造后还要在两相区变形,这时的变形量必须控制在规定的范围内,以获得合适的组织。

9.7.3 锻件热处理

不同钛合金锻件的热处理制度见表 9-17。为了防止锻件表面氧化,热处理前在锻件表面还要涂上防氧化涂料。

表 9-17 不同钛合金锻件的热处理制度

牌 号	热处理制度
TC4	750 ~ 850℃保温 1 ~ 1.5h,空冷
TC6	(870 ± 10)℃保温 1h,随炉冷,或转入(650 ± 10)℃炉中保温 2h 后空冷

续表 9-17

牌号	热处理制度
TC11	950℃(允许在β转变温度以下 30～50℃范围内调整)保温 1.5～2h,空冷 +530℃保温 6h,空冷
TC17	固溶处理,(800±10)℃保温 4h,水冷 + 时效处理,(630±10)℃保温 8h,空冷
TC18	820～850℃保温 1～3h,炉冷至 740～760℃保温 1～3h,空冷 +500～650℃保温 2～6h,空冷
TA15	850℃保温 1.5h,空冷
TA19	(960±14)℃保温 1h,空冷 +(590±14)℃保温 8h,空冷
TB6	760℃保温 2h,空冷 +510℃保温 8h,空冷

9.7.4 热处理加矫形

需要高温热处理的材料,如 TC11、TA19,在高温热处理时容易变形,可以在高温加热后,放入相同温度的模具中矫形,再进行低温热处理,也可以在高温热处理温度进行最后一火次锻造,加热时间加上锻压时间就是热处理的加热时间,锻造后不再进行高温热处理,只进行低温热处理。

9.7.5 锻件后处理

一般来讲,锻件表面的涂料如果没有大面积的脱落,热处理后氧化层是很薄的。等温锻件表面带有玻璃涂料,需要清除,采用喷砂方法可以去除薄的氧化层和玻璃涂料,不再需要酸洗。局部细小的凹坑、毛刺缺陷可打磨清除。

9.8 等温锻造设备

等温锻造必须有相应的专用设备。等温锻造设备包括锻压设备和辅助设备。

9.8.1 等温锻造专用压机

等温锻造是利用材料的超塑性发展的技术,使用的压机与普通模锻压机有很大不同。为了实现锻造过程速度足够慢,要求速度、压力、位移自动控制,要求整个锻压过程程序自动控制。液压机的吨位视工件大小而定,有 5 ~ 100MN。20MN 以上的等温锻造专用油压机主要技术参数见表 9-18 ~ 表 9-21。

表 9-18 20MN 等温锻造专用油压机主要技术参数

序 号	项 目		规 格
1	公称力/kN		20000(可调)
2	回程力/kN		3000(可调)
3	上顶出缸顶出力/kN		2000(可调)
4	上顶出缸回程力/kN		500(可调)
5	下顶出缸顶出力/kN		4000(可调)
6	下顶出缸回程力/kN		2000(可调)
7	液体最大工作压力/kN		25
8	最大开口高度/mm		4000
9	滑块行程/mm		2000
10	上顶出缸行程/mm		200
11	下顶出缸行程/mm		800
12	滑块速度/mm · s^{-1}	空程下行	200
		一般速度	0.1 ~ 10
		慢速	0.02 ~ 0.1
		慢速回程	0.1 ~ 10
		快速回程	120
13	上顶出缸工作速度 /mm · s^{-1}	顶出速度	1 ~ 20
		回程速度	>20
14	下顶出缸工作速度 /mm · s^{-1}	慢速顶出	0.2 ~ 20
		快速顶出	50
		慢速回程	0.2 ~ 20
		快速回程	100

续表 9-18

序号	项目		规格
15	移动工作台上平面距地面高/mm		0
16	移动工作台行程/mm		1900
17	移动工作台负荷/kg		25000(上模 15t)
18	移动工作台最大速度/$mm \cdot s^{-1}$		30
19	工作台有效面积(左右×前后)/mm×mm		1800×1700
20	主电机总功率/kW		约 510
21	机器总质量/kg		约 160000
22	机器轮廓尺寸/mm	左右	待定
		前后	待定
		地面以上高度	待定
		地面以下深度	待定
23	机身框架形式		框架式

表 9-19 63MN 等温锻造专用油压机主要技术参数

序号	项目	规格
1	公称力/kN	63000(可调)
2	回程力/kN	12000(可调)
3	上顶出缸顶出力/kN	6000(可调)
4	上顶出缸回程力/kN	2000(可调)
5	下顶出缸顶出力/kN	12000(可调)
6	下顶出缸回程力/kN	3000(可调)
7	液体最大工作压力/MPa	25
8	最大开口高度/mm	4000
9	滑块行程/mm	2000
10	上顶出缸行程/mm	300
11	下顶出缸行程/mm	800

续表 9-19

序 号	项 目		规 格
12	滑块速度/mm·s^{-1}	空程下行	200
		减速下行	50(过渡速度)
		一般速度	20
		慢速Ⅰ	0.5~10
		慢速Ⅱ	0.02~0.5
		慢速回程Ⅰ	0.1~2
		慢速回程Ⅱ	2~40
		快速回程	100
13	在任意压力下保压(持续加压)时间/min		>30
14	在63000kN载荷下允许偏心距/mm		φ200
15	在63000kN载荷下承力面尺寸/mm		φ1400
16	上顶出缸工作速度/mm·s^{-1}	顶出速度	0.5~20
		回程速度	>20
17	下顶出缸工作速度/mm·s^{-1}	慢速顶出	0.5~20
		快速顶出	80
		慢速回程	0.5~20
		快速回程	100
18	移动工作台上平面距地面高度/mm		-500
19	移动工作台行程/mm		直角行走
20	移动工作台负荷/kg		100000(上模55t)
21	移动工作台最大速度/mm·s^{-1}		30
22	工作台有效面积(左右×前后)/mm×mm		3300×3300
23	主电机总功率/kW		1500~2000(近似值)
24	机器总质量/kg		待定
25	机器轮廓尺寸/mm	左右	待定
		前后	待定
		地面以上高度	<11000
		地面以下深度	待定
26	机身形式		框架式

表 9-20　80/100MN 油压机主要技术参数

序号	项目		参数
1	公称力/MN		分两级:30MN、80MN 分别可调
2	最大工作压力/MN		100
3	回程力/MN		16(可调)
4	最大净空高/mm		4500
5	工作行程/mm		2800
6	工作介质		YB－N32 抗磨液压油
7	介质压力/MPa	最大	31.5
		工作	25
8	拉紧螺栓中心距/mm	左右	5300
		前后	3100
9	工作台面有效尺寸/mm	左右	4000
		前后	4000
10	滑块垫板有效尺寸/mm	左右	4000
		前后	4000
11	移动工作台(双工作台)	移动方式	后移出 F 形导轨
		移动速度/$mm \cdot s^{-1}$	60
		最大载荷/kg	100000
		工作台锁紧力/MN	13.5
12	1 号工作台移动距离/mm	向后	6500
		向右	5400
13	2 号工作台移动距离/mm	向后	11900
		向右	5400
14	最大偏心距(80MN 时)/mm		200
15	主工作缸	结构形式	柱塞式
		数量/个	1
		柱塞直径/mm	ϕ1600
		公称力(25MPa 时)/MN	50

续表 9-20

序号	项 目			参 数
16	侧工作缸	结构形式		活塞式
		数量/个		2
		活塞直径/活塞杆直径/mm		$\phi900/\phi630$
		公称力(25MPa 时)/MN		15.9
17	上液压垫	结构形式		单动
		顶出力/MN		10(可调)
		回程力/MN		3(可调)
		行程/mm		450
		顶出速度/$mm \cdot s^{-1}$		0.2~20
		回程速度/$mm \cdot s^{-1}$		0.2~20
		尺寸/mm	左右	1900
			前后	550
18	下液压垫	结构形式		双动(可联动)
		顶出力/MN		2×10(可调)
		回程力/MN		2×3(可调)
		行程/mm		1000
		顶出速度(低压)/$mm \cdot s^{-1}$		100
		顶出速度(高压)/$mm \cdot s^{-1}$		0.2~20
		回程速度(低压)/$mm \cdot s^{-1}$		200
		回程速度(高压)/$mm \cdot s^{-1}$		0.2~20
		尺寸/mm	左右	1900
			前后	1450
19	主滑块速度/$mm \cdot s^{-1}$	空程下降		200
		低压快速		50
		高压快速		20
		高压慢速 a		0.5~10
		高压慢速 b		0.02~1.5(可调至31.5MPa)

续表 9-20

序号	项目		参数
19	主滑块速度/mm·s^{-1}	回程低压快速	100
		回程高压慢速 a	1～20
		回程高压慢速 b	0.1～2
20	主电机总功率/kW		2500
21	设备外形尺寸/mm	地上高度	13975
		地下深度	7400
		总高度	21375
22	工作台上表面标高/mm		-400
23	设备总质量/kg		1477000

表 9-21　200MN 油压机主要技术参数

序号	项目		规格
1	公称力-可分级/MN		120+80=200(可调)
2	回程力/MN		16(可调)
3	上顶出缸顶出力/MN		5(可调)
4	上顶出缸回程力/MN		≥1
5	下顶出缸顶出力/MN		18+4+4(可调)
6	下顶出缸回程力/MN		≥2
7	液体最大工作压力/MPa		31.5
8	最大净空高度/mm		3600
9	滑块行程/mm		1600
10	上顶出缸行程/mm		200
11	下中心液压垫行程/mm		600
12	下侧液压垫行程/mm		300
13	滑块速度/mm·s^{-1}	空程下行	100
		减速下行	50(过渡速度)
		模锻速度	0.5～10,可控可调

续表 9-21

序号	项　目		规　格
13	滑块速度/mm·s^{-1}	等温锻速度	0.005～0.5，可控可调
		慢速回程	0.5～5，可调
		快速回程	20～100
14	在任意压力下保压(持续加压)时间/min		>120
15	在200MN载荷下允许偏心距/mm		200
16	在200MN载荷下承力面尺寸/mm×mm		2350×2700
17	上顶出缸工作速度/mm·s^{-1}	快速顶出	20
		慢速顶出	0.2～10
		回程速度	>20
18	下顶出缸工作速度/mm·s^{-1}	快速顶出	25
		慢速顶出	0.2～10
		回程	>25
19	移动工作台上平面距地面高度/mm		-400
20	移动工作台形式		├形移动，双工作台
21	移动工作台负荷/kg		160000
22	移动工作台最大速度/mm·s^{-1}		60(可调)
23	工作台1有效面积(左右×前后)/mm×mm		4000×6000
24	工作台2有效面积(左右×前后)/mm×mm		4000×4000
25	移动工作台厚度/mm		约1300
26	主电机总功率/kg		按设计参数定
27	机身形式		拉杆预紧框架式

等温锻造专用压机的选用原则是：

(1)采用慢速液压机。压下和回程压力可调，锻压速度0.5～10mm/s，慢速锻造速度0.02～0.5mm/s，回程速度0.1～10mm/s。速度可调。

(2)在最大压力下能保压多达2h。

(3)配有下顶出和上顶出液压垫，满足多点顶出，顶出和回程的力和速度都可调。

(4)开口高度较高,达3.5～4.5m,因为加热到高温的模座较高。

(5)上下工作台面水冷。

(6)采用框架式结构,导向形式为X导轨。

(7)60MN以上压机采用双工作台,以便快速换模。

(8)具有自动调平系统。

(9)压力、速度、位移等参数可显示和记录。

9.8.2 模架

模架承担了连接高温模具与低温压机水冷板的过渡功能,同时承受全部压力。模架必须适用大多数模具的安装和顶出,因此模架中有对应压机液压垫上的顶出孔。

60MN以上的压机用的模具和模架很大,加热和冷却时间很长,造成辅助时间占用压机的时间很长。用双工作台把模具的加热和冷却放到压机外进行,压机工作效率可以提高1倍。这样模架具有自动在压机上安装和拆卸、安全地完成移动过程的功能。

9.8.3 模具加热炉

钛合金等温锻造模具需要加热到950～980℃。在模具外装有模具加热炉,加热有电阻丝加热和感应加热两种方法,电阻丝加热设备简单、灵活,采用得最多。

加热炉分别加热上下模具。在上加热炉与下加热炉闭合时,上模与下模应该留有一段距离,这有利于模具中心部位加热。在上模抬升时,上加热炉跟随上模上升。

直径1m内的小型模具加热炉放在模具外。直径大于1m的大型模具,单靠模外加热时,中心部位温度太低,因此还需要在模具内部加热。大型模具的加热冷却过程会造成模具内外的温度差,从而会造成很大的应力,为了防止过大的应力损坏模具,升温和降温必须控制在设定的速度。模具加热炉参数见表9-22。

表9-22 模具加热炉参数

模具直径/mm	加热炉功率/kW	控温区数
400	50	2
800	160	8
1600	400	14(升温和降温速度可控)
2200	600	14(升温和降温速度可控)

9.8.4 坯料加热炉

坯料加热炉采用电阻丝炉,小件用箱式炉,大件用台车式炉,分区控温,控温精度不超过±10℃。

9.8.5 操作机

操作机可以用轨道式或非轨道式。操作机手臂长与加热炉深度相当,提取力大于锻件最大重量,手臂能上下、左右、前后运动,手腕能旋转和左右摆动,能更换不同的机械手。

9.8.6 热处理炉

热处理炉采用电阻丝炉,小件用箱式炉,大件用台车式炉,分区控温,控温精度不超过±8℃。部分锻件可以用坯料加热炉进行热处理。

一般不需要用气体保护。无余量锻件可以在锻件表面涂抗氧化涂料后热处理,以保护表面。

为了防止锻件热处理变形,可以把锻件放在型架上处理,也可以热处理后立即放在终锻模内矫形。

9.8.7 坯料下料设备

钛合金强度很高,不用剪切机,用车床或锯床下料。表面车光或铣光,以满足超声波探伤的要求。

9.8.8　高温合金模具铸造设备

高温合金含有大量的 Al、Ti、Zr 等高活性元素，必须在真空感应炉中熔炼和浇铸。

小件用失蜡精密铸造，大件用砂型铸造。面砂需要用 Al_2O_3 含量高的铝矾土或刚玉砂。

9.8.9　高温合金模具机加工设备

高温合金强度很高，切削性能很差，加工机床要求刚度大，刀具需用特种硬质合金。

高温合金磨削性能好，大的平面用立式磨床效率比较高。

复杂型面用数控机床很难直接加工，采用电火花机床加工是比较有效的方法。

9.9　等温锻造实例

大型钛合金锻件通常都是用经典的普通模锻方法生产的。由于钛合金的变形抗力大，而锻造温度范围窄，因此只能生产粗锻件，无法生产精密锻件。等温锻造解决了这个难题，生产出了精密锻件，更重要的是生产出了大型精密锻件。

9.9.1　压气机盘

压气机盘是典型的轴对称大锻件，直径 500 ~ 600mm。等温锻造的锻件比普通模锻的精度高，重量减轻 20% ~ 30%。生产的叶盘直径达到 1050mm（见图 9-20）。

9.9.2　轴颈、大型管

轴颈（ϕ420mm × 400mm）、大型管（ϕ140mm × ϕ100mm × 850mm）用普通锻造只能生产实心锻件，而用等温锻造可生产空心薄壁件，冶金质量大大提高，重量减少了 40% ~ 60%（见图 9-21）。

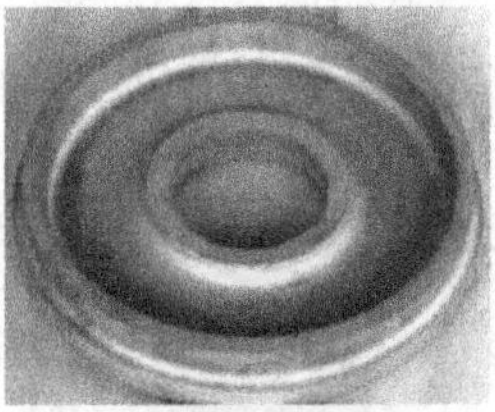

(a)

(b)

(c)

图 9-20 钛合金盘等温锻件

(a)ϕ505mm 压气机盘;(b)ϕ705mm 叶盘;(c)ϕ1050mm 双性能整体叶盘

(a)

(b)

图 9-21 钛合金薄壁等温锻件

(a)轴颈;(b)大型管

9.9.3 机匣、叶片

机匣(ϕ720mm × 430mm)、叶片是异形钛合金大锻件(见图 9-22),投影面积达 0.48m^2。此锻件是用等温锻造方法在 3000t 压机上生产的。

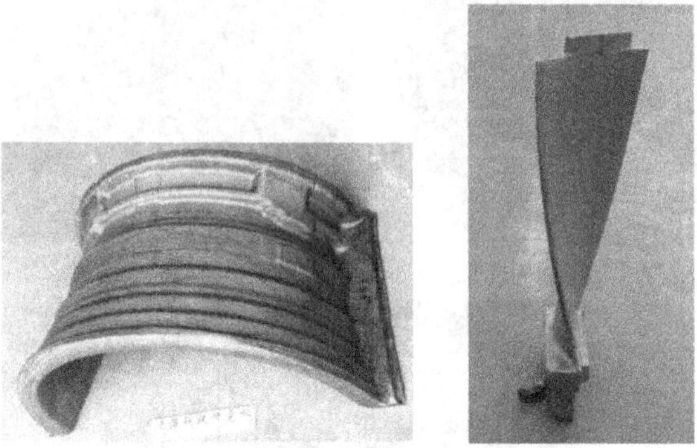

(a)　(b)

图 9-22　机匣、叶片

(a)机匣，投影面积为 0.48m^2；(b)叶片，投影面积为 0.14m^2

9.9.4　隔框

对于投影面积为 1.0 ~ 1.5m^2 的特大型锻件，在 8000 ~ 10000t 的压力就可以得到成形良好的模锻件。等温锻造 TA15 钛合金整体框如图 9-23 所示。

(a)　(b)

图 9-23　等温锻造 TA15 钛合金整体框

(a)投影面积为 0.9m^2；(b)投影面积为 1.3m^2

参考文献

[1] Clark K R, Dillard A B, Hendrix B C, et al. The Role of Melt Related Defects in Fatigue Failures of Ti-6Al-4V[C]. Ti'92: Science and Technology, USA, Edited by F. H. Froes, and I. Caplan, The Minerals, Metals & Materials Society, 1993: 2867 ~ 2874.

[2] PB90-910406, NTSB/AAR-90/06, Aircraft Accident Report, United Airlines Flight 232, Mcdonnell Douglas DC-10-10, Sioux Gateway Airport, Sioux City, Iowa, July 19, 1989, National Transportation Safety Board, 1990.

[3] Mitchell A. The Electron Beam Melting and Refining of Titanium Alloys[J]. Materials Science & Engineering, 1999, A263: 217 ~ 223.

[4] Phelps H R, Cotton J D, Patterson A, et al. Use of Titanium Castings on the F/A-22 Raptor —Lessons Learned[C], Ti-2003 Science and Technology, Germany, Edited by Lütjering G and Albrecht J, 2003: 2635 ~ 2642.

[5] Jim Williams. Thermo-mechanical Processing of High-Performance Ti Alloys: Recent Progress and Future Needs[J]. Journal of Materials Processing Technology, 2001, 117: 370 ~ 373.

[6] Rudinger K, Piper K E, Schnech H, et al. Dissolution of Tungsten Carbide Particles During Vacuum Arc Melting of Titanium Base Alloys[C]. Six World Conference on Titanium, France, 1988: 609 ~ 614.

[7] Reddy R G. Kinetics of TiN Dissolution in Ti Alloys[C], Electron Beam Melting and Refining State of the Art 1990, Edited by R. Bakish, 1990: 119 ~ 127.

[8] Eschenbach R C, Schlienger M P. Recent Developments in Plasma Melting and Refining of Titanium[C]. Six World Conference on Titanium, France, 1988: 587 ~ 592.

[9] Knight R, Smith R W, Apelian D. Application of Plasma Arc Melting Technology to Processing of Reactive Metals[J]. International Materials Reviews, 1991, 36(6): 221 ~ 252.

[10] Chinnis W R. Advances in Titanium Plasma Cold Hearth Melting. Ti'95: Science and Technology[M]. Edited by Blenkinsop P A, Evans W J, Flower H M, UK, 1996: 1494 ~ 1499.

[11] Christ E, Yu K, Bennett J, et al. Manufacturing of PAM-Only Processed Titanium alloys[C], Ti-2003 Science and Technology, Germany, Edited by Lütjering G and Albrecht J, 2003: 173 ~ 180.

[12] Tetyukhin V, Vinokurov D. Metallurgy of Titanium Production (Titanium Sponge, Melting, Conversion, Alloys)[C], Ti-2003 Science and Technology, Germany, Edited by Lütjering G and Albrecht J, 2003: 111 ~ 120.

[13] Wood J R. Recent Titanium development in the USA[C], Ti-2003 Science and Technology, Germany, Edited by Lütjering G and Albrecht J, 2003: 1 ~ 12 .

[14] Silvus J A, Chinnis W R, Eschenbach. R C. Plasma Hearth Melting of Seeded Titanium(内部资料).

[15] Shamblen C, Woodfield A, Wayte P, et al. Titanium Industry Quality Improvements [C], Ti-2003 Science and Technology, Germany, Edited by Lütjering G and Albrecht J, 2003: 2737 ~ 2744.

[16] Fox S P, Terlinde G. Titanium Production Technology: Recent Advances and Future Needs[C], Ti-2003 Science and Technology, Germany, Edited by Lütjering G and Albrecht J, 2003: 81 ~ 94.

[17] Mitchell A, Tripp D W. The Melting of Titanium and Its Alloys[C]. Six World Conference on Titanium, France, 1988: 603 ~ 608.

[18] Ostheimer M, Seagle S R. Utilization of Electron Beam Melting in the Production of Defect Free Ti-6Al-4V Ingots[C], Six World Conference on Titanium, France, 1988: 579 ~ 582.

[19] Buttrill W H, Shamblen C E, Hunter G B. Hearth Melting of Titanium Alloys for Aircraft Engine Applications[C], Metallurgy and Technology of Practical Titanium Alloys, Edited by Fujishiro S, Eylon D and Kishi T, The Minerals, Metals & Materials Society, 1994: 209 ~ 217.

[20] Boyer R R, Cotton J D, Chellman D J. Titanium for Airframe Applications: Present Status and Future Trends[C], Ti-2003 Science and Technology, Germany, Edited by Lütjering G and Albrecht J, 2003: 2615 ~ 2626.

[21]《锻压技术手册》编委会. 锻压技术手册[M]. 北京:国防工业出版社,1989.

[22]《稀有金属材料加工手册》编写组. 稀有金属材料加工手册[M]. 北京:冶金工业出版社,1984.

[23]《中国冶金百科全书》编辑部. 中国冶金百科全书[M]. 北京:冶金工业出版社,1988.

[24] 肖亚庆,谢水生,等. 铝加工技术实用手册[M]. 北京:冶金工业出版社,2005.

[25] Leyens C, Peters M. 钛与钛合金[M]. 陈振华,等译. 北京:化学工业出版社,2005.

[26] 张喜燕,赵永庆,等. 钛合金及应用[M]. 北京:化学工业出版社,2005.

[27]《中国材料工程大典》编委会. 中国材料工程大典(第4卷) [M]. 北京:化学工业出版社,2006.

[28] Alfan T,等. 现代锻压[M]. 陆索,译. 北京:国防工业出版社,1982.

[29] [美]阿尔坦 T,等. 现代锻造——设备、材料和工艺[M]. 北京:国防工业出版社,1992.

[30] 谭杰巍,许日泽,等. 叶片精锻[M]. 北京:国防工业出版社,1984.

[31] 周人隽,韩鹏彪,等.锻压技术数据手册[M].北京:机械工业出版社,1998.
[32] 沈亚震,李玉纯,汪锡孝.稀有金属手册(下册)[M].北京:冶金工业出版社,1995.
[33] 杨守山.有色金属塑性加工学[M].北京:冶金工业出版社,1985.
[34] 曾苏民.世界锻造工业的现状与发展前景[J].铝加工,1996,19.
[35] 林永新.锻造设备制造技术的发展[J].稀有金属快报,2004,23(12).
[36] 中国锻压协会秘书处.中国锻压行业未来发展方略[J].锻压技术,2003,1.
[37] 曲银化,孙建科,孟祥军.钛合金等温锻造技术研究进展[J].钛工业进展,2006,23(1).
[38] 庞克昌.热模/等温精密锻造技术的发展[J].上海钢研,2005,1.
[39] 董建虎,刘积录,辛宏斌,等.全液压电液锤[J].重型机械,2002,5.
[40] 高文章.30MN 双柱下拉式快锻液压机[J].重型机械,1995,1.
[41] 莫畏.钛[M].北京:冶金工业出版社,2008.
[42] 亚历山德罗夫 B K,阿诺什金 H Φ. Полуфабрикаты из Титановых Славов (1996),王金友,马济民,蔡建明,张旺峰编译.北京航空材料研究院,2002.
[43] Lütjering G, Williams J C. Titanium 2nd Edition, Springer, 2007.
[44] Brun M, Anoshkin N, Shakhanova G. Physical Processes and Regimes of Thermomechanical Processing Controlling Development of Regulated Structure in the α + β Titanium Alloys, Materials Science and Engineering, 1998, A243: 77 ~ 81.
[45] Brun M, Shakhanova G. Principles of Titanium Alloy's Structure Control with the Purpose of Increasing Their Mechanical Properties, Advances in the Science and Technology of Titanium Alloy Processing, 1997:193 ~ 199.
[46] Brun M, Shakhanova G. Titanium Alloy Structure and Parameters Defining Its Diversity. Titanium Scientific Technical Journal, 1993, 1: 24 ~ 29.
[47] Semiatin S L, Seetharaman V, Weiss I. The Thermomechanical Processing of Alpha/Beta Titanium Alloys, JOM, June 1997:33 ~ 39.
[48] Mitchell A. Melting, Casting, and Forging Problems in Titanium Alloys, JOM, June 1997:40 ~ 42.
[49] Semiatin S L etc. Design of Thermomechanical Processes for the Breakdown of Alpha/Beta Titanium Alloys with Transformed Beta Microstructures, Titanium'99: Science and Technology, 1999:1553 ~ 1562.
[50] 侯忠亚,魏新节.25MN 数控等温锻造液压机的研制[J].机械工人,2005,4.
[51] 汪国荣,田晨.浅述我国电液锤技术的发展与应用[J].锻压装备与制造技术,2005,4.
[52] 徐宇谨,韩人卫,黄新,等.快速锻造液压机组主机结构形式与选型[J].重型机械,2004,6.

[53] 庞克昌. 航空锻件精化的重要途径——等温锻造技术. 金属学报,第 38 卷增刊,2002 年 9 月,356 ~ 359.

[54] 李青,韩雅芳,肖程波,宋尽霞. 等温锻造用模具材料的国内外研究发展状况[J]. 材料导报,2004,18(4).

[55] 中国航空材料手册. 第二版,第二册.

[56] 李昂,吴密. 铸造工艺设计技术与生产质量控制实用手册[M]. 北京:金版电子出版社,2003.